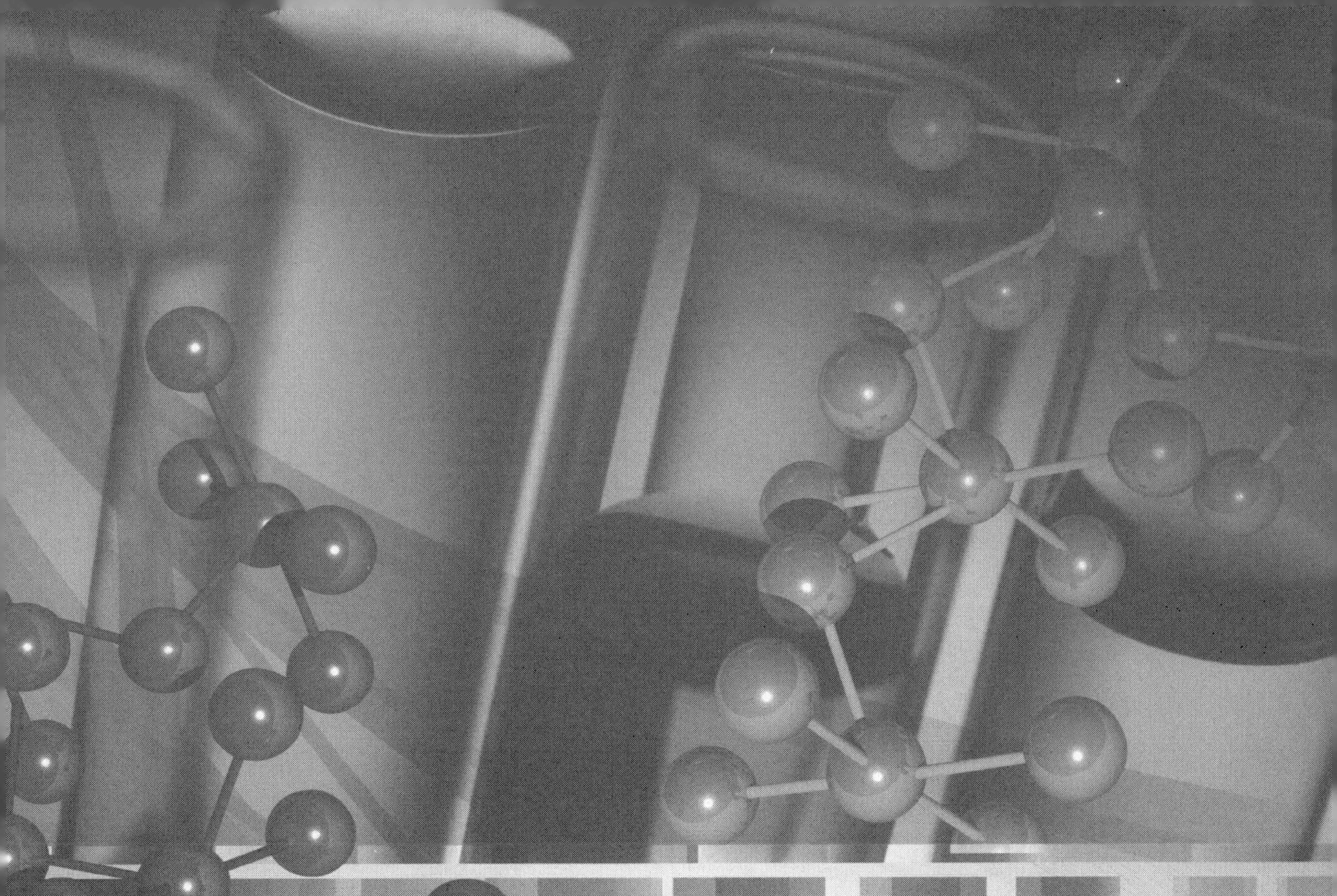

일반화학

김경숙·김기수·이경희
강병언·최수명 편저

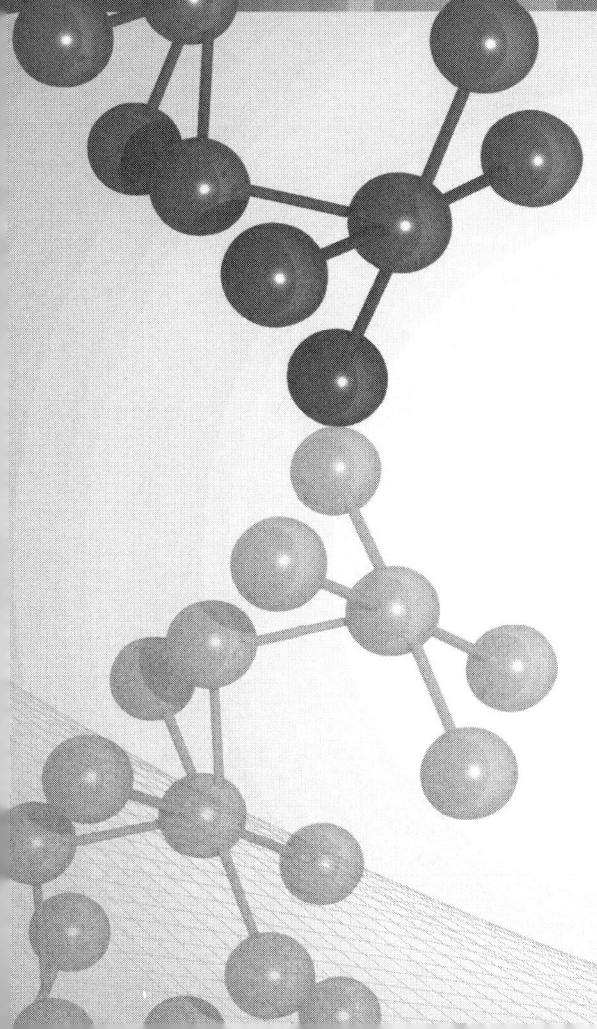

문운당

∷ 프롤로그

화학과 기술이 발전됨에 따라 자연계로부터 다양한 물질이 발견되고 있다. 또한 자연계에는 존재하지 않는 물질이 인공적으로 합성됨에 따라 2000년에 접어들면서 2,250만 종이 넘는 물질이 알려지고 있다. 1965년에는 약 21만 종에 지나지 않던 것이 그 후 급증하여 1999년에는 2,000만 종을 넘을 정도로 증가하였다. 그 중에서 약 10만 종류 정도가 일상생활에 관계된 것으로 알려지고 있는 만큼 현대의 우리 생활은 화학에 의존하고 있다.

화학은 물질을 취급하는 학문이다. 물질에는 "좋고 나쁜" 구별은 없다. 자연의 법칙에 따라 나올 것은 나온다. 인공적으로 만들어진 물질도 많지만 그것은 인간이 자연의 법칙을 이해하고 그것을 이용함으로써 가능해진 것이다. 어떤 물질이 인간에게 좋고 나쁜지는 우리가 대하는 방법과 사용하는 방안에 따른다.

이 책을 배우려는 학생 여러분은 화학에 대하여 어떠한 인상을 갖고 있을까? 고등학교에서 화학을 공부한 학생에게는 "화학은 암기와 계산이 중심인 재미없는 과목" 이라는 인상이 강한 것은 아닐까? 또한 많은 사람은 신문이나 텔레비전 뉴스에 거의 친숙하지 않고 기분이 나쁜 "화학물질" 이 나오기 때문에 싫어하는지도 모르겠다.

고등학교에서 충분히 화학을 배우지 않고 이공계 학부나 학과로 진학하는 학생이 증가된 지도 오래되었다. 이 책은 고교에서 화학을 배우지 않은 학생, 화학이 싫은 학생이 화학의 기초를 저항 없이 학습하기 위한 기초화학 교과서이다. 화학의 기초의 기초를 이해하여 전문 과목 학습에 역할을 하는 것이 이 책의 목적이다. "외우는 화학" 에서 "생각하는 화학" 으로 변하게 되면 본서 간행 목적이 달성되었다고 말할 수 있다.

이러한 취지에 맞춰 교재가 개발될 수 있도록 적극적으로 지원을 아끼지 않은 동양미래대학교에 감사드린다.

2013. 1.

편저자 일동

:: 차 례

Chapter

05 주기율표

Chapter

06 화학결합

Chapter

07 기체

Chapter

08 액체 및 고체

CHAPTER 01

화학입문

화학이라고 하면 화학기호나 반응식, 계산문제 등을 떠올리면서 '어렵다' 라고 생각하는 사람이 많은 것은 아닐까? 그러나 화학의 목적은 반응식을 쓰는 것도 아니고 계산문제를 푸는 것도 아니다.

물질은 원자나 분자 등으로 부르는 아주 작은 입자로 되어 있다. 화학은 그러한 모습을 상상하면서 물질의 성질과 반응 등을 규명해가는 분야이다. 반응식이나 계산문제는 물질의 성질 등을 밝히는 도구에 지나지 않는다.

그러나 학교의 교과서나 시험공부에서는 거기에 너무 중점을 둔 나머지 결과적으로 핵심 목적인 "물질의 오묘함"을 배우지 못하는 것이 현실이다. 이 책에서는 활용하는 도구를 최소한으로 하여 물질의 본질을 "쉽게 빨리 배울 수 있도록" 하는 것을 기본으로 하고 있다. 원자와 분자의 모습이 보이면 화학의 재미에 빠질 수 있게 될 것이다.

화학적 사고방식은 사회인에게도 필요하다. 물질의 성질과 반응 등 눈에 보이지 않는 현상을 조종하고 있는 분자와 원자의 모습을 탐구하는 것이 화학이다. 원자나 분자는 눈에 보이지 않기 때문에 화학을 이해하기 위해서는 "논리에 기반을 둔 상상력"이 필요하다. 일상생활에서도 눈에 보이는 세계의 뒷면에서 어떤 일이 일어나고 있는가를 탐구하고 법칙을 만들어 대응할 필요가 있다. 따라서 화학적 사고방식은 사회생활에도 커다란 역할을 할 수 있을 것으로 판단된다.

반면에 사회 쪽으로 눈을 돌려보면 화학은 신소재나 의약품 등을 만들어내고 풍요한 물질문명을 이룩해왔다. 우리들 주변에 있는 물체들을 자연 그대로의 형태로 활용하는 것은 거의 없다. 대부분은 가공이나 변화를 주어 보다 사용하기 쉽고 역할에 기여할 수 있도록 대체된 것들이다. 이러한 것들이 우리를 둘러쌓은 것을 반세기 전과는 비교도 할 수 없을 정도로 오늘날 우리들은 풍요로운 생활을 보내고 있다.

그러나 화학기술이나 화학물질은 공해, 환경파괴, 건강피해 등을 가져왔다. 대량생산, 대량소비, 대량폐기라고 하는 라이프스타일이 왜곡되어가고 있는 것 또한 부정할 수 없다. 따라서 우선 어떤 사회를 만들 것인가를 생각하고 물질문명의 빛과 그림자를 만들어 온 화학을 공부하는 것 또한 의미가 크다.

1.1 화학이란 무엇인가?

우리는 지구에 살고 있다. 지구는 우주의 일원이다. 우리가 눈으로 보고 감각으로 실감할 수 있는 모든 것은 우주에 있다. 화학은 우주를 구성하는 모든 것과 그것을 지배하는 이론을 취급하는 학문이다.

우주는 거대한 공간이고 거기에는 무수한 별들이 있다. 별과 별 사이에는 별간(성간) 물질이 있다. 혹성과 위성은 우리가 사는 지구와 달로서 돌, 흙, 금속 등 무기물로 되어 있다. 그곳에는 우리와 마찬가지로 탄소를 포함하는 화합물, 유기물로 된 생물이 살고 있을 가능성이 충분하다.

그림 1.1 우주는 공간과 물질로 구성되어 있다.

유한한 부피와 질량을 갖고 있는 것을 물질이라 부른다. 생물도 "생명"을 빼면 물질이다. 물질은 돌이나 흙과 같이 결코 움직이지 않는 것만을 말하는 것이 아니다. 생물은 변화하고 생장한다. 음식물은 소화되어 에너지를 생산한다. 사실 돌과 흙일지라도 변화한다.

물질은 항상 변화한다. 화학은 이와 같은 물질의 변화를 취급하고 다룬다. 그것은 별의 변화와 일생을 취급함과 동시에 생물의 변화와 생장을 다루는 학문이다. 우주를 구성하는 물질과 그 물질을 변화시키는 원리, 이론을 밝히는 것이 화학이다.

물질이란 무엇인가?

자연계는 여러 가지 다양한 물질에 의해 구성되어 있다. 이들 물질의 정체는 무엇인가? 물질을 조사하기 위해 어떠한 관점을 취하면 좋을까를 생각하면서 물질이 어떠한 것으로 되어 있는가를 탐구해 보자.

신비에 가득 찬 수많은 자연현상에는 다양한 물질이 관련되어 있다. 생명 활동이나 우리의 일상생활은 많은 물질과 그 변화에 의존하여 유지되고 있다. 우리 둘레에 있고 손에 닿을 수 있는 것은 모두 물질로 되어 있기 때문이다. 색, 향기, 맛, 빛 … 그것들은 모두 물질이 갖고 있는 성질로, 그의 근본이 되는 물질을 함유하고 있다. 물질은 우리가 눈으로 보는 그 자체이고, 생활에 관련된 모든 것이다. 꽃의 색이 다른 것은 바로 물질이 다르기 때문이다.

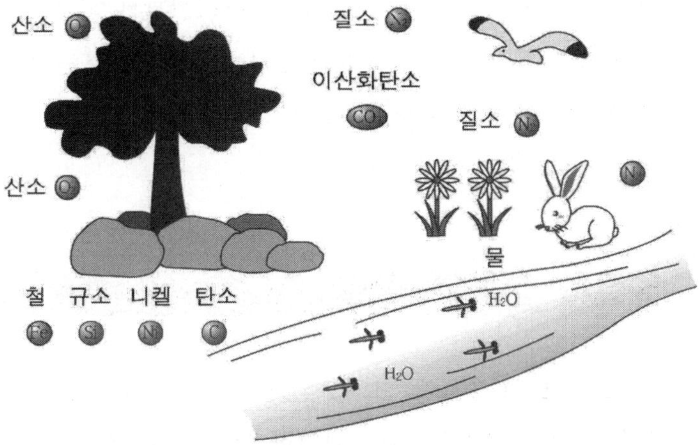

물질이 무엇인지, 또한 물질을 변화시키는 원리가 무엇인지를
연구하는 것이 곧 화학이다.

그림 1.2 지구상의 무기물, 유기물도 모두 물질로 되어 있다.

자연과학은 자연의 생성과 존재 형태를 연구하는 학문 전체를 말한다. 자연과학은 영어로는 Natural Science라 하고 우주로부터 생물, 그리고 미세 입자의 세계까지 연구대상으로 포함하고 있다. 자연과학 가운데 화학(chemistry) 분야에서는 물질과 그의 변화를 취급하고 다룬다. 독자 가운데에는 "화학은 어려운 것"이라고 하는 이미지를 갖고 있는 사람이 많을지도 모르겠다. 그러나 "화학의 눈"을 통해 물건을 볼 수 있게 되면 지금까지 전혀 신경 쓰지 않았던 물체에 대한 관점이 변하게 될 것이다. 화학의 눈이라는 것은 물질을 보는 눈이다.

물질은 그 종류가 무한히 많다. 현재 알려진 것으로 2,000~3,000만 종류가 있다. 그 다양성이 물질의 큰 특징이다. 그들 물질에 관한 자연의 법칙을 탐구해가는 것이 화학이다. 언뜻 보면 전혀 달라 보이는 것일지라도 그 가운데에는 공통적인 성질이나 일정한 법칙이 있고 물질 집단이 밀접하게 관련되어 있다. 화학을 배워감에 따라 물질을 조사하는 기법이 여러 가지로 증가해 간다. 물질의 본질을 추구하는 방법은 "물질의 성분을 조사한다", "물질을 만드는 원자의 결합 관계를 조사한다", "물질이 변화할 때의 원리를 조사한다"는 등의 여러 가지 각도에서 물질을 바라봄으로써 물질의 본질을 추구하는 수단을 증가시킬 수 있다.

화학은 현재도 진보를 계속하고 있다. 물질을 보는 방법과 생각하는 방법의 진보가 물질을 다루는 방법을 진보시키고 있다. 동시에 물질의 성질이 뒤이어 해명되고 새로운 물질이 재료(물질에 실용적인 가치가 부가된 것)로서 이용되고 있다. DNA나 단백질 등 생명현상에 관계되는 물질의 해명에도 최근 급격히 화학의 진보가 이루어지고 있다. 화학은 자연과학 가운데에서 중심적인 역할을 담당하고 있다. 물질을 다루는 화학의 진보가 중요한 구동력이 되어 자연과학 전체도 비약적으로 발달하고 있는 것이다.

1.2 물질의 분류와 성질

물질은 공간을 채우고 있으며 질량을 가지고 있는 것이다. 화학은 물질과 물질의 변환을 연구하는 학문이다. 모든 물질은 적어도 원리적으로 고체, 액체, 기체의 세 가지 상태로 존재할 수 있다. 고체는 규정된 모양을 가지는 단단한 물질이다. 액체는 고체보다는 덜 단단하며 유체이다. 기체도 액체처럼 유체이지만 무한히 팽창할 수 있다는 점이 액체와 다르다.

과학자들은 또한 조성과 성질에 따라 부수적인 종류로 나눈다. 뒤에 상세히 다룰 원소와 화합물을 만드는 기본 단위인 원자와 분자뿐만 아니라 순물질, 혼합물, 원소 및 화합물이 있다.

순물질과 혼합물

순물질(substance)은 규정된 일정한 조성을 가지며 독특한 성질을 갖는 물질이다. 물, 은, 에탄올, 이산화탄소, 소금(염화소듐) 등은 순물질의 예들이다. 각각의 순물질은 조성이 서로 다르며 모양, 냄새, 맛 및 다른 성질들에 의해 서로를 구별할 수 있다. 현재까지 1,300만 종 이상의 순물질이 알려져 있으며, 그 수는 급격하게 증가되고 있다.

혼합물(mixture)은 독특한 성질을 가지는 둘 이상의 순물질의 조합으로 이루어져 있다. 혼합물의 예로는 공기, 우유, 음료, 시멘트 등을 들 수 있다. 혼합물은 일정한 조성을 갖지 않는다. 그러므로 서로 다른 도시에서 포집된 공기 시료의 조성은 고도와 오염 정도 등의 차이에 의해서 서로 다를 수 있다.

혼합물은 균일할 수도 있고 불균일할 수도 있다. 한 스푼의 설탕을 물에 녹일 때 충분히 저어준 후에는 이 혼합물의 조성이 용액 전체를 통해 동일하게 된다. 이러한 용액을 균일 혼합물(homogeneous mixture)이라고 한다.

그러나 만약 모래와 쇳가루를 섞는다면, 모래알과 쇳가루는 육안으로 구별된다. 이러한 고르지 못한 조성을 갖는 형태의 혼합물을 불균일 혼합물(heterogeneous mixture)이라고 부른다. 기름에 물을 가하면 그 액체가 일정한 조성을 갖지 않으므로 또 다른 불균일한 혼합물이 만들어진다.

원소와 화합물

순물질은 원소(단체 : 단일 원소로 구성된 물질)이거나 화합물이다. 원소(element)는 화학적 방법으로 더 간단하게 분리할 수 없는 물질이다. 현재까지 118종의 원소가 알려져 있다. 그 중 92개가 지구상의 자연에서 발견된 것이고 나머지는 과학자들에 의해 만들어진 것이다.

화학자들은 알파벳 기호를 이용하여 원소의 이름을 표시한다. 원소를 나타내는 기호의 첫 문자는 항상 대문자를 사용하지만 두 번째 문자는 소문자를 사용한다. 예를 들면 Co는 코발트 원소를 표시하며, CO는 원소인 탄소와 산소로 구성된 일산화탄소의 화학식을 나타내는 것이다. 표 1.1에 몇몇 원소들의 기호와 이름을 나타내었다. 대부분의 원소기호는 영

표 1.1 많이 쓰이는 원소들과 그들의 기호

이름	기호	이름	기호	이름	기호
구리	Cu	비소	As	주석	Sn
규소	Si	산소	O	질소	N
금	Au	수소	H	철	Fe
소듐	Na	수은	Hg	포타슘	K
납	Pb	아연	Zn	칼슘	Ca
니켈	Ni	알루미늄	Al	코발트	Co
마그네슘	Mg	염소	Cl	크롬	Cr
바륨	Ba	요오드	I	탄소	C
백금	Pt	은	Ag	플루오르	F
브롬	Br	인	P	황	S

어 이름의 줄임 형식으로 나타내는데 반하여 어떤 원소의 이름은 라틴어에서 유래되기도 하였는데, 예를 들면 aurum(금)에서 유래한 Au, Ferrum(철)에서 유래한 Fe, natrium에서 유래한 Na(소듐) 등이 있다.

그림 1.3은 지표와 인간의 몸에서 가장 풍부한 원소들을 나타내고 있다. 이 그림에서 보면 단지 5개의 원소들(산소, 규소, 알루미늄, 철, 칼슘)이 지각의 90% 이상을 차지하고 있으며 또 이 가운데 산소가 살아있는 생명체에서 가장 풍부한 원소임을 알 수 있다.

천연으로 존재하는 92가지의 원소 중 83가지만이 상당한 양으로 존재한다. 관측되는 우주의 질량 중 약 75%를 수소가 차지하는 것으로 알려져 있다. 지구 지각의 질량 중 약 75%를 산소와 규소가 차지한다. 인체의 경우 산소, 탄소, 수소가 인체 질량의 90% 이상을

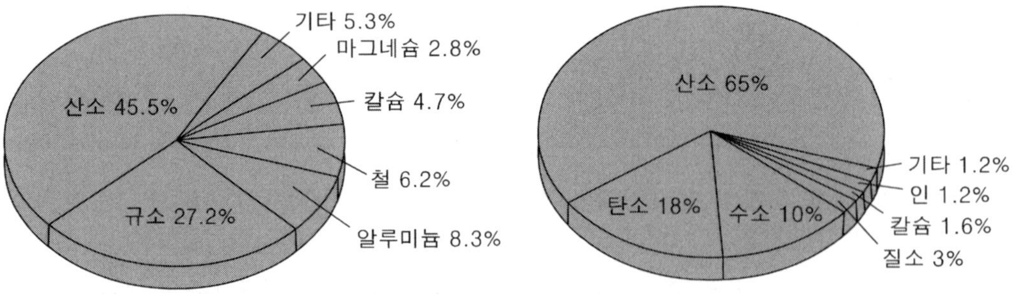

그림 1.3 (a) 무게 백분율에 의한 지각 내의 원소 존재량. 산소의 함량이 45.5%라면 100g의 지각 표본에 평균적으로 45.5g의 산소가 있다는 뜻이다.
(b) 무게 백분율에 의한 인체의 원소존재량

차지하고 있다.

대부분의 원소들은 하나 이상의 다른 원소들과 결합하여 화합물을 만들 수 있다. 화합물(compound)은 둘 이상의 원소 원자들의 정해진 비율에 의해 화학적으로 결합하여 만들어진 물질이라고 정의한다. 예를 들어 수소 기체가 산소 기체 안에서 타면 화합물인 물이 생성되는데, 그 성질은 출발물질과 전혀 다르다.

물은 수소 둘에 산소 하나의 구성으로 이루어져 있다. 이러한 구성은 서울의 수도꼭지에서 나오는 것이나 중국 양쯔강의 것이나, 혹은 남극의 얼음에서 나오는 것이나 관계없이 항상 동일하다. 혼합물과는 달리 화합물은 화학적인 방법으로 원래의 순수한 성분으로 분리할 수 있다.

원소와 주기율표

인류 역사의 초기에는 안티몬(Sb), 탄소(C), 구리(Cu), 금(Au), 철(Fe), 납(Pb), 수은(Hg), 은(Ag), 황(S), 주석(Sn)의 10가지 원소가 알려져 있었다. 그 뒤 수천 년 만에 발견된 원소는 비소(As)로 1250년경이었다. 1776년에만 해도 겨우 24가지 원소만이 알려져 있었다.

원소들 간의 유사성을 설명하려는 시도가 1800년대 중반에 여러 차례 있었다. 획기적인 돌파구는 1869년 러시아 화학자 멘델레예프(Dmitri Mendeleev)에 의한 결과이다. 그림 1.4에 현대의 주기율표(periodic table)의 골격을 나타냈다. 주기율표에서 원소는 주기(period)라고 부르는 7개의 수평 줄과 족(group)이라 부르는 18개의 수직 열로 된 표의 칸에 배열된다.

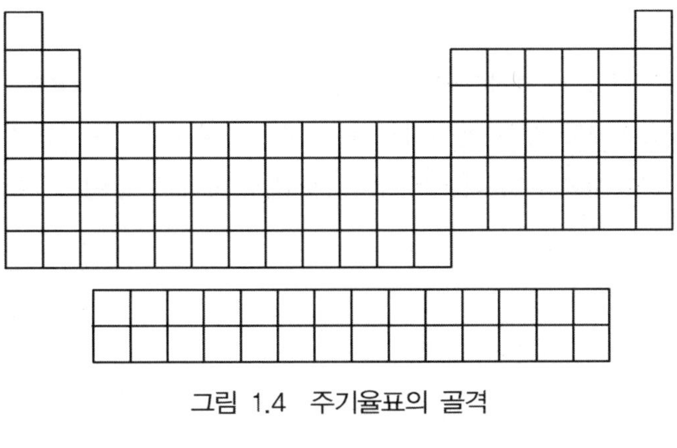

그림 1.4 주기율표의 골격

마치 성처럼 보이지 않는가? 성벽 양쪽 끝에는 탑이 우뚝 솟아 있는 모습이다. 그 사이의 윗부분은 공사를 하다 만 것처럼 비어 있다. 위로 돌출한 부분은 모두 18줄이고 수평 방향으로는 7층 구조로 쌓여 있으며, 성 아래 지하에는 따로 2층의 구조물이 있다. 각각의 '벽돌' 하나가 하나의 원소, 즉 물질의 기본 구성요소에 해당한다.

실제로 주기율표에는 18개 족 대신에 32개의 족이 있지만 한 면에 적절하게 표시하려고 란타넘 다음의 14가지 원소(란타넘족)와 악티늄 다음의 14가지 원소(악티늄족)는 표 아래쪽에 표시한다. 이런 족에는 족의 번호를 붙이지 않는다.

주기율표의 모든 족이 같은 수의 원소를 갖지 않는다. 왼쪽의 두 족과 오른 쪽의 여섯 족을 주족(main group)이라 한다. 생명체의 기반이 되는 탄소, 수소, 질소, 산소, 인과 같은 원소들은 대부분 주족 원소들이다. 중앙의 10개 족을 전이금속족(transition metal group)이라 한다. 철, 구리, 아연, 금 같은 대부분의 친숙한 금속은 전이금속이다. 주기율표 밑에 따로 표시한 14개의 족을 내부 전이금속(inner transition metal group)이라 한다. 주기율표에 대한 상세 설명은 뒤에 오는 장에서 다룬다.

물질을 구성하는 궁극적인 입자

오랜 옛날부터 물질을 만들고 있는 근본이 되는 것을 탐구하려고 많은 과학자가 다양한 연구를 해왔다. 물질의 정체를 확인하는 것은 매우 어려운 일이었으나, 결국 물질은 아주 작은 입자로 되어 있다는 것을 알게 되었다.

물질을 형성하고 있는 입자는 광학현미경으로 볼 수 있는 크기보다도 훨씬 작기 때문에 최근까지 그 정체를 실제로 볼 수 없었다. 그러나 여러 가지 실험 결과 물질은 아주 작은 입자로 되어 있다고 생각해 왔다. 그 후 실제로 물질이 입자로 되어 있다는 것을 확인할 수 있게 되었다.

모든 물질은 점점 작게 나누어가게 되면 아주 작은 미립자에 도달하게 되고, 동일한 종류의 물질은 어떤 경우에도 같은 미립자로 되어 있다. 물질이 작은 입자로 되어 있다고 하는 생각을 "입자 개념"이라 부른다. 이 입자 개념은 화학에 있어서 가장 기본이 되는 사고방식이다.

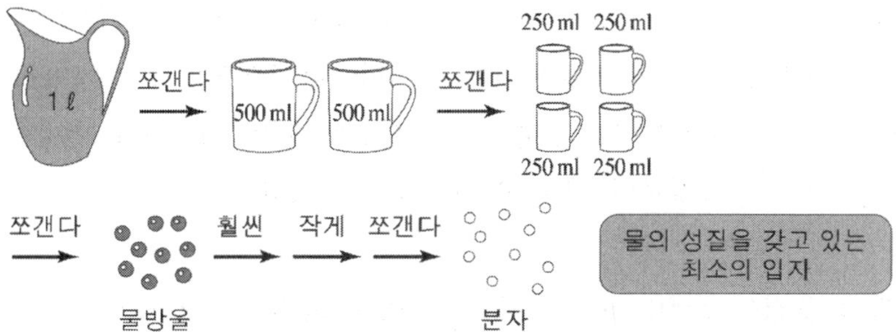

그림 1.5 물을 계속 쪼개나가면 궁극적으로는 물분자에 도달한다.

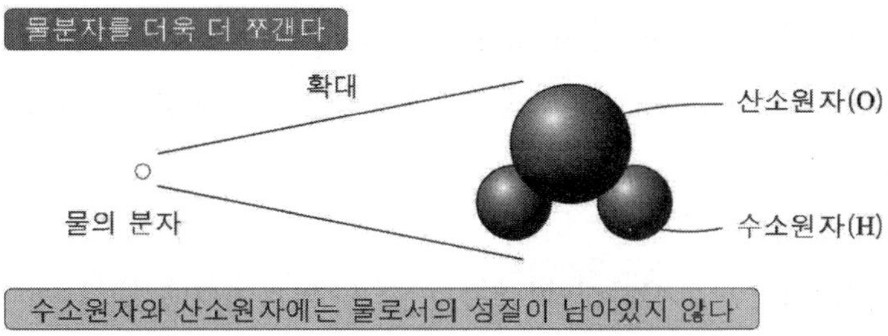

그림 1.6 물 분자를 더울 더 쪼개면 수소원자와 산소원자로 나누어지나 물의 성질을 더 이상 갖지 않는다.

물질을 구성하는 가장 기본이 되는 입자는 원자이다. 원자는 물질을 형성하는 최소의 기본적인 단위로서, 원소로서의 특성을 갖는 최소 미립자이다. 원소는 "원자의 종류"라고 바꾸어 말할 수 있다. 원소기호는 원자의 종류를 나타내는 기호이다. 다시 말하면 원자는 그 실체를 지칭하는 것에 대하여 원소는 원자의 종류를 나타내는 용어이다.

원자의 구조는 2장에서 상세히 설명한다. 원자는 너무 작아 인간의 눈으로는 식별할 수가 없다. 결국 우리가 보고 느끼는 물질은 상상할 수 없이 많은 수의 원자로 구성되어 있는 것이다.

이 원자 몇 개가 결합되어 있는 입자가 분자이다. 분자의 내부에는 이들 원자가 결합하여 만든 특정 공간 배치로 배열하고 있다. 분자는 물질로서의 특성을 갖는 최소의 미립자이다.

물질을 구성하고 있는 입자는 어떠한 방법으로 그것을 볼 수 있을까? 입자를 확인하는 방법을 살펴본다.

• **눈으로 본다** : 육안으로 볼 수 있는 것의 크기는 0.1 mm(10^{-4} m) 이상이다. 확대경이나 광학현미경을 사용하면 훨씬 작은 것도 볼 수 있다. 확대경으로 볼 수 있는 크기는 0.01 mm(10^{-5} m) 정도이다. 광학현미경의 한계는 0.3 μm(3×10^{-7} m) 정도이어서 세균이나 세포까지는 볼 수 있으나 그것보다 작은 입자는 볼 수 없다.

• **빛으로 본다** : 물질이 0.001～1 μm, 즉 1～1,000 nm(10^{-9}～10^{-6} m) 정도의 미립자가 되어 분산되어 있는 상태를 콜로이드(colloid)라 한다. 통상의 광학현미경으로는 볼 수 없는 크기의 미립자이다. 물 등에 이러한 미립자가 분산되어 있어도 물 밖에 보이지 않고 여과지의 구멍도 통과한다. 그러나 레이저광(laser light) 등을 비추면 미립자에서 빛이 산란되어 광의 통로를 옆에서 보면 분명하게 빛나는 것을 볼 수 있다. 이 현상을 틴달(tindall) 현상이라 부른다. 콜로이드 입자를 빛의 점으로써 관찰할 수 있기 때문에 미립자의 존재를 실감할 수 있게 된다.

• **원자·분자를 본다** : 1 nm 이하의 미립자는 광을 통과시켜도 틴달 현상을 나타내지 않으나, 눈에 보이는 광(가시광선이라 한다)의 파장은 약 400～700 nm로 1 nm 이하의 입자의 경우에 가시광선을 통과시켜도 그 파장보다도 입자 지름이 작기 때문에 가시광선은 산란되지 않고 그냥 통과해버린다. 과학이 진보된 현재에는 전자현미경 장치를 사용하여 물질을 만들고 있는 입자의 화상을 나노미터 단위까지 볼 수 있다. 또한 주사형 턴넬 현미경(STM)이나 원자간력 현미경(AFM)의 장치를 사용하면 물체의 표면 입자를 볼 수 있을 뿐 아니라 나노미터 단위로 움직이는 것도 관찰이 가능하게 되었다. 이러한 수준에서 볼 수 있는 작은 크기는 0.1～1 nm로 원자나 분자로 불리는 미립자도 확인할 수 있다.

앞에서도 말한 바와 같이 분자와 원자는 1개의 크기가 약 0.1 nm 정도의 작은 알갱이인 것으로 알려져 있다. 결국 분자와 원자는 1억(10^8)배를 해야 겨우 1 cm의 크기가 되기 때문에 실제로 손에 잡힐 수 있는 물질은 크기로 말한다면 10^8 정도의 격차가 있게 된다. 부피로 말하면 $10^8\times10^8\times10^8=10^{24}$배의 차이가 있다. 어느 물질 1 cm^3에 원자나 분자를 꽉 채워 넣는다면 그 속에는 약 10^{24}개의 엄청난 개수의 입자가 들어 있는 것이 된다.

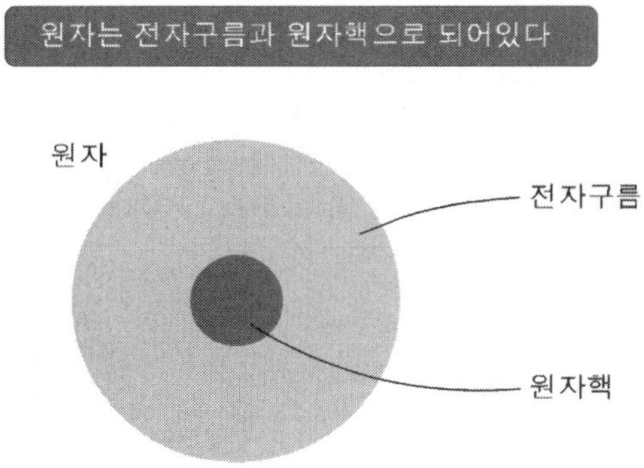

그림 1.7 원자의 구조 개념도

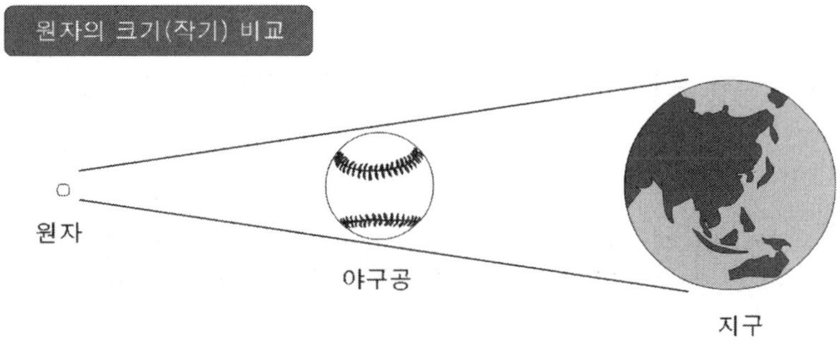

그림 1.8 원자는 아주 작다. 그 지름은 10^{-10} m, 0.1 nm 오더이다. 원자를 확대하여 야구볼 정도 크기로 하여 같은 확대율로 확대하면 볼은 지구 정도의 크기가 된다.

더욱이 분자나 원자의 질량은 1 g의 10^{23}분의 1 정도로 아주 작기 때문에 실제로 질량을 느낄 수 있는 정도가 되려면 10^{23}이라는 격차가 있게 된다. 결국 우리 둘레에 있는 물질은 그 물질의 기본이 되는 원자나 분자가 10^{23}개 이상이라고 하는 엄청난 개수가 모아진 존재라고 할 수 있다. 이와 같이 주변의 물질은 엄청난 개수의 입자가 모여 구성되어 있기 때문에 통상 우리가 물질이 입자라 하는 것 자체를 느끼지 못하고 일상생활을 하고 있는 것이다.

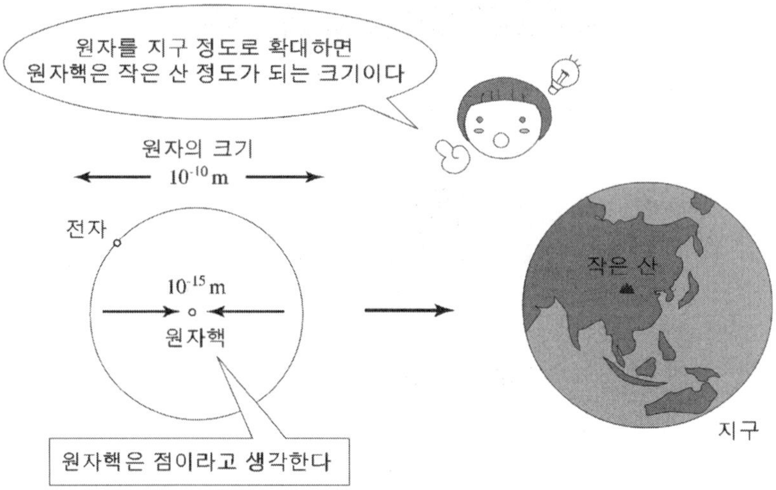

그림 1.9 원자핵은 원자 무게의 거의 전부(99.9% 이상)를 포함하는 부분으로 그 크기는 아주 작다.

1.3 화학적 탐구

화학은 과학의 여러 분야에서 중요하기 때문에 '중심 과학'이라 불린다. 전에 화학을 공부하지 않았더라도 어느 정도 화학을 접했을 확률이 높다. 이미 습득한 개별 정보들을 연결하고 화학 개념들을 이해하여 화학에 대한 보다 일관되고 체계적인 지식을 제공하는 것이 이 교재의 목적이다. 대학에서 배우는 기초화학 교과목의 궁극적인 목적은 화학적 시각을 갖추게 하여 자연 현상을 이해하는데 도움을 주는 것이다.

보통 1μm 이하, 즉 세포(대개 20 μm)보다 작은 크기의 물질의 세계를 마이크로(미시적)라 한다. 또 그의 1만분 1인 0.1 nm 이하의 크기에서는 여러 가지 크기나 형태의 원자, 분자가 입자로 보일 뿐이다.

크기, 부피를 분명하게 알 수 있는 물질, 즉 마크로(거시적)인 세계는 엄청난 수의 미립자에 의해 형성되어 있다. 물질은 마치 연속적인 것으로 보이게 되는 것이다. 우주에서 지구를 볼 때 거기에 살고 있는 인간이나 생물이 이동한다 해도 혹은 곳에 따라 비가 내리고 곳에 따라 개었다 해도 지구 전체는 항상 변함없이 지구로 보이는 것과 마찬가지이다. 미립자의 마이크로의(미시적인) 세계에서 일어나고 있는 것과 우리가 눈으로 볼 수 있는 실제의 마크로의(거시적인) 세계의 현상을 연결하는 것이 화학이라고 말할 수 있다.

화학적 특성에 대하여 거시적(macroscopic), 미시적(microscopic), 상징적(symbolic)인 3단계의 관점과 이해가 필요하다. 화학적 문제들에 접근하는 다양한 관점들 사이를 넘나들 수 있게 되어야 한다. 물질과 그들의 반응에 대하여 우리가 볼 수 있는 것들은 거시적 시각을 제공한다. 이러한 결과들을 해석하는데 있어서 계(system)의 가장 작은 구성성분에 초점을 맞추는 미시적인 접근이 필요하다. 이러한 개념들을 효과적으로 전달할 필요가 있는데 화학자들은 이를 위해 상징적 방법들을 고안하였다.

거시적 관점

실험실이나 우리 주변에서 일어나는 화학반응을 관찰할 때 우리는 물질을 거시적 수준에서 바라본다. 물질은 질량을 가지고 있고 관찰이 가능하다. 우리는 물질과 항상 접촉하고 있어 그것의 존재에 대하여 직관을 적절한 정의처럼 수용하는 경향이 있다. 우리가 관찰하는 것 중에는 물질이 아닌 것도 있다. 예를 들면 빛은 질량이 없기 때문에 물질로 보지 않는다.

물질을 관찰하는 가장 흔한 방법은 어떤 방법으로든 변하도록 하는 것이다. 물질의 변화는 화학적 변화와 물리적 변화로 나눌 수 있다. 물리적 변화에서 물질은 화학적 성질을 잃지 않는다.

물리적 성질(physical property)은 물질 자체의 변화 없이 측정할 수 있는 변수이다. 흔히 접하는 물리적 성질의 예로 질량이나 밀도가 있다. 물체의 질량은 저울을 사용하여 표준 물체와 비교하여 측정한다. 밀도(density)는 부피에 대한 질량의 비이다. 밀도를 결정하려면 질량과 부피를 측정하여야 한다. 이 값은 물질을 변화시키지 않고도 얻을 수 있기 때문에 밀도는 물리적 성질이다. 색상, 점성도, 경도, 온도 등은 물리적 성질이며, 나중에 정의하게 될 열용량, 끓는점, 녹는점, 휘발성 등도 물리적 성질이다.

화학적 성질(chemical property)은 물질이 거치는 화학적 변화의 형태와 연관이 있다. 예를 들면 어떤 물질은 쉽게 타고 어떤 물질은 그렇지 않다. 불에 타는 것은 연소라고 불리는 화학반응이다. 공기와 습기의 존재 하에 금속이 부식되는 현상은 흔히 볼 수 있는 화학적 변화이다.

화학반응을 거시적으로 관찰할 때 물질의 세 가지 다른 형태 또는 상(phase), 즉 고체, 액체, 기체를 만나게 된다. 거시적 수준에서 보면 고체(solid)는 딱딱하고 형태가 쉽게 변하지 않는다. 고체를 용기 안에 넣을 때 용기의 모양으로 채워지기보다는 자신의 형태를 유지한다.

액체(liquid)는 거시적으로 고체와 구별되는데 고체와 달리 액체는 용기에 채워질 때 용기의 모양에 따라 형태가 변한다. 용기 전체를 채우지는 않더라도 채워진 부분은 용기의 모양을 따른다. 기체(gas)는 액체나 고체와는 다르게 용기 전체를 채운다. 많은 기체들이 무색이어서 눈에 보이지는 않지만 기체는 채울 수 있는 부피 전체를 채운다는 것을 경험으로 알 수 있다.

가끔 화학적 성질과 물리적 성질은 거시적 수준에서 구별하기 어려운 경우가 있다. 물이 끓는 것은 물리적 변화이다. 그러나 끓는 물은 주전자에서 물이 없어지는 것을 관찰하는 것만으로 그것이 화학적 변화인지 물리적 변화인지 어떻게 알 수 있겠는가? 이것을 확인하려면 미시적 관점에서 물을 구성하는 입자들에게 어떠한 일이 일어나고 있는지를 고려할 필요가 있다.

미시적(미립자적) 관점

화학의 가장 기본적인 관점은 모든 물질은 원자나 분자로 구성되어 있다는 것이다. 그래서 화학자들은 모든 것을 한 종류 또는 다른 종류의 화학물질이라고 생각하려는 경향이 있다. 대부분의 경우 우리가 만나는 물질들은 여러 화학종의 복잡한 혼합물이고 각각의 구성요소들을 화학적 성분이라고 부른다. 화학을 공부해 나아가면서 이러한 용어들을 더 광범위하게 정의할 것이다. 여기에서는 기본적인 정의를 사용한다.

모든 물질은 원소(element)라고 불리는 제한된 수의 구성 재료로 이루어져 있다. 원소는 주기율표에 종합적이고 계통적으로 주어져 있다. 원자(atom)는 더 이상 작은 것으로 만들 수 없는 아주 작은 입자이다. 물질을 원자보다 작은 수준에서 연구하면 핵물리나 입자물리학으로 넘어간다.

이러한 의미에서 원자는 어떤 원소라도 화학적 본질을 유지하면서 존재하는 가장 작은 입자이다. 분자(molecule)는 원자들이 결합한 단위로서 원자와는 구별되는 특성을 갖는다. 궁극적으로 분자에서 화학결합이라고 하는 힘이 원자들을 어떻게 서로 붙잡아 두는지를 배우게 될 것이다.

미립자적 관점은 화학적 변화와 물리적 변화 사이의 차이점을 더 상세하게 설명해 준다. 원자나 분자를 직접 관찰하거나 사진으로 찍을 수 없기 때문에 간단하게 도형으로 상징적으로 나타낸다. 원자나 분자들을 기술하거나 변화를 표시하는데 원을 그려 상징적으로 자주 활용한다.

그림 1.10 미립자적 관점에서 본 고체, 액체, 기체에서는 입자들이 규칙적인 구조를 유지하며 크기와 형태가 정해진다. 액체에서는 입자들이 서로 가까운 상태를 유지하지만 규칙성은 없다. 거시적인 관점에서 액체는 유동적이고 형태는 용기의 모양에 따른다. 기체 상태에서는 입자들 사이의 거리가 멀리 떨어져 있고 서로 독립적으로 움직인다. 따라서 기체는 용기 전체를 비우게 된다.

고체, 액체, 기체는 미립자적 관점에서 어떻게 다른지 살펴본다. 그림 1.10은 매우 간단하지만 이해하는데 유용하다. 고체에서 원자들은 매우 촘촘하게 쌓이고 일정한 형태를 유지한다. 액체 상태에서는 입자들이 촘촘히 쌓이지만 형태를 유지하기 보다는 용기의 바닥부터 채워나가는 형태이다. 기체 상태에서 입자는 서로 멀리 떨어져 있고 용기의 전체 영역을 자유롭게 움직인다. 많은 고체들은 결정(crystal)이라고 하는 잘 배열된 구조를 갖는다. 이것은 고체에 대한 미립자적 관점에서 규칙적인 배열이 가능하다.

미립자적 관점에서 화학적 변화와 물리적 차이를 어떻게 구별할 수 있을까? 어떤 과정에서 물리적 변화라면 원자나 분자는 전혀 바뀌지 않는다. 물이 끓을 때 액체 상태에서나 기체 상태에서 분자의 구성성분은 똑같다. 물분자가 변화되지 않았다는 사실로부터 물리적 변화라는 것을 알 수 있다.

대조적으로 전기분해를 미립자적 관점에서 보면 물분자가 수소분자와 산소분자로 변한다. 이것은 화학적 변화이다. 이러한 두 가지 반응을 거시적으로 관찰한다면 무엇을 보게 되고 그 차이를 어떻게 알겠는가?

두 경우 모두 기포가 생기는 것을 보게 된다. 하나는 수증기를 포함하는 기포이고, 다른 하나는 수소 기체를 포함할 것이다. 이런 유사함에도 불구하고 두 가지 가능성을 구별하기 위하여 거시적 수준에서도 관측할 수 있다. 기체에 불꽃을 댐에 따라 수소가 타는 것으로 그 차이를 확인할 수 있다.

상징적 표현

화학자들이 화학을 이해하는 세 번째 방법은 원자나 분자, 반응을 나타내는데 기호를 사용하는 것이다. 앞으로 올 뒤의 장에서 자세히 다룰 것이다. 우리가 알고 있는 'H two O' 라는 물분자는 기호를 사용하여 H_2O로 표시한다. 원자나 분자들을 기호로 나타내는 것은 우리가 실제로는 결코 볼 수 없는 입자들을 추적하는데 편한 방법을 제공한다. 이러한 기호들은 입자 수준의 아이디어와 상호작용하는 중요한 방법이 될 것이다.

1.4 화학에서의 측정과 숫자

화학은 실험 과학이다. 그러나 실험이 재현성을 가지려면 실험하는 물질들에 대하여 양, 부피, 온도 등을 완전하게 나타내야 한다. 따라서 화학에서 가장 중요한 요구 사항 중 하나는 사물을 측정하는 방법이다.

단위

1960년에 결정된 국제조약에서 과학자들은 약자로 SI(Systeme Internationale de Unites)로 나타낸 국제단위계를 전 세계가 사용하기로 하였다. 미국 등 몇 나라를 제외한 거의 대부분의 국가에서 사용하는 SI 체계는 미터법에 기반을 두고 있다. SI 체계는 일곱 가지 기본 단위로 구성되어 있다(표 1.2). 이 일곱 가지 기본 단위는 그것으로부터 유도되는 다른 단위들과 함께 사용하면 모든 과학 측정에 충분하다.

모든 측정계의 한 가지 문제점은 단위의 크기가 흔히 너무 크거나 작아서 불편하다는 것이다. 예를 들면 화학자가 소듐(Na) 원자의 지름(0.000000000372 m)을 미터로 표시하려

표 1.2 일곱 가지 기본 SI 측정 단위

물리량	단위 이름	약자
질량	킬로그램(kilogram)	kg
길이	미터(meter)	m
온도	켈빈(kelvin)	K
물질량	몰(mole)	mol
시간	초(second)	s
전류	암페어(ampere)	A
광도	칸델라(candela)	cd

표 1.3 SI 단위의 배수를 나타내는 접두사

인자	접두사	기호	예
$1,000,000,000=10^9$	giga	G	1 gigameter(Gm) = 10^9 m
$1,000,000=10^6$	mega	M	1 megameter(Mm) = 10^6 m
$1,000=10^3$	kilo	k	1 kilogram(kg) = 10^3 g
$100=10^2$	hecto	h	1 hectogram(hg) = 100 g
$10=10^1$	deka	da	1 dekagram = 10 g
*$0.1=10^{-1}$	deci	d	1 decimeter = 0.1 m
*$0.01=10^{-2}$	centi	c	1 centimeter = 0.01 m
*$0.001=10^{-3}$	milli	m	1 milligram = 0.001 g
*$0.000\ 001=10^{-6}$	micro	μ	1 micrometer = 10^{-6} m
*$0.000\ 000\ 001=10^{-9}$	nano	n	1 nanosecond(ns) = 10^{-9} s
*$0.000\ 000\ 000\ 001=10^{-12}$	pico	p	1 picosecond(ps) = 10^{-12} s

* 큰 수를 나타낼 때 소수점의 왼쪽으로 세 자리마다 쉼표를 찍어서 표시하는 것과 비슷하게 매우 작은 수를 나타낼 때 과학에서는 흔히 소수점 다음의 세 자리마다 약간 공간을 떼어서 표시한다.

면 너무 커서 불편하다. 또한 천문학자가 지구와 태양과의 평균 거리(150,000,000,000 m)를 미터로 표시하려면 미터가 너무 작아서 불편하다.

이런 이유 때문에 SI 단위는 더 작거나 큰 양을 나타내는 접두사를 사용하여 변형된다. 접두사 밀리(milli-)는 1000분의 1을 나타내므로 밀리미터는 1/1000미터가 된다. 같은 방법으로 킬로(kilo-)는 1000배를 나타내므로 1킬로미터는 1000미터가 된다(질량을 나타내는 SI 단위인 킬로그램은 이미 kilo- 접두사를 포함하고 있다). 관련되는 접두사를 표 1.3에 나타냈다.

표 1.3에 나타낸 것처럼 크거나 작은 수는 과학적 표기법(scientific notation)을 이용하여 나타낼 수 있다. 예를 들면 55,000은 5.5×10^4으로, 0.00320은 3.20×10^{-3}으로 과학적 표기법으로 나타낼 수 있다.

원칙적으로 모든 양은 SI 기본 단위의 조합으로 나타낼 수 있다. 그러나 어떤 단위들은 너무 오랫동안 관습적으로 쓰이기 때문에 그대로 사용된다. 간단한 예가 초보다 긴 시간 단위의 측정이다. 킬로초라 쓰지 않고 분, 시간, 일, 년 등이 사용된다. 화학실험실이나 음료수 용기 등에서는 부피를 m^3의 SI 단위를 사용하지 않고 리터(ℓ)나 밀리리터($m\ell$)를 더 자주 사용한다.

화학자들은 혼합물에 존재하는 특정 물질의 양을 나타내는데 다양한 농도 단위를 사용한다. 금속은 가끔 미세한 불순물을 포함할 수 있다. 간단하게 %를 사용하기도 하고 ppm

이나 ppb 단위를 사용하기도 한다. ppm(parts per million)은 백만 개 시료 입자 중에 특정 물질의 입자가 몇 개 들어 있는지를 나타내고 ppb(parts per billion)는 10억 개의 시료 입자 중에 몇 개가 들어 있는지를 나타낸다. 불순물의 농도가 수 ppm일지라도 어떤 경우에는 문제가 될 수 있고, 어떤 원하는 성질을 얻기 위하여 의도적으로 첨가할 수도 있다.

많은 SI 단위들이 일상생활에 점진적으로 적용되고 있지만 온도 단위는 그렇지 못하다. 온도의 경우 섭씨와 화씨온도는 우리에게 익숙하다. 그러나 어느 국가의 일기예보를 하는데 있어 켈빈온도를 사용하지 않는다. 일반적으로 온도단위는 온도계를 보정할 때 사용하는 2개의 기준점을 무엇으로 하느냐에 따라 결정된다.

화씨온도에서 기준점의 하나는 원래 체온이었고, 그 점을 100°F라고 정하였다(이 온도 스케일을 제안할 때 측정의 정확도는 관심사가 아니었다). 다른 기준점은 얼음물에 소금을 넣었을 때 도달할 수 있는 온도이다. 이 온도를 0°F로 정하여 두 점을 100등분한 것이 화씨온도 단위였다. 현재는 물이 어는점을 32°F, 끓는점을 212°F로 설정하였다.

섭씨온도도 비슷한 방법으로 개발되었는데 이 경우는 순수한 물의 어는점을 0℃, 끓는점을 100℃로 설정하였다. 그림 1.11에 두 온도 단위 사이의 관계를 나타냈다. 두 온도 사이의 전환은 다음 식으로 주어진다.

$$°F = (1.8 \times ℃) + 32 \quad (1.1)$$

$$℃ = (°F - 32)/1.8 \quad (1.2)$$

과학에서는 다른 온도 단위를 사용한다. 수학적 편의를 위해서는 켈빈온도를 선택한다. 켈빈온도는 섭씨온도와 비슷하지만 이론적으로 가장 낮은 온도가 0K라는 사실에 바탕을 두고 있다. 이 정의의 수학적 중요성은 분모에 온도가 들어가는 수식을 사용할 때 0으로 나누는 일은 없다는 것을 확신하게 한다. 섭씨온도와 켈빈온도 사이의 전환은 매우 간단하다.

$$K = ℃ + 273.15 \quad (1.3)$$

$$℃ = K - 273.15 \quad (1.4)$$

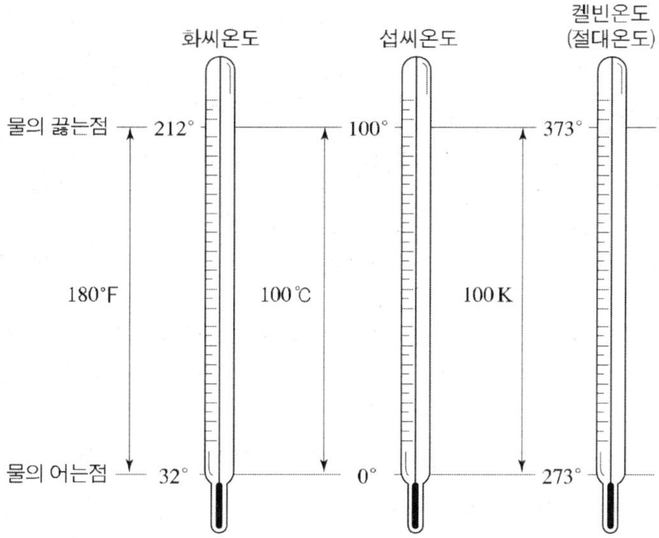

그림 1.11 화씨, 섭씨, 켈빈온도의 비교. 물의 어는점은 32℉, 0℃, 273K로, 끓는점은 212℉, 100℃, 373K로 나타낼 수 있다.

공학의 일부 분야에서는 랭킨의 온도 단위(°R)를 사용하기도 하는데, 이는 화씨온도와 같은 크기의 절대온도 단위이다.

측정의 정확성, 정밀성, 유효숫자

모든 측정은 측정하는 사람의 기술과 사용되는 장치의 신뢰성만큼 좋아질 수 있다. 예를 들면 욕실 저울에서 체중을 재는 것과 병원 저울에서 측정하는 것이 약간 다르게 나올 수 있듯이 체중의 측정값에는 항상 약간의 불확실성이 있다.

측정의 불확실성에 대하여 말할 때 정확도와 정밀도라는 용어를 사용한다. 대부분의 우리 일상생활에서는 이 용어를 혼동하여 사용하고 있다. 실제로 이들 용어에는 중요한 차이점이 있다. 정확도(accuracy)는 측정에서 참값에 얼마나 가까운가를 나타낸다. 정밀도(precision)는 여러 가지 독립적인 측정이 서로 얼마나 잘 일치하는지를 나타낸다.

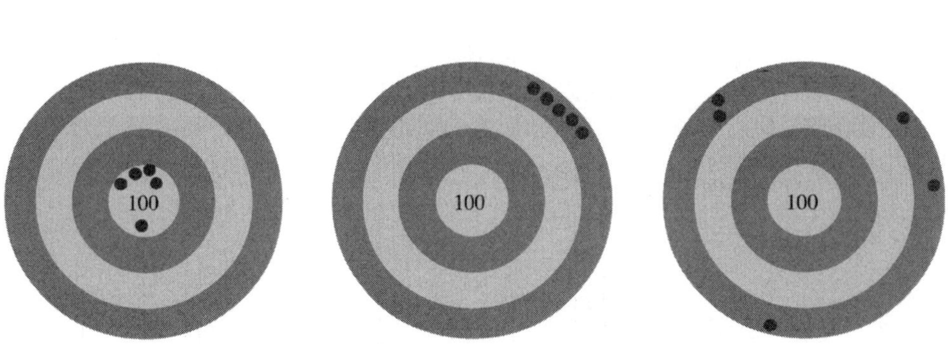

그림 1.12 다트판 위의 다트 분포는 정밀도와 정확도의 차이를 보여준다. (a) 좋은 정확도와 좋은 정밀도 (b) 나쁜 정확도와 좋은 정밀도 (c) 나쁜 정확도와 나쁜 정밀도

측정의 불확실성을 나타내고자 기록한 값은 확실하다고 확신하는 자릿수에 어림하는 자릿수 하나를 더하여 나타내야 한다. 예를 들면 1도마다 표시가 되어 있는 수은온도계를 읽을 때 25.3℃의 값을 얻는다면 가장 가까운 표시, 즉 25℃는 확신할 수 있지만 25℃와 26℃ 눈금 사이는 어림잡아야 한다.

측정에서 기록된 전체 자릿수를 측정값의 유효숫자(significant figure)라고 한다. 예를 들면 공의 질량을 일반 저울로 측정하면(54.4 g) 3개의 유효숫자를 갖지만 보다 정밀한 분석용 저울로 측정하면(54.4418 g) 6개의 유효숫자를 갖는다. 마지막에 있는 숫자를 제외한 모든 숫자는 확실하고 마지막 숫자는 어림값이며 일반적으로 1(±1)의 오차를 가진다고 가정한다.

측정값에서 유효숫자를 찾기는 보통 쉬운 일이지만 0이 존재하면 까다롭게 된다. 다음 네 가지 측정값을 살펴본다.

4.803 cm	유효숫자 4개 : 4, 8, 0, 3
0.00661 g	유효숫자 3개 : 6, 6, 1
55.220 K	유효숫자 5개 : 5, 5, 2, 2, 0
34,200 m	유효숫자 3개(3, 4, 2)에서부터 5개(3, 4, 2, 0, 0) 사이

발생할 수 있는 여러 상황을 다루고자 다음의 규칙이 있다.

① 숫자의 가운데 있는 0은 다른 숫자처럼 다룬다. 즉, 항상 유효숫자이다. 4,803 m는 4개의 유효숫자를 가진다.

② 수의 시작하는 부분에 있는 0은 유효숫자가 아니다. 이것은 소수점의 위치를 나타내기

위해서만 사용된다. 따라서 0.00661 g은 3개의 유효숫자를 가진다(0.00661 g은 6.61×10^{-3} g 또는 6.61 mg이다).

③ 수의 끝에 있는 0이 소수점 다음에 있으면 항상 유효숫자이다. 이런 0은 유효숫자가 아니라면 사용되지도 않았을 것이다. 따라서 55.220K는 5개의 유효숫자를 가진다(값이 4개의 유효숫자만 가진다고 하면 55.22K로 적어야 한다).

④ 숫자의 마지막에 있는 0이 소수점 앞에 있으면 유효숫자일 수도 있고 아닐 수도 있다. 이런 0은 측정값의 일부인지 단지 자릿수를 나타내는 것인지를 알 수 없다. 따라서 34,200 m는 유효숫자가 3, 4, 5개일 수 있다. 그러나 흔히 약간의 상식이 도움이 된다. 20℃라고 온도를 읽을 때 유효숫자는 아마 1개보다는 2개일 것이다. 유효숫자가 1개라면 10~30℃의 모든 온도가 될 것이고 이것은 거의 쓸모가 없을 것이다. 마찬가지로 300 mL의 부피는 아마 3개의 유효숫자를 가질 것이다. 반면에 지구와 태양 사이의 거리를 나타내는 93,000,000마일은 아마 유효숫자가 2개 혹은 3개일 것이다.

네 번째 규칙은 왜 수를 일반적인 방법보다 과학적 표기법으로 적으면 좋은지를 보여준다. 과학적 표기법으로 적으면 유효숫자의 개수를 나타낼 수 있다. 따라서 34,200을 3.42×10^4으로 쓰면 3개의 유효숫자를 나타내지만, 3.4200×10^4으로 쓰면 5개의 유효숫자를 나타낸다.

유효숫자에 대한 주의점이 한 가지 더 있다. 물체를 세서 얻은 수처럼 확실한 수는 정확하며 무한대의 유효숫자를 갖는다. 예를 들면 1주일은 정확히 7일이지 6.9, 7.0, 7.1이 아니다. 1피트는 정확하게 12인치이지 11.9, 12.0, 12.1이 아니다. 더욱이 과학적 표기법에서 사용되는 10의 지수도 정확한 수이다. 즉, 10^3은 정확한 수이지만 1×10^3이라는 수는 1개의 유효숫자를 가진다.

반올림

특히 계산기로 계산할 때 실제 정당한 것보다도 더 많은 유효숫자가 나타나는 경우가 흔하다. 예를 들어 278마일을 가는데 11.70 갤런의 휘발유가 소모된 자동차의 연비를 계산해 보자.

$$\text{연비} = \frac{\text{마일}}{\text{갤런}} = \frac{278\,\text{mi}}{11.70\,\text{gal}} = 23.760684\ \text{mi/gal(mpg)}$$

계산기에는 8개의 숫자가 나타나지만 측정값은 그것만큼 정밀하지 못하다. 실제 답은 유효숫자 3개뿐이며 유효숫자가 아닌 모든 숫자를 없애서 23.8 mi/gal로 반올림(round off) 되어야 한다.

얼마나 많은 유효숫자를 유지하고 얼마나 많은 것을 버려야 하는가를 어떻게 결정할까? 이것에 대하여 상세하게 답하려면 오차분석이라는 수학적 처리방법이 필요하다. 그러나 대부분의 목적에서는 두 가지 규칙을 적용하는 간단한 절차로도 충분하다. 이 규칙에서는 실제 오차의 어림값으로 나타나지만 흔히 이런 어림값으로도 충분하다.

① 곱셈이나 나눗셈에서 답은 원래 두 수의 어느 것보다도 더 많은 유효숫자를 가질 수 없다. 이것은 간단하게 상식적으로 이렇게 생각하면 된다.

유효숫자 3개 → 278 mi

유효숫자 4개 → 11.70 gal

유효숫자 3개 → 23.8 mi/gal

$$\frac{278 \text{ mi}}{11.70 \text{ gal}} = 23.8 \text{ mi/gal}$$

② 덧셈이나 뺄셈에서 답은 원래 두 수의 어느 것보다도 소수점 오른쪽에 더 많은 유효숫자 개수를 가질 수 없다.

```
  3.18? ??    ← 소수점 아래 2자리
+ 0.013 15    ← 소수점 아래 5자리
----------
  3.19? ??    ← 소주점 아래 2자리
```

답에서 얼마나 많은 숫자가 남는가를 결정하려면 반올림 규칙은 다음과 같다.

① 제거하려는 첫 숫자가 5보다 작으면 버리고 그 다음 숫자들도 모두 버린다. 즉 5.664 525는 유효숫자 3개로 반올림하면 버리는 첫 숫자(4)가 5보다 작기 때문에 5.66이 된다.

② 제거하려는 첫 숫자가 5보다 크면 왼쪽에 있는 숫자에 1을 더하여 반올림한다. 즉 5.664 525는 유효숫자 2개로 반올림하면 버리는 숫자(6)가 5보다 크기 때문에 5.7이

된다.

③ 제거하려는 첫 숫자가 5이고 다음에 0이 아닌 숫자가 더 있으면 올린다. 즉 5.664 525는 유효숫자 4개로 반올림하면 5 다음에 0이 아닌 숫자(2, 5)가 있기 때문에 5.665가 된다.

④ 제거하려는 숫자가 5이고 다음에 아무 것도 없으면 버린다. 즉 5.664 525는 유효숫자 6개로 반올림하면 5 다음에 다른 숫자가 없기 때문에 5.664 52가 된다.

단위환산

측정, 무게 달기, 용액 준비 등의 많은 과학 활동은 숫자 계산을 포함하여 흔히 양을 한 단위에서 다른 단위로 환산할 필요가 있다. 단위변환은 그렇게 어렵지는 않다. 우리는 이것을 매일하고 있다. 예를 들어 200 m 트랙 주위를 7.5바퀴 달린다면 한 바퀴의 거리를 미터 단위로 환산하여 1500 m(7.5바퀴 곱하기 200 m/바퀴)를 달렸다는 것을 알 수 있다. 과학적 단위를 환산하기도 이처럼 쉬운 일이다.

$$7.5\,\cancel{\text{바퀴}} \times \frac{200\,\text{m}}{1\,\cancel{\text{바퀴}}} = 1500\,\text{m}$$

서로 다른 단위를 포함하는 계산을 하는 가장 간단한 방법은 차원 분석법(dimensional analysis method)이다. 이 방법은 단위들 사이의 관계를 나타내는 환산인자(conversion factor)를 사용하여 한 단위로 표시된 양을 동등한 양을 가진 다른 단위로 환산한다.

처음 양 × 환산인자 = 동등한 양

예를 들어서 1 m는 39.37 in와 같은데, 이 관계를 분수를 사용하면 인치당 미터 또는 미터당 인치의 환산인자 형태가 된다.

$$\text{미터와 인치 사이의 환산인자} \quad \frac{1\,\text{m}}{39.37\,\text{in}} = \frac{39.37\,\text{in}}{1\,\text{m}} = 1$$

모든 환산인자들은 분자에 있는 양과 분모에 있는 양이 같아서 1과 같다는 것을 알아야 한다. 즉, 환산인자를 곱하면 1을 곱한 것과 같고, 따라서 양의 값에는 변화가 없다.

이 두 가지 양이 같으면 → $\dfrac{1\,\mathrm{m}}{39.37\,\mathrm{in}}$ 또는 $\dfrac{39.37\,\mathrm{in}}{1\,\mathrm{m}}$ ← 이 두 가지 양이 같음

문제 해결에서 차원 분석법의 열쇠는 단위를 수처럼 취급하여 숫자처럼 곱하고 나눌 수 있다는 점이다. 문제를 풀 때 이 생각을 하면 원하지 않는 단위를 없애고 원하는 단위만 남긴 식을 세울 수 있다. 보통 알고 있는 것을 적고 그 아는 양을 조작하는 것이 가장 좋은 방법이다. 예를 들면 69.5 in이고 이것을 미터로 고치고 싶다면, 먼저 키를 인치로 적고 인치당 미터의 환산인자를 키에 곱하는 식을 세운다.

$$69.5\,\cancel{\mathrm{in.}} \times \frac{1\,\mathrm{m}}{39.37\,\cancel{\mathrm{in.}}} = 1.77\,\mathrm{m}$$

처음 양 (69.5 in.) / 환산인자 ($\frac{1\,\mathrm{m}}{39.37\,\mathrm{in.}}$) / 동등한 양 (1.77 m)

식의 왼쪽에 있는 단위 "in."는 분모의 단위와 약분되어서 없어지고 "m"만 남는다.

핵심 용어(key words)

SI 단위	거시적 관점	과학적 표기법
단위	단위환산	물질
미립자	미시적 관점	반올림
분자	상징적 관점	순물질
원소	원자	원자핵
유효숫자	입자	정밀도(성)
정확도(성)	족	주기
주기율표	측정과 숫자	혼합물
화학적 탐구	화합물	환산인자

연습문제

1. 과학적 방법은 어디서 시작되는가? 첫 단계는 무엇인가?

2. 실험실에서 관찰시 통상 화학의 어떤 관점을 사용하는가?

3. 다음은 물리적 변화인가 화학적 변화인가?
   (1) 바나나가 익는다.　　(2) 물이 증발한다.
   (3) 물건이 창 밖으로 떨어진다.　　(4) 음식물이 소화된다.

4. 다음의 물질에 대하여 혼합물, 순물질, 화합물, 단일 물체에 속하는 것을 모두 열거하시오.
   (1) 석유 (2) 철 (3) 물 (4) 우유 (5) 수소
   (6) 이산화탄소 (7) 암모니아 (8) 염소 (9) 염산 (10) 황산

5. 다음 중 SI 단위계에 포함되어 있는 기본 단위는 무엇인가?
   그램, 미터, 줄, 리터, 암페어

6. 다음의 유효숫자는 몇 개인가?
   (1) 0.036653 m　　(2) 7.2100×10^{-3} g
   (3) 72,100 km　　(4) 25.03원

7. 다음을 계산하고 올바른 유효숫자 개수로 표시하시오.

(1) 24.567 g + 0.04478 g

(2) 4.6742 g ÷ 0.00371 ℓ

(3) 0.378 mℓ + 42.3 mℓ − 1.5833 mℓ

8. 세슘은 28.4℃의 낮은 녹는점을 갖는다. 화씨온도로는 얼마인가?

9. 172.9℉(에탄올의 끓는점)를 섭씨온도로 바꾸시오.

10. 어떤 사람의 몸무게가 162 파운드(lb)이다. 이 사람의 질량은 밀리그램(mg)으로 얼마인가?

11. 아래의 접두사에 대한 수를 쓰시오.

(1) 메가 (2) 킬로 (3) 데시 (4) 센티 (5) 밀리
(6) 마이크로 (7) 나노 (8) 피코

12. 다음의 수를 과학적 표기법으로 나타내시오

(1) 0.749 (2) 802.6 (3) 0.000000621

CHAPTER 02

원자, 분자 및 이온

2.1 돌턴의 원자설

영국의 과학자인 돌턴(Dalton)은 1803년 물질에 원자의 개념을 도입하여 다음과 같은 이론을 제시하였다.

① 물질을 구성하는 원소(element)는 원자(atom)라는 매우 작은 입자로 구성되며 같은 원소의 원자는 모두 동일하여 크기, 질량 및 화학적 성질이 같다.

② 원자는 화학결합을 할 수 있는 원소의 기본 단위로서 화합물(compound)은 2개 이상의 원소의 원자가 정수비로 결합하여 생성된다. 또한 순수한 화합물을 구성하는 원소들은 동일한 질량비로 이루어진다(일정성분비의 법칙, 배수비례의 법칙).

③ 화학반응은 원자의 결합이 재배열되는 것이며 원자 자체는 생성되거나 소멸되지 않는다(질량보존의 법칙).

• **일정성분비의 법칙** : 동일한 순물질을 구성하는 원소들은 항상 일정한 질량비를 갖는다. 예를 들면 물(H_2O)은 구성 원소인 수소와 산소의 질량비가 항상 1:8로 일정하다(원자량, 분자량에 대하여는 3장에서 상세히 다룬다).

• **배수비례의 법칙** : 동일한 원소들이 결합하여 서로 다른 화합물을 만들면 다른 화합물에 있는 동일한 원소의 질량비는 정수비를 나타낸다. 예를 들면 일산화탄소(CO)와 이산화탄소(CO_2)는 탄소와 산소로 구성되어 있으며 각 화합물에서 탄소 12 g과 결합하고 있는 산소의 질량은 16 g과 32 g으로 1:2의 정수비를 갖는다.

• **질량보존의 법칙** : 화학반응시 질량은 생성되거나 소멸되지 않는다. 과산화수소 생성반응을 생각해보자.

$$H_2 + O_2 \rightarrow H_2O_2$$

$$\text{반응물} \Leftarrow \quad 2\,g + 32\,g = 34\,g \quad \Rightarrow \text{생성물}$$

즉, 수소와 산소의 반응이 일어난 후 물질의 결합상태는 변하여 새로운 물질인 과산화수소가 생성되었으나 반응 전후의 질량은 동일하다.

2.2 원자의 구조

돌턴은 원자를 매우 작고 더 이상 나누어지지 않는 것임을 설명하였으나 원자가 무엇으로 이루어져 있는지는 밝히지 못하였다. 원자의 구조는 약 1세기가 지난 후에야 톰슨(J. J. Thomson)의 음극선 실험을 통하여 밝혀지기 시작하였으며 계속된 연구를 통하여 원자 내에는 전자, 양성자, 중성자가 있음을 알아내었다.

전자(electron)

1890년대 **방사선**(radiation)에 대한 연구가 활발히 진행되었다. 방사선은 에너지가 파장의 형태로 공간을 통해 방출되는 것으로 이를 이용하여 원자의 구조에 대한 단서를 얻을 수 있었다.

영국의 물리학자 톰슨은 컴퓨터 디스플레이의 초기 형태인 음극선관(cathode ray tube)을 실험에 이용하였다(그림 2.1). 공기를 제거한 진공유리관에 2개의 금속판을 넣고 높은 전압을 걸어주면 음으로 하전된 음극(cathode)에서 양으로 하전된 양극(anode)으로 복사선이 방출된다.

이 때 복사선은 음극선이라는 빛으로 방출되는데 양극의 중앙에 구멍을 뚫어 음극선이 양극을 통과하도록 한 후 관 끝의 형광스크린까지 계속 전진하게 하면 음극선은 스크린 표면에 부딪칠 때 밝은 형광빛을 낸다.

톰슨은 그림 2.1과 같이 2개의 전하를 띤 판과 자석을 음극선관의 외부에 부착한 후 자기장을 켜고 전기장을 끄면 음극선은 점 A에, 오직 전기장만이 켜졌을 때는 점 C에 도달하는 것을 관찰하였다. 또한 자기장과 전기장이 모두 꺼졌거나 모두 켜졌을 때는 서로의 영향력이 상쇄되어 균형을 이루며 음극선은 점 B에 도달한다는 것을 알아내었다.

전자기 이론에 의하면 움직이는 하전체는 자석처럼 작용하며 그것이 통과하는 전기장 및 자기장과 상호작용할 수 있다. 실험에 의하면 음극선은 양전기를 띠는 판에 이끌리고 음전기를 띤 판에는 반발하기 때문에 음으로 하전된 입자임이 틀림없다. 따라서 톰슨은 음극선은 음전하를 띤 전자로 구성되며 음극선은 다양한 금속으로 만든 전극에서 모두 방출되므로 이 물질들은 모두 전자를 포함하고 있다고 추론하였다.

전자기 이론과 음극선관 실험을 이용하여 전자 1개의 전하 대 질량의 비를 다음과 같이 계산하였다.

$$e/m = -1.7 \times 10^8 [\text{C/g}]$$

여기서 C는 전하의 단위인 쿨롱(coulomb)을 나타낸다.

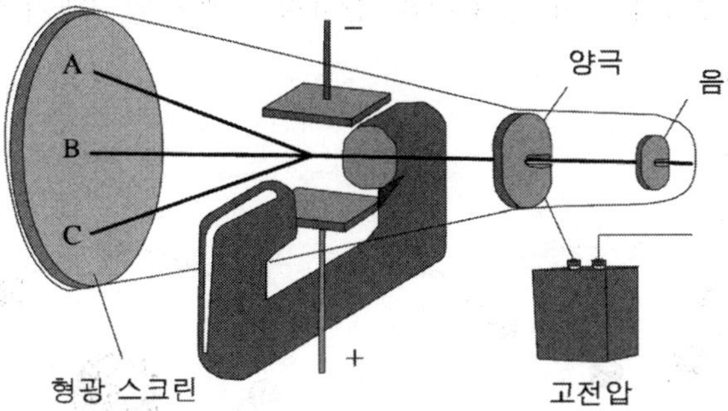

그림 2.1 톰슨의 음극선 실험

그 후 미국의 물리학자 밀리컨(R.A.Millikan)은 전자의 전하가 정확하게 1.60×10^{-19} C 임을 알아냈으며 이를 이용하여 전자의 질량을 다음과 같이 계산하였다.

$$\text{전자의 질량} = \frac{\text{전하}}{\text{전하/질량}}$$

$$= \frac{-1.6\times10^{-19}\,\text{C}}{-1.76\times10^{8}\,\text{C/g}} = 9.09\times10^{-28}\,\text{g}$$

전자의 질량은 매우 작음을 알 수 있다.

양성자(proton)와 핵(nucleus)

1900년대 초에 들어와 원자의 두 가지 성질이 밝혀졌는데 하나는 전자를 포함한다는 것이고 또 하나는 원자는 전기적으로 중성이라는 것이다. 이는 원자가 서로 동일한 양의 음전하와 양전하를 함유하고 있다는 것을 의미한다.

이러한 사실에 근거하여 톰슨은 원자란 내부에 전자를 품고 있는 양전기를 띤 구라고 제안하였다(그림 2.2a). 건포도-푸딩 모형(plum-pudding model)으로 일컬어지는 톰슨의 원자모형은 수년 동안 인정을 받았다.

케임브리지 대학에서 톰슨 밑에서 공부한 뉴질랜드의 물리학자 러더퍼드(Ernest Rutherford)는 1910년 α입자를 이용한 실험으로 원자의 구조를 밝히고자 하였다. α입자는 우라늄 등의 방사성 물질이 붕괴될 때 나타나는 세 가지 방사선 중 하나로 α선은 양전하를 가진 입자로 구성되어 있다. α입자의 전하량은 전자의 2배이며 질량은 전자의 7,000 배이다.

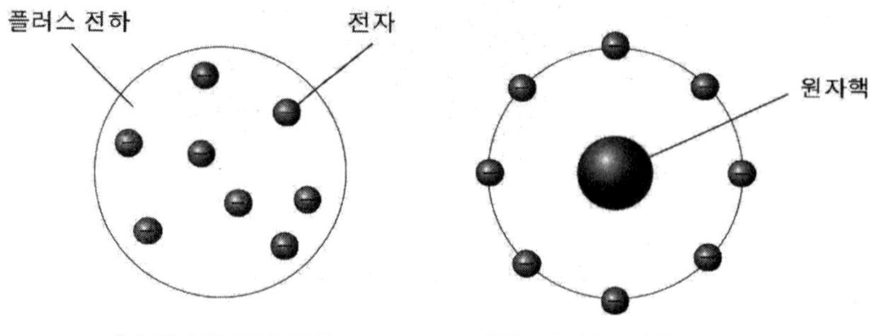

그림 2.2 원자모형의 발전 단계

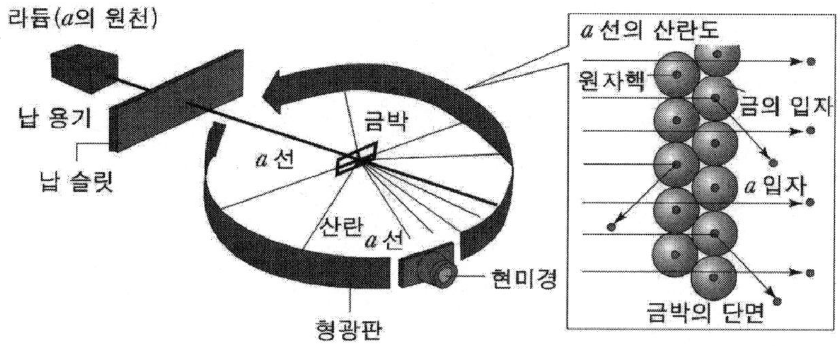

그림 2.3 러더포드의 α선 산란 실험

러더퍼드는 방사성 물질에서 나오는 α입자가 매우 얇은 금박을 통과하도록 하는 일련의 실험을 수행하였다(그림 2.3). 이 실험에서 대부분의 알파입자는 휘어지지 않고 금박을 통과하였으나 아주 작은 수의 입자들은 큰 각도로 휘어지거나 방출원 방향으로부터 다시 튕겨나가는 것을 관찰하였다. 이는 매우 놀라운 발견이었는데 톰슨의 모형에 의하면 원자의 양전하가 널리 퍼져 있기 때문에 양전하를 가진 α입자는 거의 휘어지지 않고 통과할 것이기 때문이다. 따라서 톰슨의 모델이 틀렸음을 나타내는 중요한 발견을 한 것이다.

α선 산란 실험의 결과를 토대로 러더퍼드는 원자의 대부분이 빈 공간으로 되어 있고 원자의 양전하는 원자의 중심 부분에 위치한 원자핵(nucleus)에 모두 집중되어 있다는 새로운 원자구조 모형을 제시하였다. 이 구조는 대부분의 α입자가 거의 또는 전혀 휘어지지 않고 금박을 통과한다는 사실과 α입자가 핵에 가까이 가면 거대한 반발력이 생겨 크게 휘어지거나 핵을 향해 정면으로 진행할 경우 입자 진행 방향을 반대로 바꿀 정도로 거대한 반발력을 받게 되는 것을 모두 설명할 수 있다.

최근 측정한 바에 의하면 원자의 지름은 약 10^{-10} m인데 반하여 핵의 지름은 10^{-15} m로, 이는 잠실구장 한 가운데에 쌀알을 놓은 것과 같은 정도의 크기로 비유할 수 있다. 양성자는 양전하를 띠며 1개의 양성자가 갖는 전하는 1개의 전자가 갖는 전하와 같다. 양성자의 질량은 1.672622×10^{-24} g 전자 질량의 약 1,840배에 달하여 핵이 원자 질량의 대부분을 차지한다.

전기적으로 중성인 원자는 같은 수의 양성자와 전자로 구성되지만 원자의 질량은 주로 양성자의 질량에 의하여 결정될 것으로 예측할 수 있다(전자의 질량은 무시할 수 있다). 그러나 측정에 의하면 수소원자와 헬륨원자의 질량비는 1:4이다. 이는 1개의 양성자를 가진 수소원자와 2개의 양성자를 가진 헬륨원자의 질량비는 1:2가 되어야 한다는 사실과 어긋난다.

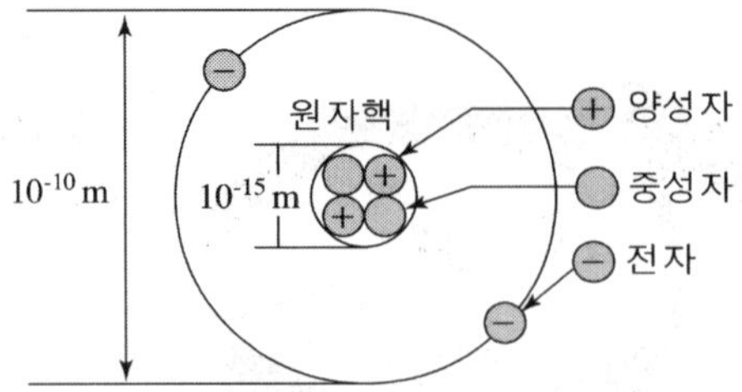

그림 2.4 원자의 구조

표 2.1 전자, 양성자 및 중성자의 질량과 전하

입자	질량(g)	전하	
		쿨롱(C)	단위전하
전자	9.109382×10^{-28}	-1.602176×10^{-19}	-1
양성자	1.672622×10^{-24}	$+1.602176\times10^{-19}$	$+1$
중성자	1.674927×10^{-24}	0	0

따라서 원자핵 내부에는 틀림없이 다른 형태의 아원자 입자가 있을 것으로 가정할 수 있다. 1932년에 영국의 물리학자인 채드윅(James Chadwick)은 실험을 통해서 핵에 양성자보다 약간 질량이 크고 전기적으로 중성 입자인 중성자(neutron)가 존재하는 것을 발견함으로서 핵은 양성자(proton)와 중성자(neutron)로 구성된다는 것을 확인하였다.

그림 2.4는 원자 내부의 기본입자들(양성자, 중성자 및 전자)의 위치를 보여준다. 전자, 양성자 및 중성자는 화학에서 중요한 원자의 세 기본 구성요소로 표 2.1은 이들의 질량과 전하를 나타낸 것이다.

원자 번호, 질량수, 동위원소

수소원자와 산소원자의 차이는 무엇일까? 답은 양성자 수이다. 모든 원소는 각각의 원자핵에 들어있는 양성자의 수가 다르다. 이 양성자의 수를 원자 번호(atomic number, Z)라고 한다. 중성원자는 양성자와 전자의 수가 같으므로 원자 번호는 전자의 수를 나타내기도 한다. 원자의 화학적 성질은 대부분 원자 번호에 의해 결정된다. 예를 들면, 산소의 원자 번호는 8이며 1개의 중성 산소 원자에는 8개의 양성자와 8개의 전자가 있다. 우주에서 8개의 양성자를 갖는 모든 원자는 "산소" 로 명명하며 산소만의 화학적 성질을 나타낸다.

원자핵에는 양성자와 중성자가 있는데 질량 수(mass number, A)는 한 원소의 원자핵

속에 있는 중성자와 양성자의 수를 합한 값이다. 중성자 없이 1개의 양성자만을 가지고 있는 수소원자를 제외하고는 모든 원자는 핵에 양성자와 중성자를 포함하고 있으며 질량 수는 다음과 같다.

$$\begin{aligned} \text{질량 수} &= \text{양성자 수} + \text{중성자 수} \\ &= \text{원자 번호} + \text{중성자 수} \end{aligned}$$

즉, 원자에 있는 중성자의 수는 질량 수에서 원자 번호를 뺀 값이다. 예를 들어 헬륨원자의 질량수는 4이며 원자 번호는 2(핵에 2개의 양성자가 있음)이다. 따라서 헬륨원자에 핵에 있는 중성자 수는 4−2=2이며 이를 원소 기호에 질량 수를 왼쪽 위첨자로, 원자 번호를 왼쪽 아래첨자로 표시하여 함께 나타낸다.

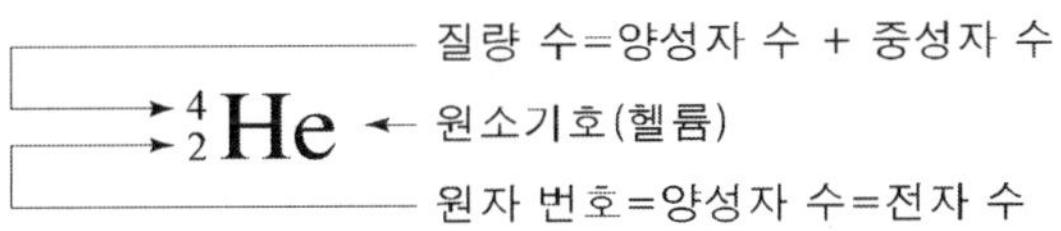

그림 2.5 화학기호 표시

한 원소는 많은 수가 같은 질량을 가지고 있으나 서로 다른 질량을 나타내기도 한다. 실제로 같은 원소라 해도 중성자의 수가 다르면 서로 다른 질량을 갖게 되는데, 이를 원자 번호는 같지만 질량 수가 다른 동위원소(isotope)라 한다. 예를 들어 수소는 세 가지 동위원소가 있다. 일반적으로 널리 알려진 수소는 핵에 중성자 없이 양성자 1개만을 가지고 있는 것으로 지구상에 존재하는 수소의 대부분(99.985%)을 차지한다. 이외에 양성자 1개와 중성자 1개를 가지는 중수소와 양성자 1개와 2개의 중성자를 가지는 삼중수소가 있는데 다음은 수소의 동위원소를 나타낸 것이다(그림 2.6).

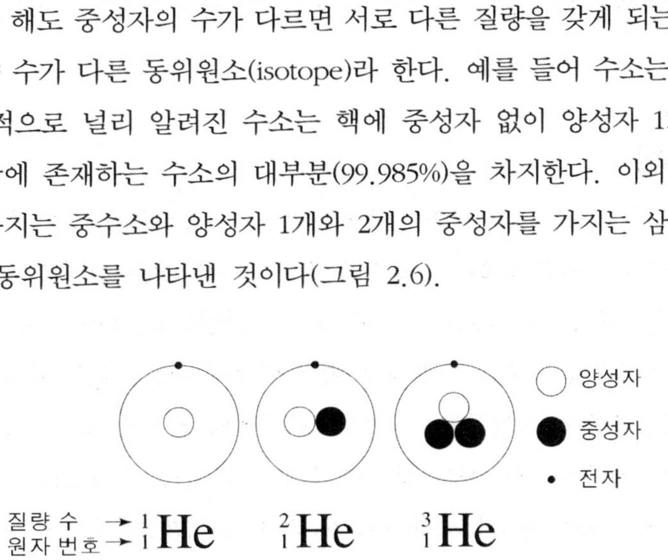

그림 2.6 수소의 동위원소

다른 예로 질량 수가 각각 235와 238인 우라늄의 동위원소를 살펴보자.

$$^{235}_{92}U \qquad ^{238}_{92}U$$

첫 번째 우라늄 원소는 핵 반응기와 원자폭탄에 이용되는 반면, 두 번째 동위원소는 화학적 성질이 이러한 응용에 적합하지 않다. 위의 두 동위원소는 각각 우라늄-235와 우라늄-238로 부른다.

원소의 화학적 성질은 전자의 수(또는 양성자의 수)에 의하여 결정되며 원자가 가진 중성자수는 화학적 성질과 거의 무관한 것으로 알려져 있다. 따라서 같은 원소의 동위원소들은 비슷한 화학적 성질을 나타내며 같은 형태의 화합물을 형성하고 유사한 형태의 화학반응을 보인다.

2.3 분자와 이온

지구상에 존재하는 대부분의 물질은 원자가 결합하여 형성된 분자 또는 이온으로 되어 있다.

분자(molecule)

화학 반응시 두 원자들이 접근하여 충돌하면 서로 접촉하는 것은 최외각에 있는 전자이다. 이들 전자사이의 결합을 화학결합이라 하며 그 결과물로 화합물이 생성된다. 원자 간의 결합은 크게 공유결합(covalent bond)과 이온결합(ionic bond)으로 구분된다.

일반적으로 공유결합은 비금속 원자 간에 일어나며 이온결합은 금속과 비금속원자 간에 이루어진다. 공유결합은 결합하는 두 원자가 서로의 전자를 공유하면서 결합하는데 2개 이상의 원자들이 공유결합을 하여 생기는 물질의 단위를 분자(molecule)라 한다.

분자는 최소한 2개의 원자가 화학 결합에 의해 일정한 배열을 유지하는 원자의 응집체로서 하나의 분자는 같은 원소의 원자를 포함하거나 일정한 정수비로 결합한 두 가지 이상 원소의 원자를 포함하고 있다. 따라서, 분자는 두 가지 이상의 원소로 된 화합물일 필요는 없으며 원자와 같이 전기적으로 중성이다. 예를 들어, 산소 기체는 순수한 원소이지

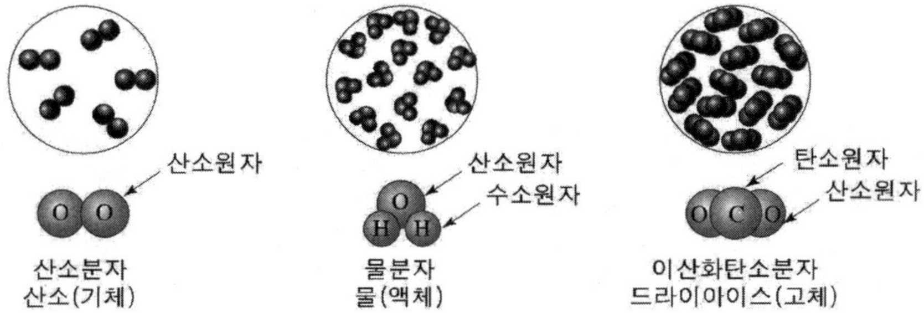

그림 2.7 분자의 구조 모형

만, 기체를 이루는 각 분자는 2개의 산소원자(O)이다. 반면에 물은 수소원자(H) 2개와 산소원자(O) 1개의 비율로 구성된 수소와 산소의 분자 화합물이다.

O_2로 표시되는 산소분자는 2개의 원자만을 포함하고 있기 때문에 이원자분자(diatomic molecule)라 한다. 일반적으로 이원자분자로 존재하는 원소로는 수소(H_2)와 질소(N_2)가 있으며, 플루오르(F_2), 염소(Cl_2), 브롬(Br_2) 및 요오드(I_2)와 같은 7A족 원소들이 있다. 서로 다른 원자로 구성된 이원자분자도 있을 수 있으며 염화수소(HCl)와 일산화탄소(CO) 등이 그 예이다.

3개 이상의 원자를 포함하는 다원자분자(polyatomic molecules)는 산소원자로, 3개로 구성된 오존(O_3)처럼 같은 원소의 원자로 이루어질 수 있으며, 물(H_2O)처럼 두 가지 이상의 다른 원소의 결합으로 이루어질 수도 있다. 잘 알려져 있는 몇 가지 이원자분자와 다원자분자를 그림 2.7에 나타내었다.

이온(ion)

공유결합과 달리 이온결합은 하나 이상의 전자가 한 원자에서 다른 원자로 이동함으로써 생기는 결과로, 주로 금속과 비금속 간에 일어난다. 이온은 중성원자 또는 분자가 화학변화의 결과로 전자를 얻거나 또는 잃을 때 형성되는데, 금속원소는 전자를 잃는 경향이 있으며 비금속원소는 전자를 얻는 경향을 나타낸다.

예를 들어 소듐금속(Na)과 염소기체(Cl_2)가 접촉하면 어떤 현상이 일어날지 생각해보자. 소듐원자는 전자 1개를 잃고 +1가의 양이온(Na^+)이 되고 염소원자는 전자를 얻어 −1가의 음이온(Cl^-)이 되어 이온결합을 하여 염화소듐(NaCl)을 생성한다.

전기적으로 중성인 원자가 이온이 될 때 핵에 있는 양성자의 수는 그대로 유지되고 최외각의 전자의 이동만이 일어날 수 있다. 전자를 잃은 원자는 양성자의 수가 전자의 수보

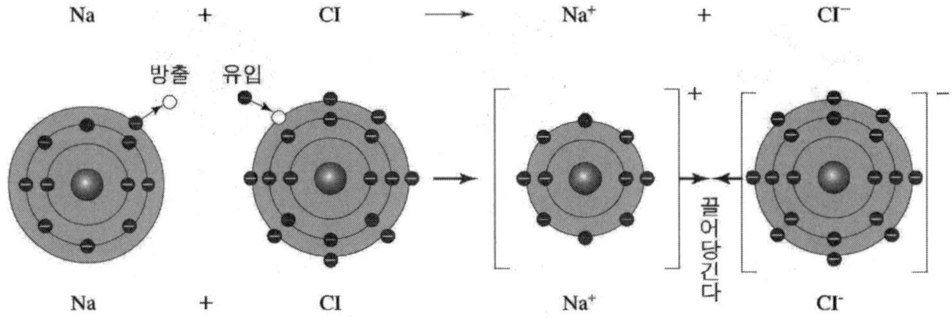

그림 2.8 이온결합의 전자 이동

다 커지게 되어 양이온(cation)이 되고 전자를 얻은 원자는 전자의 수가 양성자의 수보다 커지게 되어 음이온(anion)이 된다. 생성된 양이온과 음이온은 전기적으로 끌리게 되므로 이온결합을 하여 화합물을 생성한다(그림 2.8).

생성된 염화소듐(NaCl)은 식용 소금으로 알려져 있으며 양이온과 음이온으로 이루어진 이온결합 화합물(ionic compound)이다.

이외에도 마그네슘이온(Mg^{2+}), 철이온(Fe^{3+}) 황이온(S^{2-}) 질소이온(N^{3-})처럼 2개 이상의 전자를 잃거나 얻을 수도 있다. 일반적으로 금속은 양이온, 비금속은 음이온이 되는 경향이 있으며 하나의 원자로 되어있는 이온을 단원자 이온(monatomic ion)이라 한다. 그림 2.9는 널리 알려진 단원자 이온들의 전하를 나타낸 것이다.

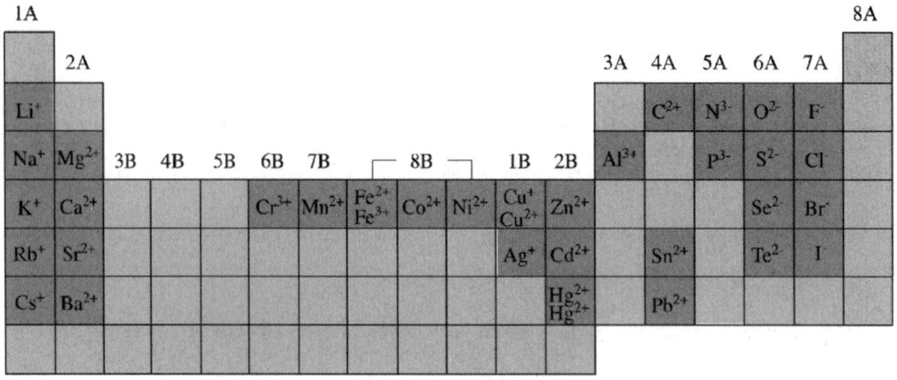

그림 2.9 몇 가지 단원자이온의 전하

2개 이상의 원자를 포함하는 수산화이온(OH^-), 질산이온(NO_3^-), 황산이온(SO_4^{2-}), 암모늄이온(NH_4^+)처럼 2개 이상의 원자를 포함하는 이온을 다원자이온(polyatomic ion)이라 한다.

2.4 화학식(chemical formula)

화학자들이 화합물을 구성하는 원소의 종류를 표시하기 위하여 고안해낸 것이 화학식이다. 화학식으로 구성 원소의 종류와 결합한 원소의 정수비를 알 수 있는데 이를 화합물의 조성이라 한다. 화학식은 표현 방법에 따라 분자식, 실험식, 시성식, 구조식 등으로 나눌 수 있다.

분자식(molecular formula)

분자식은 특정 분자에 들어있는 원소의 종류와 개수를 가장 간단한 형태로 나타낸 것이다. 예를 들어, 수소의 분자식은 H_2, 산소는 O_2, 오존은 O_3, 이산화탄소는 CO_2, 물은 H_2O이다. 분자식에서 원소 기호의 오른쪽에 아래첨자로 표시된 숫자는 분자를 구성하고 있는 해당 원소의 수를 나타낸다.

물(H_2O)처럼 산소 원자 오른쪽에 숫자가 없는 경우는 물분자에는 산소원자가 1개만 포함되어 숫자 "1"을 생략한 것이다(그림 2.10). 따라서 물은 수소원자 2개와 산소원자 1개로 구성되어 있음을 알 수 있다. 산소(O_2)와 오존(O_3)은 둘 다 구성 원소가 산소지만 포함된 산소원자의 수가 다르기 때문에 다른 화학적 성질을 갖는다. 이와 같이 같은 원소로 구성되어 있지만 성질이 다른 물질을 동소체(allotrope)라 한다. 다이아몬드와 흑연은 탄소 원소의 동소체지만 화학적 성질은 매우 다르다.

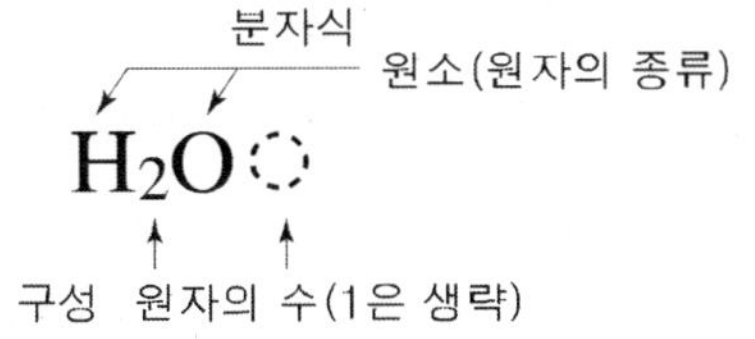

그림 2.10 물의 분자식

실험식(empirical formula)

용접 연료로 사용되는 아세틸렌 기체는 분자식이 C_2H_2이다. 공유결합화합물인 아세틸렌은 탄소원자 2개와 수소원자 2개로 이루어진 화합물이다. 분자식으로부터 탄소와 수소원자의 정수비는 1:1이 되는 것을 알 수 있다. 실험식은 가장 간단한 정수비를 이용하여 화합물을 표현한 것으로 아세틸렌의 실험식은 CH가 된다.

실험식은 화합물을 구성하는 원소의 종류와 수를 가장 간단하게 나타낸 것이기 때문에 실제 화합물에 존재하는 원자의 개수와 다를 수 있다. 또 다른 예로 표백제로 사용되는 과산화수소를 생각해보자. 과산화수소의 분자식은 H_2O_2지만 이를 실험식으로 표현하면 HO이다. 또한 로켓의 연료로 이용되는 화합물인 하이드라진(N_2H_4)의 실험식은 NH_2이다.

실험식은 화학자들이 미지의 화합물을 분석할 때 첫 번째로 얻게 되는 화학식으로 화합물을 구성하는 원소의 종류와 수에 대한 가장 기본적인 정보를 제공한다. 그러나 미지의 화합물을 정확하게 알아내려면 보다 다양한 실험과 분석이 필요하다.

예를 들어 실험실에서 미지의 물질의 실험식이 CH임을 알아내었더라도 아직 아세틸렌임을 확신할 수 없는데 이는 동일한 실험식을 갖는 벤젠(C_6H_6)이 존재하기 때문이다. 따라서 미지의 화합물 규명은 다양한 실험과 분석을 통하여 이루어진다. 많은 화합물이 분자식과 실험식이 동일한데 그 예로 물(H_2O), 암모니아(NH_3), 이산화탄소(CO_2), 메테인(CH_4) 등이 있다.

이온결합 화합물의 화학식은 항상 그 화합물의 실험식과 같다. 예를 들어, 고체 염화포타슘(KCl)은 같은 수의 포타슘이온(K^+)과 염소이온(Cl^-)으로 이루어져 있다. 염화포타슘은 전기적으로 중성이므로 양이온이 가진 전하량과 음이온이 가진 전하량은 서로 상쇄되어야 한다. 결과적으로 중성의 이온결합 화합물에서 양이온과 음이온의 전하의 합은 0이 되어야 한다.

예를 들어 산화마그네슘($MgCl_2$)을 생각해보자. 마그네슘이온(Mg^{2+})과 염소이온(Cl^-)의 경우처럼 양이온과 음이온의 전하의 수가 다르다면, 이온의 수를 조정하여 화합물이 전기적으로 중성이 되도록 만들어야한다. 따라서 염화마그네슘의 화학식은 $MgCl_2$가 되어야 한다.

또 한 예로 알루미늄이온(Al^{3+})과 산소이온(O^{2-})이 결합하여 만들어진 산화알루미늄(Al_2O_3)의 화학식을 살펴보자. 양이온인 알루미늄이온의 오른쪽에 쓴 아래첨자 2와 알루미늄이온의 전하 +3를 곱한 값에 음이온인 산소이온 오른쪽의 아래첨자 3과 산소이온의 전하 -2를 곱한 값을 더하면 서로 상쇄되어 0이 된다. 이러한 규칙은 이온결합 화합물의 화학식이 실험식이기 때문에 가능한 것으로, 결합하고 있는 이온의 오른쪽에 표기된 아래첨자는 항상 가장 간단한 비가 성립되어야 한다.

$$2Al^{3+} + 3O^{2-} \rightarrow Al_2O_3$$
$$2\times(+3) + 3\times(-2) = 0$$

그럼 몇 가지 이온결합 화합물의 예를 살펴보자.

■ **요오드화포타슘, KI**

포타슘 양이온(K^{+})과 요오드 음이온(I^{-}) 결합하여 요오드화포타슘이 되므로 전하의 합은 (+1)+(-1)=0이다. 따라서 화학식은 KI이다.

■ **수산화칼슘, $Ca(OH)_2$**

칼슘이온(Ca^{2+})과 수산화이온(OH^{-})이 결합하여 수산화칼슘이 되므로 전하의 합은 (+2)+2×(-1)=0이 되어야 한다. 따라서 화학식은 $Ca(OH)_2$이다.

구조식(structural formula)과 선구조식(line structure)

구조식은 분자를 구성하는 원자 간의 결합 상태를 실선으로 표시한 것으로 물질의 구조를 쉽게 알아볼 수 있다는 장점이 있다. 분자식이 C_2H_6O인 에탄올을 구조식으로 표현하면 각 원자 간의 결합에 대해 보다 많은 정보를 얻을 수 있다.

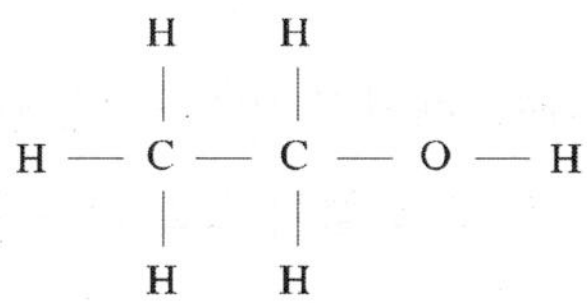

구조식은 유기화학에서 다루는 탄소화합물을 나타낼 때 매우 유용하다. 탄소화합물의 구조를 알면 화합물의 화학적 성질을 쉽게 예측할 수 있어 분자식보다 구조식으로 표기하는 경우가 일반적이다. 표 2.2는 몇 가지 물질의 구조식을 나타낸 것이다.

표 2.2 몇 가지 물질의 구조식

물질명	암모니아	물	메테인	에틸알코올	다이메틸 에테르
분자식	NH_3	H_2O	CH_4	C_2H_6O	C_2H_6O
구조식	H — N — H | H	H — O — H	H | H — C — H | H	H H | | H — C — C — O — H | | H H	H H | | H — C — O — C — H | | H H

구조식을 보다 간략화한 식이 선구조식으로 분자를 구성하는 원자의 결합 모양을 표시하되 C와 H는 식에서 생략한 식이다. 다음은 에탄올의 선구조식이다.

C_2H_5OH : 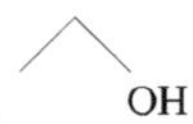

시성식(rational formula)

화합물을 구조식으로 표시하는 것은 분자식에 비하여 매우 복잡하므로 그 화합물의 특성을 나타내는 특정 원자단의 결합상태(작용기)만을 별도로 표시하기도 하는데 이를 시성식(rational formula)이라 한다. 표 2.3은 시성식에 널리 이용되는 작용기를 나타낸 것이다.

약산인 아세트산은 카르보닐기를 가지고 있는 화합물로 시성식이 CH_3COOH이다. 이를 분자식으로 나타내면 $C_2H_4O_2$가 되고 실험식으로 나타내면 CH_2O가 된다.

표 2.3 대표적인 작용기

명칭	작용기	명칭	작용기
카르복실기	$-\overset{O}{\overset{\|\|}{C}}-OH$	니트로기	$-NO_2$
카르보닐기	$-\overset{O}{\overset{\|\|}{C}}-$	시아노기	$-C\equiv N$
알데히드기	$-\overset{O}{\overset{\|\|}{C}}H$	아미드기	$-\overset{O}{\overset{\|\|}{C}}NH_2$
에스테르기	$-\overset{O}{\overset{\|\|}{C}}-OR^*$	아조기	$-N=N-$
에테르기	$-O-$	술포닐기	$-\underset{O}{\underset{\|\|}{\overset{O}{\overset{\|\|}{S}}}}-OH$
히드록시기 (알코올기)	$-OH$	클로로	$-Cl$
아민기	$-NH_2$	브로모	$-Br$

2.5 화합물의 명명법

화합물의 명명은 대상 물질을 3개의 범주로 나누어 서로 다른 규칙을 적용한다. 각각 분자화합물, 이온결합화합물, 그리고 산과 염기로 나누는데 본 장에서는 각 화합물의 특성에 따른 명명법을 알아보기로 한다.

분자화합물

분자화합물은 주로 비금속 원소들로 구성되어 있다. 이성분 분자화합물의 명명법은 한글표기의 경우 분자식에서 뒤에 표시된 원소이름에 "-화"를 붙이고 이어서 앞의 원소이름을 더해서 부른다. 그러나 영문표기의 경우 화합물의 첫 번째 원소이름을 먼저 표기하고 두 번째 원소이름의 끝에 "-ide"를 붙인다. 즉, 화합물의 한글명과 영어명은 서로 구성 원소의 이름을 반대로 나열하여 표시한다. 몇 가지 화합물에 적용한 예를 표 2.4에 나타내었다.

표 2.4 이성분 분자화합물 명명법의 예

분자식	한글표기	영어표기
HF	플루오르화수소	hydrogen fluoride
SiC	탄화규소	silicon carbide
HBr	브롬화수소	hydrogen bromide

표 2.5 원자수를 표시하는 그리스어 접두사

접두사	mono	di	tri	tetra	penta	hexa	hepta	octa	nona	deca
숫자	1	2	3	4	5	6	7	8	9	10

표 2.6 몇몇 분자화합물 명명법의 예

분자식	한글명	영어명
CO	일산화탄소	carbon monoxide
CO_2	이산화탄소	carbon dioxide
SO_2	이산화황	sulfur dioxide
SO_3	삼산화황	sulfur trioxide
NO_2	이산화질소	nitrogen dioxide
N_2O_4	사산화이질소	dinitrogen tetroxide

일산화탄소와 이산화탄소처럼 같은 원소가 서로 다른 성분비로 결합하여 화합물을 만드는 경우 혼동을 피하기 위하여 구성 원소의 수를 이름에 표시한다. 원소의 개수를 나타내기 위해 영어표기에서는 표 2.5에 표시한 접두어를 사용한다.

표 2.6은 같은 원소로 구성된 몇몇 화합물의 예를 나타낸 것이다. CO_2를 이산화탄소(carbon dioxide)라 표기한 것은 앞에 오는 원소는 개수가 하나일 경우 앞의 원소의 이름 앞에 일(mono)을 생략하기 때문이다. 또한 N_2O_4의 영어 이름을 dinitrogen tetroxide로 표기한 것은 접두어 끝의 a(tetra) 또는 o(mono)가 원소의 이름이 o(oxide)로 시작하는 원소가 만나게 되면 a나 o를 생략하여 표기하기 때문이다.

예외적으로 수소가 포함된 분자 화합물에는 그리스어 접두사를 쓰지 않는데 이들 중 많은 화합물이 전통적으로 비체계적인 관용명으로 불리거나, 또는 존재하고 있는 H원자의 수를 명확히 나타내지 않는 이름을 사용한다. 표 2.7은 그 예를 나타낸 것이다.

표 2.7 명명법 표기의 예외

분자식	한글명	영어명
H_2O	물	water
CH_4	메테인	methane
NH_3	암모니아	ammonia
PH_3	포스핀	phosphine
H_2S	황화수소	hydrogen sulfide
SiH_4	실레인	silane

이온결합화합물

이온결합화합물은 양이온과 음이온으로 구성되며 대부분의 경우에 금속 원소가 양이온, 비금속 원소가 음이온이 된다. 이온결합화합물의 명명법은 원소의 개수를 이름에 표기하지 않는다는 것을 제외하면 분자화합물의 명명법과 동일하다.

예를 들면 염화마그네슘(magnesium chloride, $MgCl_2$)의 경우 염소이온이 2개일지라도 그 수를 이름에 표시하지 않는데 이는 이온결합 화합물이 실험식이기 때문에 가능하다. 또한 이온결합화합물에는 질산이온(NO^{3-})이나 황산이온(SO_4^{2-})과 같이 널리 알려진 산소산 음이온(oxoanion)이 매우 다양하게 존재하므로 이들의 종류와 이름을 알고 있어야 한다. 표 2.8과 2.9는 다양한 양이온과 음이온들의 한글명과 영어명을 정리한 것이다.

산소산이온을 포함한 화합물을 제외한 대부분의 이온결합 화합물은 이성분 화합물(binary compound)로 분자식을 쓸 때 양이온 다음 음이온의 순서로 쓴다. 한글명은 분자식에 나열된 이온의 순서를 거꾸로 읽으며 영어명은 반대로 읽는다. 이 규칙은 염화소듐(sodium chloride, NaCl)의 예로 알 수 있다. 이외에 요오드화포타슘(potassium iodide, KI), 브롬화아연(zinc bromide, $ZnBr_2$), 산화알루미늄(aluminum oxide, Al_2O_3) 등도 이성분 화합물이다.

특이하게 수산화이온(hydroxide, OH^-)이나 시안화이온(cyanide, CN^-)처럼 음이온에 2개의 원소가 포함되기도 하는데 이들 화합물은 시안화리튬(lithium cyanide, LiCN) 등과 같이 부른다. 이들은 세 가지 원소로 이루어진 화합물이므로 삼성분 화합물(tertiary compound)이라 부른다.

표 2.8 몇 가지 양이온들의 명칭과 화학식

한글명	영어명	1+	한글명	영어명	2+
암모늄이온	ammonium	NH_4^+	바륨이온	barium	Ba^{2+}
구리(I)이온	copper(I)	Cu^+	칼슘이온	calcium	Ca^{2+}
수소이온	hydrogen	H^+	크롬(II)이온	chromium(II)	Cr^{2+}
포타슘이온	potassium	K^+	구리(II)이온	copper(II)	Cu^{2+}
은이온	silver	Ag^+	철(II)이온	iron(II)	Fe^{2+}
소듐이온	sodium	Na^+	납(II)이온	lead(II)	Pb^{2+}
		2+			3+
마그네슘이온	magnesium	Mg^{2+}	알루미늄이온	aluminum	Al^{3+}
망간(II)이온	manganese(II)	Mn^{2+}	크롬(III)이온	chromium(III)	Cr^{3+}
수은(II)이온	mercury(II)	Hg^{2+}	철(III)이온	iron(III)	Fe^{3+}
수은(I)이온	mercury(I)	Hg_2^{2+}			
주석(II)이온	tin(II)	Sn^{2+}			
스트론튬이온	stronitum	Sr^{2+}			
아연이온	zinc	Zn^{2+}			

일부 금속이온은 2개 이상의 양이온을 만들기도 한다. 예를 들어 철은 2개의 양이온 Fe^{2+}와 Fe^{3+}을 만들 수 있다. 이처럼 원소는 같지만 가수가 다른 양이온에 대한 명명법은 슈토크 체계(Stock system)를 이용한다. 양이온의 전하를 로마숫자로 표시하는 것으로 +1의 양전하에 대해서는 로마숫자 I을, +2의 양전하에 대해서는 로마숫자 II를 사용하는 방법이다. 이를 적용하여 $FeCl_2$(Fe^{2+}이온 포함)와 $FeCl_3$(Fe^{3+}이온 포함)를 각각 염화철(II)[iron(II) chloride]와 염화철(III)[iron(III) chloride]로 부른다. 이 명명법은 이전에 사용되어 왔던 염화제일철($FeCl_2$, ferrous chloride)과 염화제이철($FeCl_3$, ferric chloride)이라는 명칭과 혼용되고 있다.

산소산이온의 경우 중심원자는 같지만 결합한 산소원자의 수가 다른 산소산이온이 존재할 수 있다. 이런 경우 중심원자와 결합하고 있는 산소의 수에 따라 기본형을 중심으로 다음 규칙을 적용한다.

- 기본형인 "-산" 이온("-ate")에 산소원자 1개를 첨가하면 "과…산" 이온(per…ate) 이온이 된다.
- 기본형인 "-산" 이온("-ate")에서 산소원자 1개를 제거하면 "아…산" 이온("-ite") 이온이 된다. 따라서 질산이온(nitrate, NO_3^-)은 아질산이온(nitrite, NO_2^-)이 된다.

- "아-산" 이온("-ite")에서 다시 산소원자 1개를 제거하면 "하이포아…산" 이온("hypo …ite") 이온이 된다. 따라서 아염소산이온은(chlorite, ClO_2^-)은 하이포아염소산 이온(hypochlorite, ClO^-)이 된다.

다음은 염소산(ClO^{3-})이온에 이 규칙을 적용한 것이다.

ClO_4^- 과염소산이온(perchlorate)
ClO_3^- 염소산이온(chlorate)
ClO_2^- 아염소산이온(chlorite)
ClO^- 하이포아염소산이온(hypochlorite)

표 2.9 몇 가지 음이온들의 명칭과 화학식

한글명	영어명	3−	한글명	영어명	2−
비산이온	arsenate	AsO_4^{3-}	탄산이온	carbonate	CO_3^{2-}
아비산이온	arsenite	AsO_3^{3-}	크롬산이온	chromate	CrO_4^{2-}
인산이온	phosphate	PO_4^{3-}	중크롬산이온	dichromate	$Cr_2O_7^{2-}$
			산화이온	oxide	O^{2-}
			황화이온	sulfide	S^{2-}
			황산이온	sulfate	SO_4^{2-}
			아황산이온	sulfite	SO_3^{2-}
		1−			1−
아세트산이온	acetate	CH_3COO^-	수소화이온	hydride	H^-
브롬화이온	bromide	Br^-	수산화이온	hydroxide	OH^-
염화이온	chloride	Cl^-	요오드산이온	iodate	IO_3^-
염소산이온	chlorate	ClO_3^-	하이포아염소산이온	hypochlorite	ClO^-
아염소산이온	chlorite	ClO_2^-	요오드화이온	iodide	I^-
시안화이온	cyanide	CN^-	질산이온	nitrate	NO_3^-
플루오르화이온	fluoride	F^-	아질산이온	nitrite	NO_2^-
탄산수소이온 (중탄산이온)	bicarbonate (hydrogen carbonate)	HCO_3^-	과염소산이온	perchlorate	ClO_4^-
			과망간산이온	permanganate	MnO_4^-

인산(H_3PO_4)에서 수소이온이 하나씩 제거되어 다음과 같이 여러 개의 음이온이 생기는 경우, 음이온에 존재하고 있는 수소이온의 수를 이름에 나타내어야 한다. 인산에서 파생된 음이온들의 명명 규칙은 다음과 같다.

NaH_2PO_4	인산이수소소듐(sodium phosphate)
$H_2PO_4^-$	인산이수소이온(dihydrogen phosphate)
HPO_4^{2-}	인산수소이온(hydrogen phosphate)
PO_4^{3-}	인산이온(phosphate)

일반적으로, 음이온에 수소원자가 1개만 있을 경우 접두사 "일(mono-)"은 생략한다. 이는 황산(H_2SO_4)의 경우에도 동일하게 적용되어 수소이온을 하나 제거하면 황산수소이온(hydrogen sulfate, HSO_4^-)이 된다.

산과 염기(acid and base)

화학반응에서 산과 염기는 매우 중요한 물질이다. 아레니우스의 정의에 의하면 산(acid)은 수용액 중에서 수소이온(H^+)을 내놓는 물질이고 염기는 수산화이온(OH^-)을 내놓는 물질이다. 일반적인 산의 화학식은 항상 양이온에 1개 이상의 수소원자를 포함하고 있다.

표 2.10 몇 가지 수소산의 명명

음이온	한글 및 영어명	대응되는 산	한글 및 영어명
F^-	플루오르화 이온 (fluoride)	HF	플루오르화수소산 (hydrofluoric acid)
Cl^-	염화 이온 (chloride)	HCl	염화수소산 (hydrochloric acid)
Br^-	브롬화 이온 (bromide)	HBr	브롬화수소산 (hydrobromic acid)
I^-	요오드화 이온 (iodide)	HI	요오드화수소산 (hydroiodic acid)
CN^-	시안화 이온 (cyanide)	HCN	시안화수소산 (hydrocyanic acid)
S^{2-}	황화 이온 (sulfide)	H_2S	황화수소산 (hydrosulfuric acod)

염화수소(hydrogen chloride)가 물에 용해되면 염산으로 널리 알려져 있는 염화수소산(hydrochloric acid)을 생성한다. 순수한 기체 또는 액체 상태의 염화수소는 분자 화합물이지만, 수용액 상태에서는 염화수소가 H^+이온과 Cl^-이온으로 분리되어 산으로 작용하기 때문이다. 음이온이 단일 원소인 염화수소산은 한글이름을 쓸 때 -화수소산으로, 영어이름은 음이온 앞에 "hydro-" 끝에는 "-ic"을 붙인 후 acid로 항상 마친다. 표 2.10은 몇 가지 수소산의 예를 나타낸 것이다.

산소와 다른 원소(중심 원소)를 포함하는 산소산 음이온을 갖는 산을 산소산(oxoacid)이라 한다. 산소산의 화학식은 처음에 수소를, 다음에 산소산이온을 써서 나타낸다. 한글이름은 -산, 영어이름은 산소산이온 뒤에 "-ic"를 붙이고 acid로 끝을 낸다. 다음은 많이 사용되는 산소산의 이름을 나타낸 것이다.

HNO_3 질산(nitric acid)
$HClO_3$ 염소산(chloric acid)
H_2CO_3 탄산(carbonic acid)
H_2SO_4 황산(sulfuric acid)
H_3PO_4 인산(phosphoric acid)

산소산에 포함된 산소산이온이 갖고 있는 산소의 수가 달라지는 경우 "-산"("-ic" acid)으로 명명한 산소산을 기준으로 다음 규칙을 적용한다.

- 기본형인 "-산"("-ic" acid)에 산소원자 1개를 첨가하면 "과…산"("per… -ic" acid)이라 한다. 따라서 염소산(chloric acid, $HClO_3$)에 산소원자 1개를 첨가하면 과염소산(perchloric acid, $HClO_4$)이 된다.
- 기본형인 "-산"("-ic" acid)에서 산소원자 1개를 제거하면 "아…산"("-ous" acid)이라 부른다. 따라서 질산(nitric acid, HNO_3)은 아질산(nitrous acid, HNO_2)이 된다.
- "아-산"("-ous" acid)에서 다시 산소원자 1개를 제거하면 "하이포아…산"("hypo… ic" acid)이라 부른다. 따라서 아염소산(chorous acid, $HClO_2$)은 하이포아염소산(hypochorous acid, HClO)이 된다.

표 2.11은 염소를 함유한 산소산과 산소산 음이온의 이름을 정리한 것이다.

표 2.11 염소를 함유하는 산소산과 산소산 음이온

산	한글 및 영어명	음이온	한글 및 영어명
$HClO_4$	과염소산 (perchloric acid)	ClO_4^-	과염소산 이온 (perchlorate)
$HClO_3$	염소산 (chloric acid)	ClO_3^-	염소산 이온 (chlorate)
$HClO_2$	아염소산 (chlorous acid)	ClO_2^-	아염소산 이온 (chlorite)
$HClO$	하이포아염소산이온 (hypochlorous acid)	ClO^-	하이포아염소산 이온 (hypochlorite)

물에 용해되었을 때 수산화이온(OH^-)을 내놓는 물질로 수산화이온을 가진 이온결합화합물이 물에 용해되어 생성된다. 다음은 몇 가지 강염기의 예를 나타낸 것이다.

$NaOH$	수산화소듐(sodium hydroxide)
$Ba(OH)_2$	수산화바륨(barium hydroxide)
KOH	수산화포타슘(potassium hydroxide)

기체나 또는 순수 액체 상태에서 분자 화합물인 암모니아(NH_3)를 염기로 분류하기도 하는데 이는 암모니아가 물에 용해되면 수산화이온(OH^-)을 내놓기 때문이다. 특이한 것은 암모니아의 화학식에 수산화이온이 없음에도 불구하고 염기성 용액을 만드는 것으로 이는 암모니아가 물에 용해될 때 부분적으로 물과 반응하여 NH_4^+이온과 OH^-이온을 생성하기 때문이다.

핵심 용어(key words)

원소	원자	화합물
전자	음극선관	음극
양극	양성자	핵
중성자	원자 번호	질량수
동위원소	공유결합	이온결합
분자	이온	양이온
음이온	화학식	분자식
실험식	구조식	선구조식
작용기	분자화합물	이온결합화합물
산소산이온	산	염기
수소산	산소산	

연습문제

1. 다음 각 화학종의 양성자, 중성자 및 전자의 수를 구하시오.
   (1) $^{235}_{92}U$와 $^{238}_{92}U$
   (2) $^{63}_{29}Cu$과 $^{65}_{29}Cu$
   (3) $^{200}_{80}Hg$와 $^{202}_{80}Hg$

2. 다음 각 이온의 양성자, 중성자 및 전자의 수를 구하시오.
   (1) Fe^{2+}과 Fe^{3+}
   (2) Cu^{+}과 Cu^{2+}
   (3) F^{-}와 Cl^{-}
   (4) K^{+}와 Ca^{2+}
   (5) O^{2-}와 S^{2-}
   (6) Mg^{2+}과 Al^{3+}

3. 다음 화합물의 분자식과 실험식을 쓰시오.
   (1) 이산화황
   (2) 사산화이질소
   (3) 글루코스
   (4) 과산화수소

4. 다음 화합물의 구조식과 선구조식을 쓰시오.

(1) 벤젠(C_6H_6) (2) 아세트산(CH_3COOH)

(3) 프로판올(C_3H_8O) (4) 아세틸렌(C_2H_2)

5. 다음 작용기를 가진 화합물을 2개 이상 찾아 시성식을 쓰시오.

(1) 알코올기 (2) 케톤기

(3) 에스테르기 (4) 아민기

6. 다음 화합물의 한글이름과 영어이름을 쓰시오.

(1) PCl_3 (2) CCl_4 (3) NF_3

(4) CO (5) CO_2 (6) SO_2

7. 다음 분자화합물의 화학식과 영어이름을 쓰시오.

(1) 육플루오르화황 (2) 십산화사인 (3) 이황화탄소

(4) 삼산화황 (5) 이산화규소 (6) 칠산화이염소

8. 다음 이온결합 화합물의 화학식과 영어이름을 쓰시오.

(1) 염화암모늄 (2) 크롬산포타슘 (3) 시안화수은

(4) 요오드화마그네슘 (5) 아질산망간(II) (6) 황산알루미늄

(7) 수산화철(III) (8) 과망간산소듐

9. 다음 화합물의 한글이름과 영어이름을 쓰시오.

(1) FeO (2) $Pb(NO_3)_2$ (3) Cu_2Cl_2

(4) $Cr_2(SO_3)_3$ (5) $(NH_4)_2Cr_2O_7$ (6) $SnSO_4$

(7) CrS (8) $Mg(ClO_3)_2$ (9) $Hg(NO_3)_2$

10. 다음 화합물들의 화학식과 한글이름을 쓰시오.

(1) potassium chlorite (2) potassium hypochlorite

(3) potassium chlorate (4) potassium perchlorate

(5) perchloric acid (6) chloric acid

(7) chlorous acid (8) hypochlorous acid

11. 다음 산의 한글이름과 영어이름을 쓰시오.

(1) HNO_3

(2) HNO_2

(3) H_2CO_3

(4) H_3PO_4

(5) H_2SO_4

(6) H_2SO_3

CHAPTER 03

화학량과 화학반응식

3.1 원자량, 분자량, 몰질량

2장에서 공부하였듯이 원자는 양자와 중성자로 구성된 핵과 그 주위를 움직이는 전자로 구성되어 있음을 알았다. 원자량은 구성에 참여하고 있는 양자, 중성자 그리고 전자 모두를 합한 질량에 해당한다. 이러한 원자가 결합하여 분자를 형성하므로 분자량은 구성하고 있는 원자의 종류와 그의 개수를 알면 구해진다.

모든 물질은 무게를 가지고 있고, 원자로 구성되어 있다. 따라서 원자는 무게를 갖고 있다. 분자는 원자의 집합체이다. 당연히 분자도 무게를 갖고 있다. 그러나 원자, 분자 1개의 무게가 아주 작기 때문에 원자와 분자의 무게를 표현하기가 간단하지 않다. 이들의 입자를 1개, 1개로 취급하기가 매우 어렵다. 이를 편리하게 다루고 사용하기 위해 다수의 입자를 묶음으로 취급하기 위한 여러 방법과 단위가 고안되었다.

원자의 상대질량

원자에는 '질량 수' 라는 것이 있다. 양자와 중성자 개수의 합이다. 원자의 질량도 이 질량수와 같다면 아주 편리하다. 이와 같은 개념으로 원자의 질량, 곧 원자량을 나타내는 방법이 있다.

탄소(C)에는 몇 개의 동위체(isotope)가 있으나, 그 가운데 질량 수가 12인 ^{12}C의 질량을 12라고 설정하는 것이다. 그리고 다른 원자의 질량을 이 12를 기준으로 각각 정하였다. 이 값을 상대질량이라 한다. 따라서 상대질량은 원자의 질량 수에 아주 가까운 값이고 통상 단위는 없다.

수소원자 ^{1}H의 질량은 1.6735×10^{-24} g, 탄소원자 ^{12}C의 질량은 1.9926×10^{-23} g이다. 원자 1개의 질량은 이와 같이 아주 작다. 이들을 통상의 그램(g) 단위로 일일이 표현한다면 너무 작아 다루기 어렵다. 따라서 특정 원자를 기준으로 선택하여 그 원자의 질량과의 비(비율)로 나타내는 것이다. 즉, 질량 수 12의 탄소원자 ^{12}C 1개의 질량을 12로 하여 이를 기준으로 각 원자의 상대질량을 정하였다.

여기에서 ^{1}H의 상대질량을 구해보면 다음과 같다.

$$1.9926 \times 0^{-23}\ \text{g} : 1.6735 \times 10^{-24}\ \text{g} = 12 : x$$

x를 구하면 1.0078로서 이는 ^{1}H의 상대질량이다. ^{1}H의 질량수와 거의 유사한 값이 된다. 이와 같은 방법으로 모든 원소의 상대질량을 구할 수 있다.

원자량

자연계에 존재하는 대부분의 원소에는 상대질량이 다른 몇 가지의 동위체가 혼재되어 있다. 동위체의 존재 비율은 각각의 원소에 대하여 거의 일정하다. 따라서 각 원소 동위체의 상대질량과 존재 비율로부터 구한 평균값을 그 원소의 원자량이라 한다.

표 3.1 동위체의 상대질량과 존재비율

원소	동위체	상대질량	존재비율(%)	평균값
수소	^{1}H	1.0078	99.9885	1.008
	^{2}H	2.0141	0.0115	
탄소	^{12}C	12(기준)	98.93	12.01
	^{13}C	13.0034	1.07	
산소	^{16}O	15.9949	99.757	16.00
	^{17}O	16.9991	0.038	
	^{18}O	17.9992	0.205	

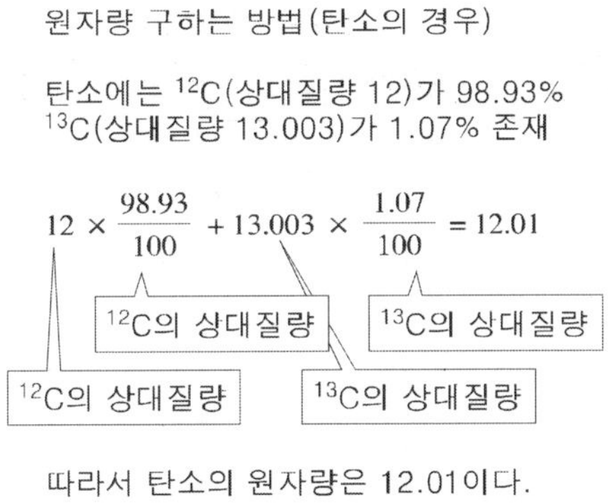

그림 3.1 원자량 구하는 방법(탄소의 경우)

여기에서 탄소와 수소에 대한 원자량을 구해보자. 질량의 기준으로 정한 탄소의 경우 천연에는 상대적인 질량이 12.000000000인 원자뿐만 아니라 13인 원자와 14인 원자 등이 혼합되어 있다. 이의 상대질량과 존재비율을 가중평균하면 그 값은 12.0107이 된다.

우리 지구상의 대기와 물, 기타 물질로부터 수소를 조사해보면 그 수소는 H, D(중수소), T(삼중수소)의 혼합물로 되어 있다. 따라서 수소원소의 상대질량은 H, D, T 각각의 질량과 존재비율을 가중평균하여 얻은 1.0079가 된다.

원소의 주기율표에 나타나 있는 값이 이와 같은 방법으로 각 원소의 동위체 상대질량을 평균하여 구한 것이다. 주기율표는 뒤에 오는 장에서 보다 상세히 설명하고 다룬다. 곧 이 값을 각 원소의 원자량이라 부른다. 그 값을 주기율표에서 원소기호 밑에 표기하고 있다. 탄소원소는 그의 원자 번호와 함께 다음과 같이 표시되어 있다.

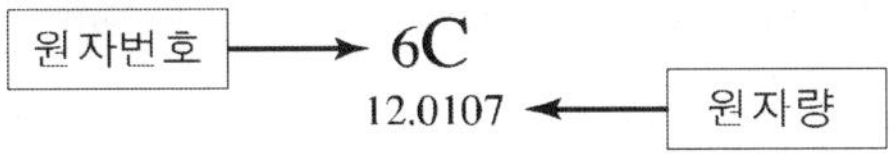

마찬가지로 수소원소는 다음과 같이 표시된다.

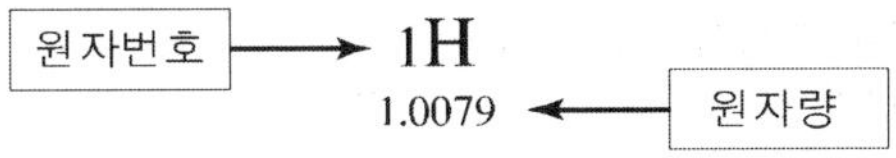

그러나 통상의 계산에는 표 3.2와 같이 원자량의 값을 반올림하여 소수 첫째 자리 또는 정수로 취급한 개략값을 사용한다.

표 3.2 원자량의 개략값

원소명	원소기호	원자량	원소명	원소기호	원자량
수소	H	1.0	염소	Cl	35.5
탄소	C	12	포타슘	K	39
질소	N	14	칼슘	Ca	40
산소	O	16	철	Fe	56
소듐	Na	23	구리	Cu	63.5
마그네슘	Mg	24	아연	Zn	65
알루미늄	Al	27	은	Ag	108
규소	Si	28	요오드	I	127
황	S	32	납	Pb	207

분자량

원자량과 마찬가지로 $^{12}C=12$를 기준으로 구한 분자의 상대질량을 분자량이라 한다. 분자량은 분자식에 포함된 원소의 원자량의 총합으로 나타낸다.

분자식으로부터 분자량을 구하는 것과 마찬가지로 조성식이나 이온식에 포함된 원소 원자량의 총합을 식량이라 한다. 조성식은 원소기호와 원자 수의 비율을 사용하여 물질을 나타내는 것이다. 따라서 분자 형태를 갖지 않는 이온결정, 공유결합의 결정, 금속 등에 사용된다.

분자량 구하는 방법

● 물(H_2O)의 분자량

$(1.0\times2)+(16\times1)=18$

수소의 원자량 산소의 원자량

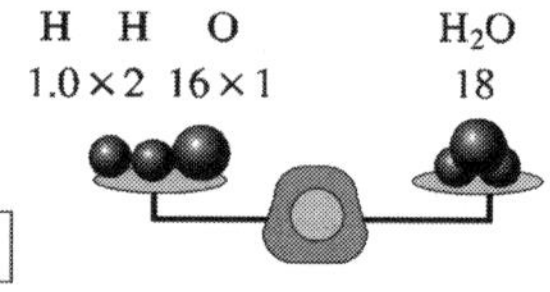

그림 3.2 분자량 구하는 방법(물의 경우)

- 염화소듐(조성식 NaCl)의 식량
  (Na의 원자량×1) + (Cl의 원자량×1) = (23×1) + (35.3×1)
  = 58.5
- 알루미늄(조성식 Al)의 식량
  Al의 원자량×1 = 27×1 = 27
- 탄산이온(이온식 CO_3^{2-})의 식량
  (C의 원자량×1) + (O의 원자량×3) = (12×1) + (16×3)
  = 60

그림 3.3 식량을 구하는 방법

물질 질량으로서의 몰(mol)과 몰질량

물질이 변화할 때 원자, 분자, 이온 등의 입자가 결합하거나 분리되기 때문에 물질을 만들고 있는 입자의 개수에 물질의 양을 나타내면 편리한 경우가 많다. 특히 앞에서 보았듯이 원자나 분자의 입자 1개의 질량이 아주 작기 때문에(탄소원자 ^{12}C 1개의 질량은 1.9926×10^{-23} g) 입자의 집단에 포함된 입자의 수를 단위로서 물질의 양을 표시한다.

화학에서 가장 널리 쓰이고 유용한 도구가 되는 집단 물질량이 바로 몰(mol)이다. 따라서 원자, 분자, 이온 등 동일한 입자 6.022×10^{23}개를 가진 집단을 몰이라 정의하였다. 이는 질량수 12의 탄소원자 ^{12}C 12 g 중에 포함된 ^{12}C 원자의 개수가 바로 6.022×10^{23}개이다.

1몰 당의 단위 입자의 수를 아보가드로(Avogadro) 정수라 부르고 N_A로 표시한다.

아보가드로(Avogadro) 정수 : $N_A = 6.022 \times 10^{23}$/mol

몰질량(mol)은 아보가드로 정수를 사용하여 다음의 식으로 나타낼 수 있다.

몰질량(mol)=(입자의 수)/(6.022×10^{23}/mol)

몰(mol)의 개념을 보다 쉽게 접근해보자. 우리가 일상적으로 작은 고체(입자 혹은 알갱이 등)를 헤아릴 때 그 개수를 묶음이나 덩어리로 표시하여 1포대, 1상자 등의 단위로 헤아리는 경우가 많다. 쌀 한 되, 한 말 또는 연필 1다스의 경우가 그것이다.

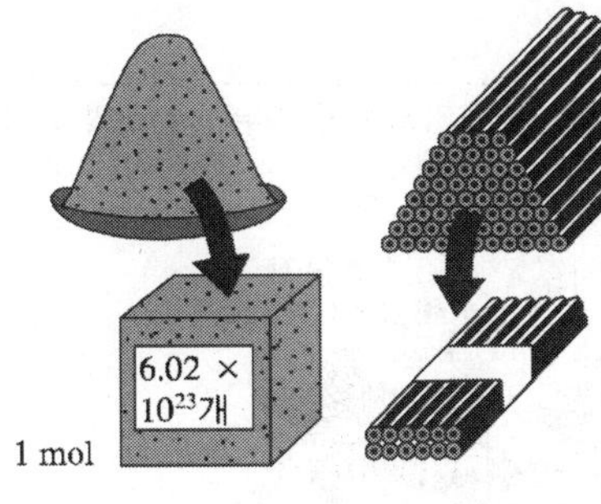

연필 등을 12자루씩 묶어 1 다스(dozen)라는 단위로 표현하는 것과 같이 6.02×10^{23}개의 집단을 1 mol이라 한다.

그림 3.4 몰 개념의 도해적 설명

화학에서도 이러한 "묶음"이라 하는 사고방식이 중요하다. 포대, 말, 케이스 대신에 "몰(mol)"이라는 단위를 사용하는 것이다. 길이의 단위로 m와 km, 질량의 단위로 g, kg이 있는 것과 마찬가지로 물질량의 단위가 바로 몰(mol)이다.

1상자 200개 들이, 1다스 12개라 하는 표현이 있듯이 1몰은 묶음으로 몇 개를 표현하는가? 물질량 1 mol은 6.022×10^{23}개라고 하는 큰 수이다. 이를 아보가드로 정수라 한다. 수소원자라면 1 mol 분이 모이면 약 1 g이 된다. 실제로 다루기 어려운 크기의 숫자이나 1 mol은 같은 개수가 들어 있는 포대라 생각하면 된다.

분자량, 식량과 물질량의 관계도 마찬가지로 생각할 수 있다. 물질 1 mol의 질량은 원자량, 분자량, 식량에 g 단위를 붙인 것이 된다. 이 물질 1 mol 당의 질량을 몰질량(단위 : g/mol)이라 한다. 예를 들면 원소 주기율표의 Al, Cu에 기재된 27.0, 63.5의 수치는 해당 원소의 원자량이다. 이들 값에는 단위가 없다. 이 수치에 단위인 g/mol을 붙인 것을 몰질량이라 부르는 것이다. 따라서 각각의 원소 1몰(=6.022×10^{23}개)에 해당하는 질량이다.

원자의 경우는 주기율표에서 바로 1몰의 질량을 구할 수 있다. 그러면 분자나 화합물의 경우에는 어떻게 구할 수 있을까? 분자는 원자가 집합하여 "묶음"으로 되어 있기 때문에 1개(한 입자)를 고려하는 것이 다를 뿐이다. 분자 전체를 1개의 입자로 생각해야 하기 때문에 분자 1몰의 질량은 그것을 구성하고 있는 원자량을 합한 것이다. 주기율표에서 H의 원자량이 1.0, C가 12, N이 14, O는 16으로 다음의 분자량을 계산할 수 있다.

물 H_2O 분자량	1.0×2개 + 16×1개 = 18
이산화탄소 CO_2 분자량	12×1개 + 16×2개 = 44
암모니아 NH_3 분자량	14×1개 + 1.0×3개 = 17

원자나 분자 1개의 질량	× 아보가드로 정수	= 1 mol의 질량
단위(g)	단위(/mol)	단위(g/mol)

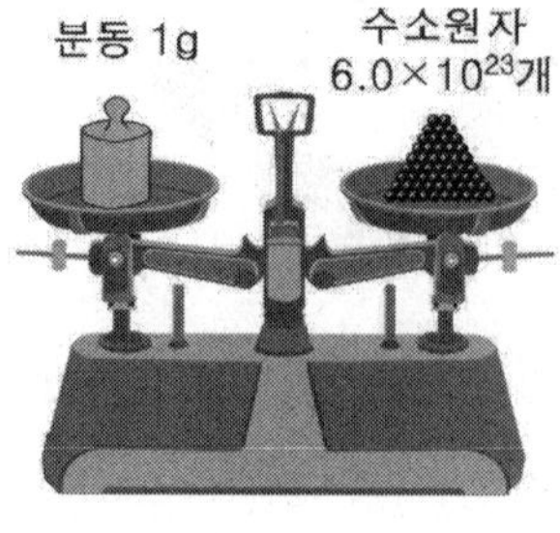

그림 3.5 수소원자의 질량은 1몰이 모여 1g이 된다.

결국 물분자가 1몰(=6.022×10^{23}개)이 되면 그 질량은 18 g이 되고, 이산화탄소는 44 g이 된다. 만약 이산화탄소 22 g이 있으면 1몰의 반이기 때문에 0.5몰(=3.011×10^{23}개)의 분자를 포함하고 있는 것이 된다.

그러면 이온으로 되어 있는 물질의 경우에는 어떻게 생각하면 좋을까? 이온성 물질이나 금속의 고체는 분자와 같은 독립된 하나의 입자가 존재하는 것이 아니라 다수의 원자가 결합되어 있기 때문에 그 비율을 단순히 구성 원자의 정수 비율로 표시하여 조성식으로서 나타내고 있다. 예를 들면 조성식 NaCl이나 $CaSO_4$도 반응 계산을 할 때는 분자와 같이 생각한다. 다만 분자가 아니기 때문에 분자량이 아니라 식량이라 부른다. 몇 가지 물질에 대하여 식량을 구해보면 다음과 같다.

NaCl의 식량 :

23(Na의 원자량)×1개 + 35.5(Cl의 원자량)×1개 = 58.5

$CaSO_4$의 식량 :

40(Ca의 원자량)×1개 + 32(S의 원자량)×1개 + 16(O의 원자량)×4개 = 136

3.2 화학반응과 화학반응식

화학반응은 화학반응식으로 표시된다. 화학반응식은 왼쪽과 오른쪽을 화살표(→)로 나타낸다. 왼쪽과 오른쪽 모두 화합물을 나타내는 화학식이고 왼쪽의 화합물이 오른쪽의 화합물로 변화되는 것을 나타낸다.

화학반응은 화학물질의 변화를 말한다. 화학물질은 원자 또는 분자를 의미한다. 따라서 통상 원자핵의 반응은 포함하지 않는다. 화학변화에는 원자가 일으키는 반응과 분자가 일으키는 반응, 또 원자와 분자가 공동으로 일으키는 반응이 있다. 1개의 원자가 일으키는 화학변화는 이온화이다. 원자가 전자를 떼어내면 양이온이 된다. 또한 전자를 받아들이면 음이온이 된다. 이것이 원자 하나의 화학변화이다.

석유를 태우는 것은 석유의 분자와 산소분자가 반응하는 것이다. 이와 같은 일반적인 화학변화는 1개의 분자 또는 분자 간에 일어나는 경우가 대부분이다. 우리가 일상생활에서 경험하는 화학변화는 분자 간에서의 반응이다.

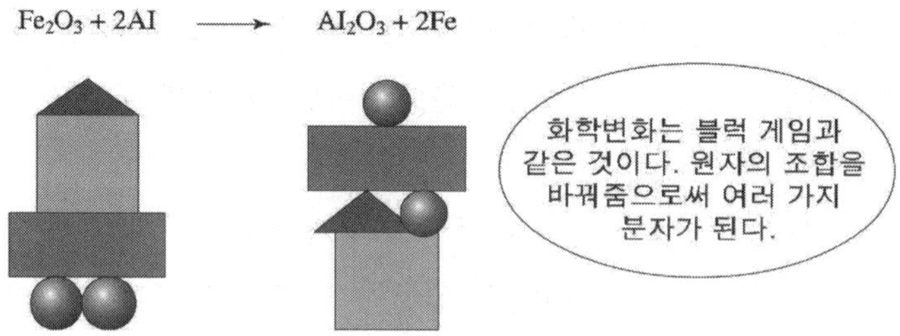

그림 3.6 화학반응과 질량불변의 도해

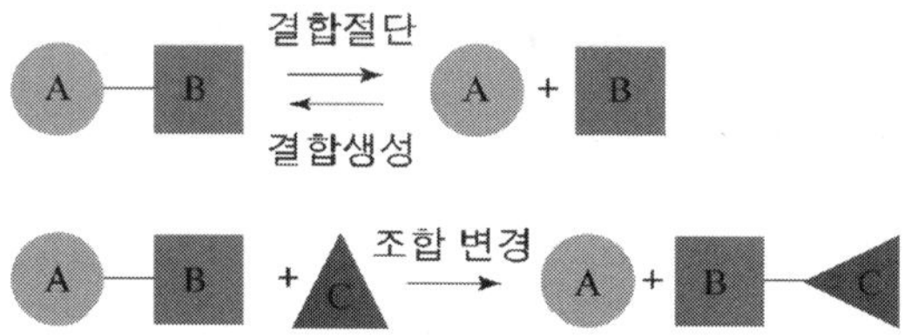

그림 3.7 화학변화의 종류

화학반응식은 왼쪽의 화학기호와 오른쪽의 화학기호를 화살표로 연결한 것이다. 이 식은 왼쪽의 화학물질이 오른쪽의 화학물질로 변화하는 것을 나타낸다. 원칙적으로 화학반응식에서는 왼쪽의 원자의 종류와 각각의 개수가 오른쪽과 같게 된다.

이것은 질량불변의 법칙의 응용이다. 원자는 변화하지 않는다는 것을 전제로 하고 있다. 즉, 화학변화 전후를 통해 원자의 종류와 그 개수는 일정하게 보존되는 것이다. 원자는 화학반응을 통해 감소하지도 않고 증가하지도 않는다. 또한 그 종류도 변화되지 않는다. 결국 화학반응식은 왼쪽의 원자 연결 조합이 오른쪽으로 될 뿐이다.

화학변화가 의미하는 것을 조금 더 알아보자. 분자는 원자가 결합된 것이다. 그 결합하는 방법과 순서에 따라 여러 가지 분자가 가능하다. 따라서 분자의 변화, 즉 화학변화는 결국 원자가 결합하는 방법이 변화하는 것이라고 할 수도 있다. ① 원래의 결합이 끊어지거나 ② 새로운 결합이 생기는 두 가지 변화의 조합이 화학변화이다.

화학변화를 몇 가지 종류로 분류하면 다음과 같다.

a. 전자의 출입에 기초한 화학변화

$$A \rightarrow A^{+} + e^{-}$$

$$B + e^{-} \rightarrow B^{-}$$

b. 분자의 결합이 끊어져 원자 또는 작은 분자로 되는 화학변화

결합 절단 AB → A + B

c. 몇 개의 원자, 분자가 결합하여 새로운 분자가 되는 화학변화

결합 생성 A + B → AB

d. 분자 간에 원자의 조합 교환이 일어나는 화학변화

조합 교환 AB + C → A + BC

화학반응의 종류

화학반응에는 어떤 종류가 있을까? 화학반응에는 엄청나게 많은 종류가 있다. 이런 점이야말로 화학을 "귀찮고", "암기과목"으로 말하는 이유 중의 하나일 것이다. 화학을 전공하는 입장에서는 이들을 이해하고 기억할 필요가 있다. 그러나 여기에서는 기본적인 반응만을 살펴본다.

- **이온화를 동반하는 반응** : 이 반응은 양이온이나 음이온의 생성과 소멸을 포함하는 반응이다.

a. 이온화 : 원자가 전자를 방출하여 양이온이 되고, 반대로 원자가 전자를 받아들여 음이온이 되는 반응이다.

양이온 $Na \rightarrow Na^{+} + e^{-}$

음이온 $Cl + e^{-} \rightarrow Cl^{-}$

b. 해리 : 분자 또는 원자가 이온으로 해리하는 것을 전리 또는 해리라 한다.

$HCl \rightarrow H^{+} + Cl^{-}$

$NaOH \rightarrow Na^{+} + OH^{-}$

c. 중화 : 산과 염기가 반응하고 물과 염을 생성하는 반응이다.

$$CH_3COOH + NaOH \rightarrow H_2O + CH_3COONa$$

d. 가수분해 : 염과 물이 반응하여 산과 염기를 생성하는 반응으로 중화반응의 반대 반응이다.

$$CH_3COONa + H_2O \rightarrow CH_3COOH + NaOH$$

- **무기물의 반응** : 탄소를 함유하지 않는 모든 화합물과 탄소를 함유하더라도 일산화탄소(CO)나 이산화탄소(CO_2)와 같은 간단한 구조의 화합물을 무기화합물 또는 무기물이라 한다.

a. 산화반응 : 산소와 반응하여 산화물을 만드는 반응이다.

$$2Cu + O_2 \rightarrow 2CuO$$

b. 환원반응 : 산화물이 산소를 잃는 반응이다.

$$2CuO + C \rightarrow 2Cu + CO_2$$

c. 금속과 산의 반응 : 금속과 산을 반응시켜 금속염을 만들고 수소를 발생하는 반응이다.

$$2Na + 2HCl \rightarrow 2NaCl + H_2$$

d. 금속과 물의 반응 : 금속과 물을 반응시켜 염기와 수소를 생성시키는 반응이다.

$$2Na + 2H_2O \rightarrow 2NaOH + H_2$$

e. 산화물과 물의 반응 : 산화물이 물과 반응하여 산이나 염기를 형성하는 반응이다.

산의 생성 $SO_3 + H_2O \rightarrow H_2SO_4$

염기의 생성 $Na_2O + H_2O \rightarrow 2NaOH$

- **유기물의 반응** : 탄소를 함유하는 화합물 가운데 일산화탄소나 이산화탄소 등 간단한 구조의 화합물을 제외한 모든 화합물을 유기화합물 또는 유기물이라 한다. 유기 반응의 종류는 너무 많아 여기에서는 기본적인 일부만을 소개한다.

a. 치환반응 : 유기물의 수산기 등의 작용기가 염소 등 이외의 원자로 치환되는 반응이다.

$$CH_3CH_2\text{-}OH + HCl \rightarrow CH_3CH_2\text{-}Cl + H_2O$$

b. 제거반응 : 에탄올로부터 물을 떼어내 에틸렌을 생성하는 반응과 같이 유기물로부터 작은 분자가 이탈되어 2중결합이 도입되는 반응이다.

$$CH_3CH_2OH \rightarrow CH_2{=}CH_2 + H_2O$$

c. 부가반응 : 에틸렌에 물이 반응하여 에탄올이 생성되는 것과 같이 이중결합에 원자가 결합하여 단일결합으로 되는 반응이다.

$$H_2C{=}CH_2 + H_2O \rightarrow CH_3\text{-}CH_2\text{-}OH$$

d. 산화반응 : 유기물이 산소와 반응하여 이산화탄소와 물을 생성하는 반응은 보통 연소라 부르고 산화에는 포함되지 않는다. 유기 반응의 대표적인 산화반응은 알코올이 산화되어 알데히드가 되고, 더 나아가 알데히드가 산화되어 카르복시산으로 되는 반응이다.

연소 $CH_4 + 2O_2 \rightarrow CO_2 + 2H_2O$

산화반응 $CH_3CH_2OH \rightarrow CH_3CHO \rightarrow CH_3COOH$

e. 해리 : 카르복시산이 해리하여 카르복시산 음이온과 H^+로 되는 반응이다.

$$CH_3COOH \rightarrow CH_3COO^- + H^+$$

f. 에스테르화 : 카르복시산과 알코올이 반응하여 물과 에스테르를 생성하는 반응이다.

$$CH_3COOH + HO\text{-}CH_2CH_3 \rightarrow CH_3COOCH_2CH_3 + H_2O$$

g. 가수분해 : 에스테르와 물이 반응하여 카르복시산과 알코올을 만드는 반응이다.

$$CH_3COOCH_2CH_3 + H_2O \rightarrow CH_3COOH + CH_3CH_2OH$$

h. 부가중합 : 다수의 에틸렌이 반응하여 폴리에틸렌을 만드는 반응이다. 폴리에틸렌은 에틸렌이 많은 양으로 결합한 것이다.

$$CH_2{=}CH_2 + CH_2{=}CH_2 + CH_2{=}CH_2 + \cdots$$
$$\rightarrow H\text{-}(H_2C\text{-}CH_2\text{-})\text{-}(\text{-}CH_2\text{-}CH_2)\text{-}(\cdots\cdots)n\text{-}H$$

3.3 화학반응식과 계수 맞추기

원자가 결합하여 분자가 되는 것이 화학반응이다. 화학반응을 나타내기 위하여 화학반응식이 사용된다. 앞에서 설명하였듯이 반응 전에 존재하는 분자를 왼쪽에 쓰고 반응 후의 분자를 오른쪽에 쓴다. 반응의 방향을 화살표로 표시한다. 분자가 몇 종류 있는 경우 각각의 분자 사이에 더하기(+) 기호를 쓴다. 같은 종류의 복수 개의 분자가 반응에 관여하는 경우 분자의 수를 분자식 앞에 쓴다. 이것을 화학반응식의 계수라 한다.

수소원자 2개와 산소원자 1개로부터 물분자 2개가 생성되는 반응은 $2H_2 + O_2 \rightarrow 2H_2O$ 라고 쓴다. 원소기호 오른쪽 아래첨자는 분자 중의 원자 수를 나타내고 분자식 앞의 숫자는 분자의 수를 나타내고 있다.

화학반응에 있어서는 원자가 생성되거나 소멸되지 않는 것이 기본 개념의 바탕이다. 그 결과 반응식의 양쪽은 원자의 수와 종류가 동일해야 한다. 화학반응식의 계수(분자의 수)는 반응식의 양쪽에 있어서 각 원자의 수가 동일하다는 것을 사용하여 결정할 수 있다.

예로서 에테인(C_2H_6)이 산소(O_2)와 화합하여(연소하여) 탄산가스(CO_2)와 물(H_2O)이 생성되는 반응을 생각해 보자.

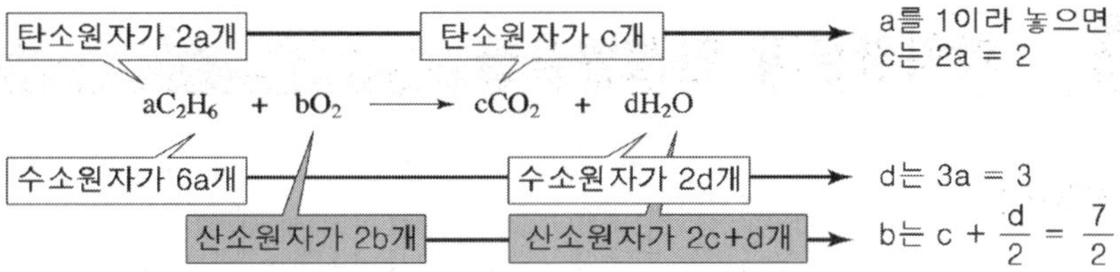

그림 3.8 반응식 양변의 계수를 결정하는 방법

에테인(C_2H_6)이 산소(O_2)와 화합하여(연소하여) 탄산가스(CO_2)와 물(H_2O)이 되는 것을 알았다고 하자. C_2H_6, O_2, CO_2, H_2O의 계수를 각각 a, b, c, d라 놓는다. 우선 a = 1이라고 설정한다. 화학반응식 양쪽의 탄소원자 수가 같아야 하기 때문에 다음의 식이 성립해야 한다.

$2a = c$ 탄소원자수가 같게 되기 위한 식 (3.1)

a = 1로 설정했기 때문에 c = 2로 구해진다. 이어 반응식 양쪽의 수소원자의 수가 같아지기 위해서는 다음의 식이 성립해야 한다.

$6a = 2d$ 수소원자수가 같게 되기 위한 식 (3.2)

위 식으로부터 d = 2가 정해진다. 마지막으로 반응식 양쪽의 산소원자의 수가 같아지기 위해 다음 식이 성립해야 한다.

$2b = 2c + d$ 산소원자수가 같게 되기 위한 식 (3.3)

위 식에 d = 3, c = 2를 대입하면 b = 7/2로 구해진다. 이와 같이하여 a = 1, b = 7/2, c = 2, d = 3이 얻어졌으나, 모든 계수는 정수가 되어야 하기 때문에 전부를 2배하면 a = 2, b = 7, c = 4, d = 6이 됨을 알 수 있다. 최종적으로 다음의 정확한 화학방정식이 구해진다.

$$2C_2H_6 + 7O_2 \rightarrow 4CO_2 + 6H_2O \quad (3.4)$$

3.4 화학량론과 한계반응물

실험식과 분자식

새로운 분자를 발견하거나 합성하였을 때 그 물질의 조성을 파악해야 한다. 그 화합물을 구성하고 있는 원소의 종류와 함량을 분석하는 방법이 원소분석(elemental analysis)이다. 이 기법을 활용하여 화합물에 포함된 각 원소의 함량(질량 백분율)을 측정한다. 그 조성을 파악함으로써 실험식을 구할 수 있다.

원소분석으로 얻어진 결과는 각 원소의 질량으로 조성을 나타낸다. 반면 화학식은 원자의 개수로 조성을 나타낸다. 원소의 몰질량을 구함으로써 화학식을 완전하게 구성할 수 있게 된다. 몰질량은 질량분석기를 통해 정보를 얻을 수 있다. 다음에 원소분석 결과로부터 실험식을 구하는 과정을 예를 들어 살펴본다.

미지의 시료에 대하여 원소분석을 행한 결과 질량으로 탄소 16.22%, 수소 2.72%, 질소 37.84% 그리고 산소 43.22%로 구성되어 있음을 확인하였을 때 이 화합물의 실험식을 구해 본다. 몰질량이 질량과 몰 사이의 관계를 연결하는 역할을 한다. 실험식은 화합물을 형성하고 있는 원소들 사이의 몰비에 근거를 두고 있다.

주어진 백분율을 사용하여 시료에 포함된 각 원소의 질량을 가정한다. 여기에서는 편의상 전체 질량을 100 g이라 놓는다. 각 원소의 질량을 각 원소의 몰 수로 환산한다. 얻어진 몰 수의 비는 정수로 환산하여 실험식을 구하는 데 활용된다.

16.22 g C × (1 mol C/12.011 g C) = 1.350 mol의 C

2.72 g H × (1 mol H/1.0079 g H) = 2.70 mol의 H

37.84 g N × (1 mol N/14.0067 g N) = 2.702 mol의 N

43.22 g O × (1 mol O/15.9994 g O) = 2.701 mol의 O

구한 숫자로부터 화합물의 C : H : N : O 비율을 알 수 있다. 따라서 $C_{1.35}H_{2.70}N_{2.70}O_{2.70}$ 라고 적을 수 있다. 그러나 올바른 실험식은 각 원소에 대해 정수를 사용한다. 따라서 가장 적은 숫자인 1.35으로 각각의 몰 수를 나눈다. 그 결과 적은 정수비인 1몰 C:2몰 H:2몰 N:2몰 O:2몰을 얻는다. 따라서 실험식은 $CH_2N_2O_2$이다. 질량 백분율 자료만을 사용해서는 실험식만을 얻을 수 있다. 분자식은 얻을 수 없다. 화합물의 분자 크기에 관한 정보가 없기 때문이다.

실험식에서 분자식을 알기 위해서는 관련 화합물의 분자량에 대한 정보가 추가로 필요하다. 물질의 몰질량을 알면 분자량을 구할 수 있다. 이 몰질량은 현대적인 실험 장비인 질량 분석기를 통해 측정할 수 있다.

위에서 다룬 시료의 실험식은 $CH_2N_2O_2$이다. 이 물질을 질량 분석기 측정을 한 결과 몰질량이 약 220 g/mol임을 알았다. 이를 이용하여 분자식을 구해보자.

각 원소의 몰질량은 정수에 가깝기 때문에 이 정수값을 사용해도 충분한 정확도를 얻을 수 있다. 실험식과 몰질량 모두 실험값이고, 모두 측정오차를 가지고 있기 때문에 정확한 원소의 몰질량 값을 사용할 필요는 없다. 실험식의 단위 질량을 구하면 다음과 같다.

$$1 \times 12(\mathrm{C}) + 2 \times 1(\mathrm{H}) + 2 \times 14(\mathrm{N}) + 2 \times 16(\mathrm{O}) = 74\ \mathrm{g/mol}$$

이 화합물의 몰질량은 '약 220 g/mol' 이다. 이를 실험식의 질량으로 나누면 분자에 들어있는 실험식 단위의 개수를 알게 된다((220 g/mol)/(74 g/mol) = 2.97 ≒ 3). 따라서 분자식은 $(CH_2N_2O_2)_3$ 또는 $C_3H_6N_6O_6$이다.

화학량론

화학량론(stoichiometry)은 화학반응에서 반응물과 생성물 간의 다양한 양적인 관계를 의미한다. 화학반응식의 계수가 갖는 의미가 바로 그것이다. 반응에 참여하고 생성되는 분자들의 양을 정확히 표현하는 것이 공업적인 측면에서도 매우 중요하다. 화합물의 화학식에 나타낸 각 원소에 해당하는 원자들의 수를 그 계수 비율만큼 증가시킨다는 관점에서 화학량론계수(stoichiometric coefficient)라고도 한다.

수소분자 2개와 산소분자 1개로부터 물분자 2개가 생성되는 반응은 $2H_2 + O_2 \rightarrow 2H_2O$라고 쓴다. 원소기호 오른쪽 아래첨자는 분자 중의 원자 수를 나타내고 분자식 앞의 숫자는 분자의 수를 나타내고 있음을 알고 있다. 다시 말하면 화학반응식의 계수는 분자의 개수로서 뿐만 아니라 (n×계수)개의 분자가 반응하여도 마찬가지로 표현된다. 절대 개수가 아닌 개수의 비율을 의미하는 것이다.

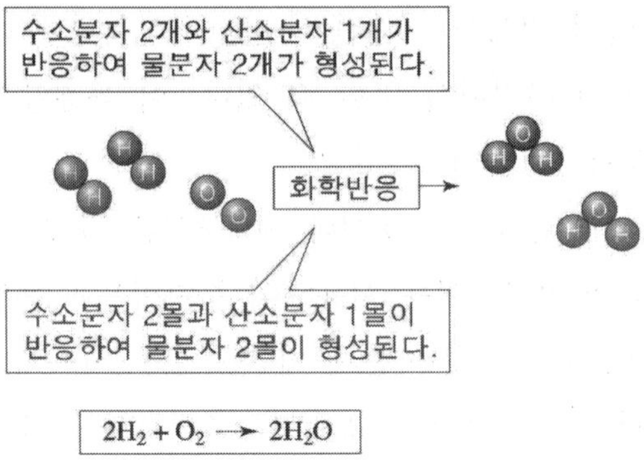

그림 3.9 화학량론과 화학반응식의 계수

여기에서 화학 계산의 편리한 단위로 도입한 몰과 몰질량의 개념으로 화학방정식을 활용해보자. $2H_2 + O_2 \rightarrow 2H_2O$의 화학방정식은 "2몰의 수소와 1몰의 산소가 반응하여 2몰의 물이 생성된다"라는 의미가 성립한다. 1몰은 6×10^{23}개의 분자가 모인 묶음의 단위이기 때문이다.

따라서 반응물과 생성물 사이에 분자의 개수 또는 몰비로 $H_2 : O_2 : H_2O = 2 : 1 : 2$의 관계가 성립한다. 이때의 몰비를 양론비라고도 한다. 몰질량으로는 $H_2 : O_2 : H_2O = 2 \times 2\,g : 1 \times 32\,g : 2 \times 18\,g = 4\,g : 32\,g : 36\,g$의 관계가 성립한다. 즉, '수소 2 g과 산소 32 g을 반응시키면 물 36 g이 생성된다' 라고 표현된다. 이 관계를 이용하면 여러 가지 화학양론 계산이 가능하여 공업적으로 유용한 활용이 가능하다.

질량 또는 부피의 값을 입자의 수로 변환시키는 방법은 중요한 의미를 갖는다. 핵심 개념은 균형 화학방정식을 이용하면 반응에 참여하는 물질들의 몰비를 구할 수 있다. 예를 들어 계산해보자.

메테인의 연소반응에서 메탄 6.75몰이 반응하여 완전 소비될 때 필요한 산소의 몰 수와 질량을 구해보자. 우선 균형 화학반응식을 세우고 양론계수를 이용하여 메테인과 산소 간의 몰비를 구한다. 그 몰비를 이용하여 반응에 사용된 메테인의 양으로부터 필요한 산소 양을 구할 수 있다. 메탄 연소반응의 균형 화학방정식은 다음과 같다.

$$CH_4 + 2O_2 \rightarrow CO_2 + 2H_2O$$

반응식의 계수로부터 메탄과 산소의 반응비는 1 : 2, 즉 1몰의 CH_4와 2몰의 O_2가 반응하는 것을 알 수 있다. 따라서 반응(연소)에 필요한 산소의 양은 6.75 mol CH_4 × (2 mol

O_2/1 mol CH_4) = 13.5 mol O_2이다. 또한 산소의 몰질량은 32 g이므로 필요한 산소의 질량은 13.5 mol O_2 × (32 g/1 mol O_2) = 432 g이 된다.

한계 반응물과 수율

화학반응이 일어날 때 특정의 반응물은 함께 반응에 참여하는 다른 반응물보다 먼저 소진되는 경우가 있다. 이것은 공업 현장에서 의도적으로 발생시키기도 한다. 반응물 중의 하나가 전부 소비되면 그 반응은 종료된다. 이러한 반응물을 한계 반응물(limiting reactant)이라고 한다. 전량이 반응된 반응물은 반응의 진행 정도와 생성물의 양을 결정하게 된다.

실제의 산업 현장에서는 특정한 화합물이 한계 반응물이 될 수 있도록 반응물의 양을 적절히 조절한다. 특정 화합물을 합성할 때 핵심 반응물의 재고가 부족하거나 가격이 매우 비쌀 때, 그 반응물을 한계 반응물로 놓고 다른 반응물을 과량으로 사용한다. 이를 통해 경제적 가치를 최대한 높일 수 있기 때문이다.

가솔린의 연소 반응이 그 좋은 예이다. 연소 반응에 참여하는 다른 반응물은 산소이다. 과량의 산소는 공기로부터 쉽게 얻을 수 있어 항상 이용할 수 있다. 따라서 유용물인 가솔린은 한계 반응물이 되고 산소는 과잉 반응물로 작용하게 함으로써 그 효용가치를 높이는 것이 된다.

반응시 공급된 반응물질의 양 중에 반응하여 생성물질로 변한 양의 비를 백분율로 나타낸 것을 전화백분율(또는 전화율)이라 하며 특히 한정물질의 전화백분율은 반응 완결도라 하기도 한다. 다음은 전화율을 구하는 식이다.

$$\text{전환백분율} = \left(\frac{\text{목적 생성물 생성에 이용된 반응물의 양}}{\text{공급된 반응물의 양}}\right) \times 100$$

또한 반응물이 100% 반응할 때 얻을 수 있는 생성물의 양에 대해 실제 생성된 양의 비를 수율이라 하며 다음과 같이 구할 수 있다. 수율은 화학 공정의 효율을 따질 때 많이 이용하는 값이다.

$$\text{수율} = \left(\frac{\text{실제로 생성된 생성물의 양}}{\text{공급된 반응물에 의하여 생성될 수 있는 생성물의 이론양}}\right) \times 100$$

핵심 용어(key words)

과잉반응물	계수(맞추기)	동위체
몰(mol)	몰질량	분자량
분자식	상대질량	수율
식량	실험식	아보가드로 정수
원자량	이론양	전환백분율
질량 수	한계반응물	화학량
화학반응(식)	화학변화	화학량론(계수)

연습문제

1. 다음의 화합물 이름을 화학식으로 그리고 화학식을 화합물 이름으로 바꾸시오.
   (1) 물　　(2) 이산화탄소　　(3) CO
   (4) SO_3　　(5) 이산화황　　(6) 오산화이질소
   (7) NO　　(8) ClO_2

2. 염소의 동위체인 ^{35}Cl, ^{37}Cl의 존재 비율이 75.0%, 25.0%일 때 염소의 원자량을 구하시오. 여기서 ^{35}Cl, ^{37}Cl의 상대질량을 각각 35.0, 37.0으로 한다.

3. 몰(mole)에 대한 개념을 각자 나름의 언어로 설명하라.

4. 다음 화합물의 몰질량은 얼마인가?
   (1) NaCl　　(2) Al_2O_3　　(3) $Mg(NO_3)_2$
   (4) 인산마그네슘　　(5) 사산화이질소　　(6) 황화소듐

5. 다음의 원소 원자량을 C : 12, H : 1.0, O : 16, N : 14, Cl : 35.5, Ca : 40으로 하여 다음의 값을 계산하시오.
   (1) 메테인 CH_4의 분자량　　(2) $CaCl_2$의 식량
   (3) 물 0.25 mol의 질량　　(4) 암모니아 51 g의 몰질량
   (5) 이산화탄소 440 g에 함유된 분자수와 산소원자의 수

6. 소듐의 원자량을 23으로 한다. 소듐 4.5 g 중에는 몇 개의 원자가 포함되어 있는가?

7. 계수를 넣어 다음의 반응식을 완성하시오

(1) $NH_3 + O_2 \rightarrow NO + H_2O$

(2) $Cu + HNO_3 \rightarrow Cu(NO_3)_2 + H_2O + NO$

(3) $H_2S + SO_2 \rightarrow H_2O + S$

(4) $C_3H_6 + O_2 \rightarrow CO_2 + H_2O$

8. 지구의 인구가 60억 명을 돌파하였다. 이 사람 수는 몇 mol에 해당하는가?

9. Solvay 공정은 유리 제조에 사용되는 탄산소듐(Na_2CO_3)의 산업적 생산에 이용되는 중요한 공정이다. 이 공정의 마지막 단계는 $NaHCO_3$를 가열하여 탄산소듐으로 전환하는 것이다.

$$2NaHCO_3 + \text{열} \rightarrow Na_2CO_3 + CO_2 + H_2O$$

실험실에서 학생이 42 g의 $NaHCO_3$를 가열하여 Na_2CO_3 22.3 g을 생성하였다. 이 반응의 백분율 수율은 얼마인가?

CHAPTER 04

원자구조와 전자배치

4.1 원자의 구조

2장에서 우리는 화학자들이 원자의 구조를 밝혀내기 위하여 수행한 다양한 실험에 대해 알아보았다. 이 실험들의 공통된 특징은 과학자들이 전자와 양성자의 존재를 빛이 지나가는 방향을 관찰함으로써 알아냈다는 것이다. 빛은 에너지의 한 형태로서 물질에서 방출되는 전자기파(electromagnetic wave)이다.

전자기파란 전자기장이 공간 속으로 전파해 나가는 현상을 나타낸 것으로 빛이 물결이 퍼져나가는 모양으로 주기적으로 진동하며 진행해나가는 것을 의미한다. 빛이 가진 에너지의 크기는 파동(wave)의 형태와 속도에 의존하는데 이 때 파동의 속도는 빛이 통과하고 있는 매질(공기, 물 등)의 성질에도 영향을 받는다. 그림 4.1은 파동의 예를 나타낸 것이다.

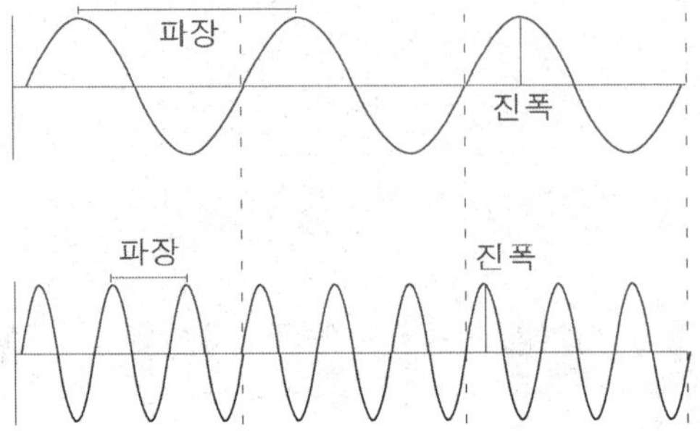

그림 4.1 다른 파장과 진동수를 갖는 2개의 파동

파동 중 가장 높은 점을 마루, 가장 낮은 점을 골이라고 하며 이웃한 두 마루 사이의 거리를 파장(wavelength)이라 하여 λ(람다)로 나타낸다. 파동의 진동수(frequency)인 ν(뉴)는 단위시간당 일정한 점을 통과하는 마루의 수로서 일반적으로 매 초당 진동수로 나타내어 sec^{-1} 또는 헤르츠(Hz) 단위를 사용한다. 진폭(amplitude)은 파동의 중간선에서 마루 또는 골까지의 수직거리이다. 그림 4.1의 (a)와 (b)는 진폭은 같지만, 파장과 진동수는 서로 다른 2개의 파동을 나타낸 것이다.

빛이 공간을 통해 이동할 때 빛의 속도는 다음과 같이 파장과 진동수의 곱으로 주어진다.

$$\begin{aligned} \text{빛의 속도(C)} &= \text{파장} \times \text{진동수} \\ &= \lambda \times \nu \\ &= [M] \times [\boldsymbol{\theta}^{-1}] \end{aligned} \tag{4.1}$$

위 식에서 파장(λ)은 파동의 길이(거리/파동)이고 진동수(ν)는 단위 시간당 한 점을 자나가는 파동의 수(파동/시간)이므로 두 값의 곱은 속도(거리/시간)가 된다. 파장은 미터(m), 센티미터(cm), 또는 나노미터(nm) 단위로 나타내며, 진동수는 헤르츠(Hz)로 표시하는 데 15Hz는 1초당 15회의 파동이 한 지점을 지나감을 의미한다. 파장과 진동수의 곱은 항상 빛의 속도인 2.998×10^{8} m/sec이 되어야 하므로 두 값은 서로 반비례한다. 빛은 매우 넓은 범위의 파장을 갖고 있어 파장의 범위에 따라 우리 생활에 다양하게 이용된다. 그림 4.2는 빛의 파장 범위에 따른 활용분야를 나타낸 것이다.

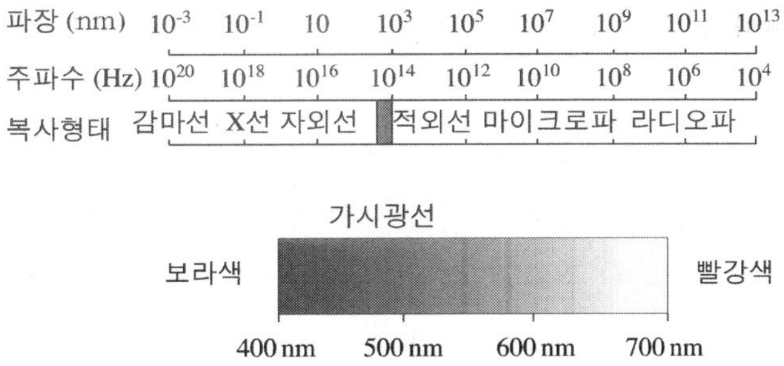

그림 4.2 빛의 활용분야

빛의 이중성

독일의 물리학자 플랑크(Plank)는 1900년에 여러 온도로 가열된 고체에서 방출되는 빛 에너지를 분석하여 하나의 가설을 제시하였다. 원자 또는 분자에서 방출되거나 흡수되는 빛에너지는 양자(quantum)라는 최소 단위의 에너지 양을 기본으로 하여 그 정수 배로만 방출 또는 흡수된다는 것이다. 예를 들어 방출되는 빛에너지를 나무에서 열리는 사과로 비유한다면 1.3개 또는 2.5개의 사과가 열리는 경우는 존재하지 않는다는 것이다. 플랑크는 1개의 양자에너지를 다음 식으로 나타내었다.

$$E = h\nu \tag{4.2}$$

여기서 h는 플랑크 상수(6.63×10^{-34} Js)이고 ν는 진동수이다.

따라서 방출 또는 흡수되는 에너지는 항상 $h\nu$의 정수배로 $1.3h\nu$ 또는 $2.5h\nu$는 될 수 없으며 이는 원자 또는 전자의 개수를 항상 정수로 나타내는 것과 같은 원리이다.

빛이 입자냐 파동이냐 하는 논쟁은 아인슈타인(Albert Einstein)이 플랑크의 양자론을 광전효과(photoelecrtic effect) 실험에 적용함으로서 빛은 입자와 파동 두 가지 성질을 모두 갖는다는 것(빛의 이중성)으로 정리되었다. 광전효과란 금속에 빛을 쪼이면 금속 표면에서 전자가 튀어나오는 현상으로서 이 실험을 통하여 아인슈타인은 금속에 쪼여준 빛의 진동수가 전자가 튀어나올지의 여부를 결정한다는 사실을 발견하였다. 전자가 튀어나올 수 있는 최소 진동수(문턱 진동수)보다 큰 진동수의 빛을 금속에 쪼여준 경우 전자가 튀어나왔지만 그 진동수 이하의 빛에서는 빛의 양이 아무리 많아도 전자가 튀어나오지 않았다.

이러한 현상은 빛의 파동성으로는 설명될 수 없기 때문에 아인슈타인은 빛이 입자라는 새로운 가설을 세워 빛이 금속 내부의 전자와 충돌한다고 가정하였다. 빛의 입자를 광자

(photon)라고 정의하였으며 각각의 광자는 플랑크가 주장한 양자에너지를 갖는다고 추론하였다.

아인슈타인의 가설에 따르면 금속에 빛을 쪼이는 것은 금속 원자를 광자로 때리는 것으로 생각할 수 있으므로 금속에 전자를 잡고 있는 인력보다 더 큰 에너지를 가진 빛(진동수가 충분히 큰 빛)을 쪼여주면 전자가 인력을 깨고 금속으로부터 튀어나올 수 있다는 것이다. 또한 쪼여준 빛의 진동수가 클수록 튀어나온 전자의 운동에너지도 커지는 현상은 전자의 결합에너지를 상쇄시키고 남은 빛에너지를 튀어나오는 전자가 이어받기 때문으로 설명하였다.

예를 들어 빛의 세기(광자의 수)는 다르지만 진동수는 같은 두 종류의 빛을 쪼여주는 경우를 생각해보자. 쪼여준 빛의 진동수가 문턱진동수보다 작다면 빛의 세기가 아무리 강해도 금속 표면에서 전자는 방출되지 않을 것이다. 만약 쪼여준 빛의 진동수가 문턱 진동수보다 크다면 방출된 전자의 수는 빛의 세기가 클수록 증가할 것이나 튀어나온 전자는 모두 동일한 에너지를 나타낼 것이다.

이로서 빛은 입자성과 파동성을 모두 가지고 있음이 설명되었으며 나중에 이 개념은 전자와 같은 작은 입자를 포함하는 모든 물질의 특성인 것으로 입증되었다.

수소 원자에 대한 보어(Bohr)의 이론

임의의 물질에 열 또는 전기에너지를 가할 때 물질로부터 방출되는 에너지를 분석하면 빛의 방출스펙트럼을 관찰할 수 있다. 고온으로 달구어진 쇠막대가 붉은 빛을 띠는 것은 쇠막대가 가시광선을 방출하고 있는 것이며 쇠막대에서 느껴지는 온기는 눈에 보이지 않는 적외선을 방출하고 있기 때문이다.

일반적으로 고체를 가열하면 연속적인 방출 스펙트럼을 볼 수 있으나 기체는 방출 스펙트럼이 불연속적으로 나타난다. 기체 원자의 종류에 따라 서로 다른 파장의 빛을 불연속적으로 방출하는데 이를 선스펙트럼(line spectrum)이라 한다. 그림 4.3은 수소 기체의 선스펙트럼을 가시광선 영역에서 관찰한 것이다. 선스펙트럼은 원소의 종류에 따라 달라지기 때문에 분석화학에서 미지의 원소를 알아내는데 매우 유용하게 사용된다.

보어는 개개 원자의 선스펙트럼이 서로 다른 것에서 착안하여 양성자가 포함된 원자핵의 주위를 전자가 몇몇 특정 궤도에 따라 돌고 있는 모양의 원자모델을 제안하였다.

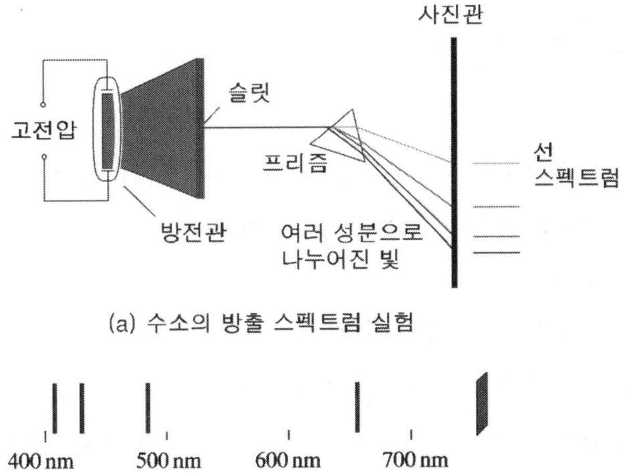

(a) 수소의 방출 스펙트럼 실험

(b) 수소에서 방출된 빛의 파장

그림 4.3 수소의 선스펙트럼

원자를 불꽃이나 전기방전으로 가열하면 원자 내부의 전자는 속해있던 에너지 궤도보다 더 높은 에너지 궤도로 들뜨게 된다. 에너지를 받아 들뜬 원자는 상대적으로 매우 불안정하기 때문에, 전자는 높은 에너지 궤도와 낮은 에너지 궤도 간의 차이에 해당하는 에너지를 신속히 방출하여 안정한 에너지 상태로 되돌아간다. 이 때 각각의 궤도가 갖는 에너지는 양자화 되어 있어 전자가 궤도를 이동할 때 방출되는 에너지도 특정한 진동수를 갖는 복사선으로만 방출되는 것이다.

전자의 궤도 이동은 전자라는 공이 높이가 다른 계단을 따라 위 또는 아래로 이동하는 것으로 설명할 수 있다. 이 때 공은 계단 위에는 있을 수 있지만 계단과 계단 사이에서는 있을 수 없다. 즉, 전자는 계단 높이에 해당되는 에너지를 받거나 잃어야만 안정된 궤도에 놓일 수 있으며 전자의 궤도가 변할 때 수반되는 에너지의 양은 시작하는 층과 끝나는 층 간의 거리에 의해 결정된다. 즉, 보어 원자모델에서 전자가 궤도를 이동하는데 필요한 에너지는 전자의 최초 궤도와 최종 궤도의 에너지 차에 의해서 결정된다.

원자에 있는 전자는 각각의 궤도를 돌고 있으며, 각 궤도는 정해진 에너지 준위를 갖는다. 수소원자에 가해진 에너지의 양에 따라 전자는 첫 번째 껍질 궤도로부터 두 번째 껍질 궤도 또는 세 번째 껍질 궤도 또는 어떤 더 높은 껍질의 궤도로 올라갈 수 있다. 이 때 들뜬 수소원자로부터 방출되는 빛의 진동수를 측정하면 전자의 궤도 사이의 에너지 차를 계산할 수 있다.

보어는 수소원자 내에서 전자가 가질 수 있는 에너지를 다음 식과 같이 유도하였다.

$$E_n = -R_H\left(\frac{1}{n^2}\right) \tag{4.3}$$

여기서 R_H는 리드베리(Rydbery) 상수로 2.18×10^{-18} J의 값을 갖는다. n은 원자핵과 전자간의 거리(전자껍질)를 상징하는 주양자수(principle quantum number)로서 n=1, 2, 3, …의 정수 값을 갖는다.

식 4.3에서 n이 무한대가 되면 전자의 에너지는 0이 되는데 이는 전자가 원자핵으로부터 무한대로 멀어져 자유전자가 되었음을 의미한다. 반대로 전자가 핵에 가까워지면(n이 감소하면), 전자의 에너지는 큰 음의 값을 갖게 된다. n=1일 때 전자의 에너지는 최소가 되므로 전자는 가장 안정한 궤도에 있게 되어 이를 바닥상태(ground state) 혹은 바닥준위(ground level)라 한다.

n=2, 3, 4, …로 커질수록 전자의 상태는 불안정해지며, 이들을 각각 들뜬 상태(excited state) 또는 들뜬 준위(excited level)라 한다. 수소원자에서 전자가 1보다 더 큰 n의 값을 가진 들뜬 상태에 있으면 전자 궤도의 반경은 n^2에 비례하기 때문에 n이 증가함에 따라 궤도 반경은 더 빨리 증가한다. 따라서 전자의 에너지 준위가 커질수록 전자는 핵으로부터 한층 멀어져 핵의 영향력으로부터 급속히 자유로워진다.

다음의 발머-리드베리식(Balmer-Rydbery equation)은 전자의 궤도 이동시 방출되는 빛의 진동수를 전자의 이동에 관여한 두 궤도 함수의 에너지 차이를 이용하여 나타낸 것이다.

$$\frac{1}{\lambda} = \frac{R_H\left(\frac{1}{m^2} - \frac{1}{n^2}\right)}{ch} \tag{4.4}$$

m : 전이가 끝나는 껍질 (안쪽 껍질)　　n : 전이가 시작하는 껍질 (바깥 껍질)

각각 m과 n은 두 궤도함수의 주양자수로 n은 전자 전이가 시작되는 높은 에너지 준위의 주양자수이고, m은 전이가 끝나는 낮은 에너지 준위의 주양자수이다. 예를 들어 m=1이면 방출된 빛의 진동수는 바깥 껍질 궤도함수와 첫 번째 껍질 궤도함수 간의 에너지 차이에 의해 결정된다. 이 빛을 라이먼 계열이라 하며 주로 자외선이 이에 해당한다. m=2

인 경우 방출된 빛의 진동수는 바깥 껍질 궤도함수와 두 번째 껍질 궤도함수 간의 에너지 차이를 나타낸다. 이 빛을 발머 계열이라 하며 주로 가시광선이 이에 해당한다.

수소의 방출 스펙트럼에서 나타나는 각각의 선스펙트럼은 전자 전이의 특성을 나타내며 적외선으로부터 자외선까지의 넓은 파장영역에 걸쳐 있다. 그림 4.4는 수소원자의 선스펙트럼을 전이 계열에 따라 나타낸 것이다. 계열의 이름은 발견자의 이름을 딴 것이다.

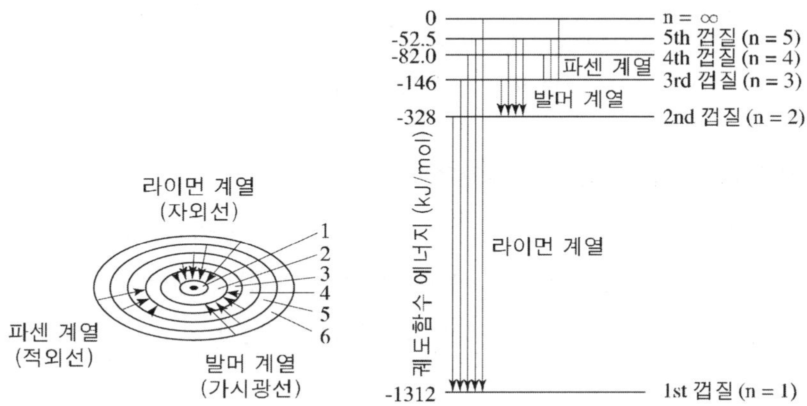

그림 4.4 수소원자 선스펙트럼의 전이 계열

4.2 파동함수와 양자수

수소의 원자모델은 전자의 에너지 상태를 파동함수를 이용하여 나타냄으로써 전자의 궤도를 설명하고 있다. 전자의 에너지를 유체의 파동운동을 설명하는데 사용되는 파동방정식의 형태로 나타내어 이 파동방정식의 해답인 파동함수(wave function) 또는 궤도함수(orbital)를 구한다. 구해진 전자의 궤도함수를 이용하여 그림 4.5에서처럼 전자를 발견할 확률이 가장 높은 위치(궤도)를 알아내는 것이다.

원자 내의 전자의 위치를 정확하게 알 수는 없지만 궤도함수를 이용하면 전자가 존재할 수 있는 영역을 알아낼 수 있다. 전자밀도(electron density)의 개념을 이용하여 원자의 특정한 영역 내에서 전자를 발견할 확률을 제공하는 것이다. 궤도함수를 제곱한 값은 핵 주위 공간 내에서의 전자밀도의 분포를 결정하는데 전자밀도가 높은 영역은 전자의 발견 확률을 높은 반면, 그 반대 경우는 전자를 발견할 가능성이 낮다.

궤도함수는 n, ℓ, m_l로 표시되는 세 가지 양자수(quantum number)로 특징지어지는데 각 양자수는 전자 궤도의 에너지 준위와 전자가 차지하는 공간의 3차원 형상을 나타낸다.

(a) 전자 발견 확률이 높은 파동함수 (b) 전자 발견 확률이 낮은 파동함수

그림 4.5 전자의 파동함수(궤도함수)

주양자수(principal quantum number, n)

양의 정수(n=1, 2, 3, 4, …)로 나타내며 궤도함수의 크기와 에너지 준위를 결정한다. 예를 들어 H 또는 He^{+} 같이 전자가 1개인 원자의 궤도함수 에너지는 주양자수 n에만 의존하지만 전자의 수가 많아지면 궤도함수의 에너지는 양자수 n과 l 모두의 영향을 받는다.

주양자수 n의 값이 커지면 허용된 궤도함수의 수가 증가하고, 궤도함수의 크기도 커져 전자는 핵으로부터 멀어진다. 전자를 양성자가 있는 원자핵으로부터 떼어내려면 에너지가 필요하므로, 전자와 원자 핵 간의 거리가 멀어지는 것은 전자의 에너지가 증가하는 것을 의미한다. 따라서 주양자수 n이 커지면 해당 궤도함수에 있는 전자의 에너지도 증가하게 된다.

주양자수 n으로 표현되는 궤도함수는 주로 원자 주위에 있는 연속 층이란 의미로 껍질(shell)이다. 예를 들어 n=2인 궤도함수를 두 번째 껍질 궤도라 한다.

각운동량 양자수(angular momentum quantum number, ℓ)

궤도함수의 3차원 모양을 나타내며 주양자수가 n인 각각의 궤도함수에 대해 각운동량 양자수 ℓ은 0에서 $n-1$까지의 정수값을 가진다.

n=1이면 ℓ=0

n=2이면 ℓ=0, 1

n=3이면 ℓ=0, 1, 2

⋮

주양자수(n)를 껍질로 생각하면 편리한 것처럼, 각운동량 양자수 ℓ도 부껍질(subshell)로 나타내어 궤도함수를 설명할 수 있는데 서로 다른 부껍질은 알파벳 s, p, d, f, g를 이용하여 표시한다.

한 예로, $n=2$이고 $\ell=1$인 궤도함수는 $2p$ 궤도함수이다. 2은 두번째 껍질을 말하고, p는 $\ell=1$인 부껍질을 의미한다.

자기 양자수(magnetic quantum number, m_l)

궤도함수의 표준 좌표축을 기준으로 한 공간 배향을 나타낸 것이다. 각운동량 양자수가 ℓ인 궤도함수에 대해 자기 양자수 m_l은 $-\ell$부터 $+\ell$까지 사이의 정수값을 가질 수 있는데 같은 ℓ 값을 가진 부껍질에서 궤도함수는 $2\ell+1$개의 서로 다른 공간 배향을 가질 수 있다.

$\ell=0$이면 $m_l=0$

$\ell=1$이면 $m_l=-1,\ 0,\ +1$

$\ell=2$이면 $m_l=-2,\ -1,\ 0,\ +1,\ +2$

$\vdots$

각 양자수 별로 나타날 수 있는 궤도를 표 4.1에 나타내었다.

표 4.1 각 양자수 n, ℓ, m_l에 대해 나타날 수 있는 궤도함수

n	ℓ	m_l	궤도함수 표시	부껍질에서 궤도함수의 수	껍질에서 궤도함수의 수
1	0	0	$1s$	1	1
2	0	0	$2s$	1	4
	1	-1, 0, +1	$2p$	3	
3	0	0	$3s$	1	9
	1	-1, 0, +1	$3p$	3	
	2	-2, -1, 0, +1, +2	$3d$	5	
4	0	0	$4s$	1	16
	1	-1, 0, +1	$4p$	3	
	2	-2, -1, 0, +1, +2	$4d$	5	
	3	-3, -2, -1, 0, +1, +2, +3	$4f$	7	

그림 4.6은 각 궤도함수의 에너지 준위를 나타낸 것으로 전자가 1개인 수소원자의 경우 궤도함수의 에너지 준위가 주양자수에만 의존하지만 전자가 여러 개 있는 원자는 궤도함수의 에너지 준위가 n과 ℓ 모두에 의하여 영향을 받는 것을 알 수 있다.

전자가 하나인 경우 주어진 껍질에 있는 궤도함수는 서로 영향을 주지 않기 때문에 모두 같은 에너지를 나타내지만, 전자의 수가 많아지면 부껍질에 존재하는 전자들 사이에 반발력이 발생하여 전자가 채워진 궤도함수의 에너지 준위가 조금씩 달라지기 때문이다. 실제로 근접한 전자껍질 사이에서는 에너지 준위의 높낮이가 바뀌기도 한다. 예를 들어 다전자 원자의 경우 $3d$궤도함수는 $4s$궤도함수보다 높은 에너지 준위를 갖는다.

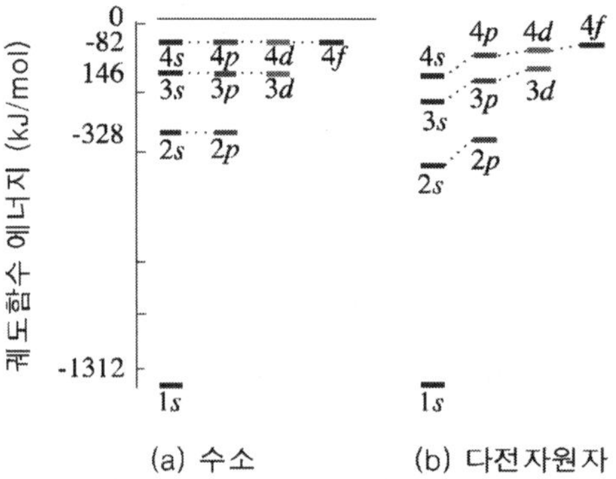

그림 4.6 수소원자와 다전자원자의 궤도함수 에너지 준위

스핀양자수(m_s)

수소원자의 방출 스펙트럼 실험에서 외부의 자기장이 가해지면 방출 스펙트럼이 분리되는 것이 관찰되었다. 이는 전자들이 지구처럼 그들 자신의 축을 중심으로 회전하고 있어 자기적 성질을 띠기 때문인 것으로 설명될 수 있다. 이 때 전자의 회전 방향은 시계 방향과 반시계 방향 두 가지가 있을 수 있으므로 이를 스핀양자수라 한다. 스핀양자수 m_s의 값은 $+\frac{1}{2}$ 또는 $-\frac{1}{2}$로 표시한다.

4.3 궤도함수의 모양

궤도함수의 제곱은 원자 내부 공간의 특정 영역에서 전자를 발견할 확률을 나타낸다. 이 공간 영역의 모양은 각운동량 양자수 ℓ에 의해 결정되는데, $\ell=0$인 경우는 s궤도함수, $\ell=1$이면 p궤도함수, $\ell=2$이면 d궤도함수, $\ell=3$이면 f궤도함수의 형태를 나타낸다. 이 궤도함수들은 원자의 전자배치를 결정하는데 사용되기 때문에 매우 중요하다. 각각의 궤도함수를 하나씩 살펴보도록 하자.

s궤도함수

모든 s궤도함수는 구형이며, s궤도에서 전자를 발견할 수 있는 확률은 오직 핵과 전자 간의 거리에 의존하며 방향과는 무관하다. 그림 4.7은 95% 이상의 확률로 전자들이 존재할 부피를 포함하는 경계 표면을 나타낸 것이다.

모든 s궤도함수는 껍질수가 증가하면 크기가 커진다. 이는 바깥 껍질 s궤도함수에 있는 전자는 안쪽 껍질 s궤도함수에 있는 전자보다 평균적으로 더 멀리 떨어져 있음을 의미한다.

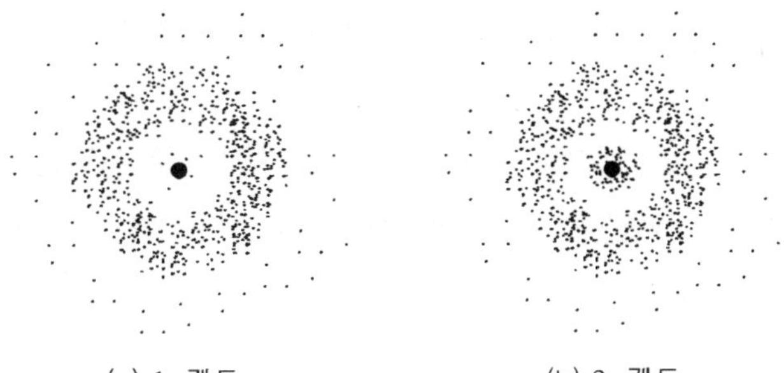

(a) $1s$ 궤도　　(b) $2s$ 궤도

그림 4.7　$1s$와 $2s$ 궤도함수

p궤도함수

p궤도함수는 구형이 아닌 아령 모양이고, 핵의 양쪽에 구형으로 집중된 전자분포를 가지고 있다. 핵 근처에서 p전자를 발견할 확률은 0이며 p궤도는 그림 4.8과 같이 3개의 축 방향에 따라 3개의 궤도로 나타낸다.

$\ell=1$일 때 허용되는 자기양자수(m_l) 값은 3개이므로 두 번째 껍질에서는 3개의 p궤도

함수가 존재하며, 이들은 각각 x, y, z좌표축을 따라 배치되어 있다. 두 번째 껍질에 있는 p궤도함수는 $2p_x, 2p_y, 2p_z$라고 표시하며 세 번째 껍질 이상에서도 p궤도함수는 핵을 중심으로 크기는 커지지만 형태는 거의 동일하다.

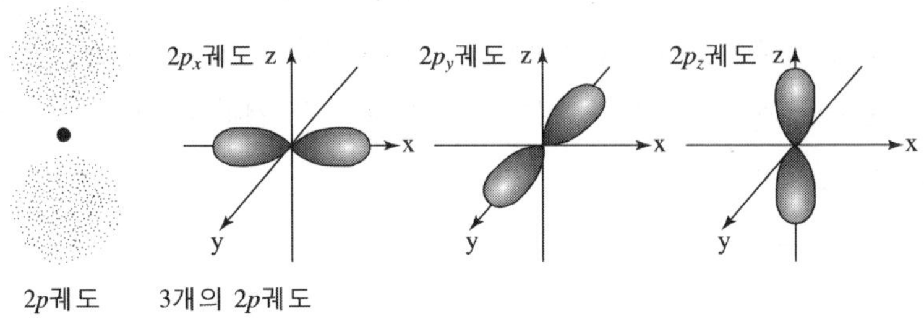

그림 4.8 $2p$궤도함수

d궤도함수

세 번째 껍질 이상에서 존재하는 d궤도함수는 $\ell = 2$일 때 허용되는 자기양자수(m_l) 값이 5개이므로 총 5개가 된다. 그림 4.9는 5개의 $3d$궤도함수($3d_{x^2-y^2}$, $3d_{z^2}$, $3d_{xy}$, $3d_{xz}$, $3d_{yz}$)를 나타낸 것으로, 각 궤도에는 2개의 전자가 채워지므로 d궤도에는 총 10개의 전자가 채워진다. p궤도함수의 경우와 같이, n값이 3보다 큰 d궤도함수들($4d$, $5d$, …)도 비슷한 형태를 갖는다.

d궤도함수 다음에는 f, g궤도함수 등이 있으나 대부분의 원소들이 s, p, d궤도에서 주로 전자결합이 일어나기 때문에 이들 궤도는 상대적으로 덜 중요하다.

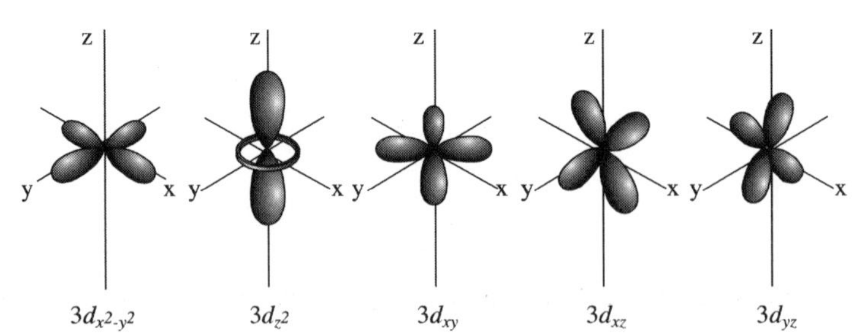

그림 4.9 $3d$궤도함수

4.4 전자배치

원자의 전자배치는 원자의 화학적 성질 및 결합 특성과 밀접한 관련이 있기 때문에 원자의 전자배치를 이해하는 것은 매우 중요하다. 앞에서 나온 4개의 양자수는 전자의 궤도함수에너지, 모양, 공간적 배향 및 전자스핀을 설명하는 것으로 원자의 전자배치를 결정하는데 결정적인 역할을 한다.

네 가지 양자수 n, ℓ, m_l, m_s를 이용하면 원자 내의 전자의 위치를 정확하게 나타낼 수 있다. 전자의 수가 1개인 수소원자는 에너지 상태에 따라 전자가 $1s$궤도함수(바닥상태)에 존재하거나 그보다 높은 궤도(들뜬 상태)에 존재할 수 있을 것이다. 그러나 다전자 원자의 경우 전자배치는 다양한 궤도함수들에서 이루어져야 한다. 우선 전자의 수가 1개인 수소에서 10개인 네온까지의 전자배치를 모든 원자는 바닥 상태에 있다고 가정하여 생각해 보자.

원자 번호가 1번인 수소는 바닥 상태에서 전자가 $1s$궤도함수에 있어야 하는데 이를 $1s^1$으로 나타낸다.

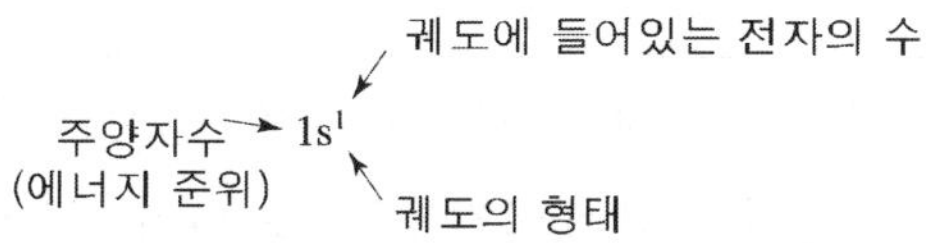

그림 4.10 수소의 전자배치

이를 전자의 스핀을 나타내는 궤도 도형으로 나타내면 다음과 같다.

파울리의 배타원리(Pauli exclusion principle)

전자가 2개 이상인 원자의 전자배치에는 파울리의 배타원리를 적용한다. 이는 한 원자 안에 있는 어떤 2개의 전자도 동일한 네 양자수를 가질 수 없다는 것이다. 이 원리에 의하면 한 원자 내에서 2개의 전자가 같은 n, ℓ, m_l값을 가지는 경우 m_s값은 달라져야만 한다. 즉, 하나의 궤도함수에는 2개의 전자만이 함께 존재할 수 있으며 이 때 2전자의 스핀 방향은 서로 달라야 한다는 것이다. 전자의 스핀은 궤도모형에서 +1/2의 스핀은 위로 향한 화살표(↑)로, -1/2의 스핀은 아래로 향한 화살표(↓)로 표시하는 것이 일반적이다.

예를 들어 2개의 전자를 가진 헬륨원자를 생각해보자. $1s$궤도에 2개의 전자를 배치하는 방법은 그림 4.11의 (a), (b), (c) 세 가지 방법이 있다.

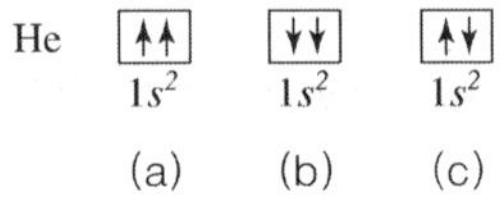

그림 4.11 헬륨의 전자 배치 예시

그림 4.11에서 (a)와 (b)는 같은 $1s$궤도에 있는 두 전자의 스핀양자수가 동일하므로 파울리의 배타원리에 어긋난다. 따라서 가능한 전자배치는 (c)이다.

전자가 3개인 리튬원자를 생각해 보자. 세 번째 전자는 $1s$궤도함수에 들어갈 수 없으므로 $1s$궤도 다음으로 에너지 준위가 낮은 $2s$궤도를 채우게 된다. 이를 궤도도형으로 나타내면 다음과 같다.

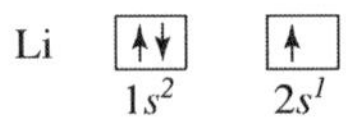

바닥 상태의 원자는 갖고있는 전자를 에너지 준위가 낮은 궤도함수부터 순차적으로 채워나가는데 그림 4.12는 궤도함수의 에너지 준위를 나타낸 것이다.

그림 4.12에 의하면 원자 번호가 5인 붕소(B)의 전자배치는 $1s^2 2s^2 2p^1$이 될 것이다. 이를 궤도 도형으로 나타내면 다음과 같다.

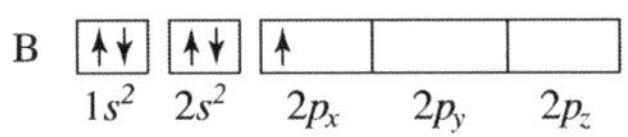

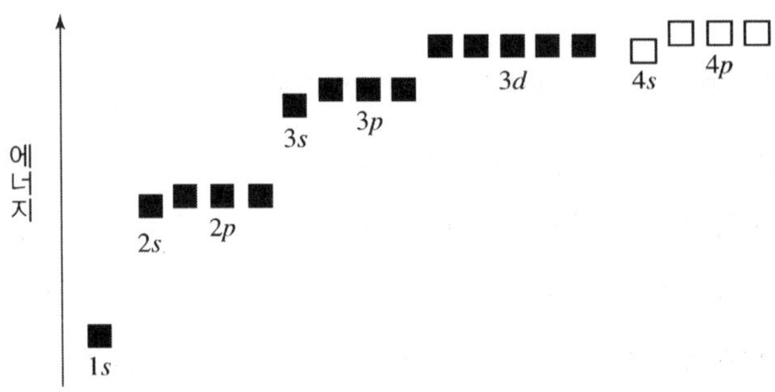

그림 4.12 궤도함수의 에너지 준위

그러나 전자가 6개인 탄소의 경우를 생각해보자. $2p$궤도에는 2개의 전자가 들어갈 수 있는 궤도가 3개 있으므로 전자를 넣는 방법이 여러 개 있을 수 있다. 탄소의 전자배치는 $1s^2 2s^2 2p^2$이므로 파울리의 배타원리를 만족하는 배치는 다음의 세 가지 방법이 있을 수 있다.

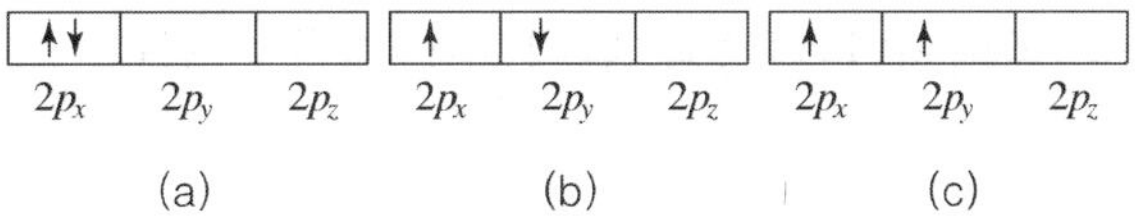

그림 4.13 탄소의 p궤도 전자배치

훈트의 규칙(Hund's rule)

그림 4.13에서 가장 안정한 전자배치를 선택하기 위하여 훈트의 규칙을 적용한다. 이는 하나의 원자 내에서 동일한 에너지 준위의 여러 궤도함수에 전자가 들어가는 순서는, 각각의 궤도함수에 스핀의 방향이 같은 전자가 하나씩 채워진 후 스핀이 다른 두 번째 전자가 들어가는 것이 가장 안정하다는 것이다. 그림 4.13에서 (c)만이 이러한 조건을 만족시킨다. 따라서 탄소의 전자배치는 $1s^2 2s^2 2p^2$이며 궤도모형은 다음과 같다.

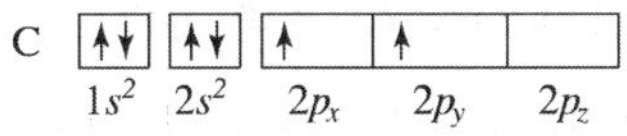

표 4.2 원자번호 1에서 10번까지 원자들의 바닥상태 전자배치

원자	원자번호	전자배치	궤도함수		
			$1s$	$2s$	$2p$
H	1	$1s^1$	(↑)	( )	( )( )( )
He	2	$1s^2$	(↑↓)	( )	( )( )( )
Li	3	$1s^2 2s^1$	(↑↓)	(↑)	( )( )( )
Be	4	$1s^2 2s^2$	(↑↓)	(↑↓)	( )( )( )
B	5	$1s^2 2s^2 2p^1$	(↑↓)	(↑↓)	(↑)( )( )
C	6	$1s^2 2s^2 2p^2$	(↑↓)	(↑↓)	(↑)(↑)( )
N	7	$1s^2 2s^2 2p^3$	(↑↓)	(↑↓)	(↑)(↑)(↑)
O	8	$1s^2 2s^2 2p^4$	(↑↓)	(↑↓)	(↑↓)(↑)(↑)
F	9	$1s^2 2s^2 2p^5$	(↑↓)	(↑↓)	(↑↓)(↑↓)(↑)
Ne	10	$1s^2 2s^2 2p^6$	(↑↓)	(↑↓)	(↑↓)(↑↓)(↑↓)

동일한 원리에 의하며 p궤도를 채워나갈 수 있다. 표 4.2는 수소부터 네온까지의 전자배치를 정리한 것이다.

10번 이후의 원자들의 전자배치를 살펴보자. 소듐(Na)과 마그네슘(Mg)의 바닥 상태 전자배치는 각각 $1s^2 2s^2 2p^6 3s^1$과 $1s^2 2s^2 2p^6 3s^2$로 나타낼 수 있다. 이때 바로 이전 주기의 비활성 기체인 네온(Ne)의 전자배치를 이용하여 전자가 모두 채워진 껍질을 표시하고, 채워지지 않은 껍질의 전자배치만 다음과 같이 나타내기도 한다.

Na : $1s^2 2s^2 2p^6 3s^1$ 또는 [Ne]$3s^1$

Mg : $1s^2 2s^2 2p^6 3s^2$ 또는 [Ne]$3s^2$

동일한 방법으로 알루미늄(Al)에서 아르곤(Ar)까지의 전자배치를 나타내면 다음과 같다. 이때 $3p$궤도는 $3s$궤도의 전자가 모두 채워진 후 훈트의 규칙에 따라 순차적으로 채워진다.

Al : [Ne]$3s^2 3p^1$ Si : [Ne]$3s^2 3p^2$ P : [Ne]$3s^2 3p^3$

S : [Ne]$3s^2 3p^4$ Cl : [Ne]$3s^2 3p^5$ Ar : [Ne]$3s^2 3p^6$

축조원리

한 원자 내에 여러 개의 전자가 존재할 경우 전자는 에너지가 낮은 궤도함수부터 차례로 채워진다. 궤도함수의 에너지는 주양자수 n에 의해 결정된다. 따라서 $2s$궤도와 $2p$궤도처럼 궤도함수가 다를지라도 주양자수가 같으면 전자의 에너지 상태는 같다고 할 수 있다. 그러나 이는 전자가 1개인 경우에만 적용될 수 있다. 왜냐하면 전자가 둘 이상이 되는 경우 다른 전자에 의해 핵전하가 일부 가려지는 차폐효과(screening effect)가 발생하기 때문이다. 예를 들어 전자가 2개인 He 원자 내의 각 전자가 느끼는 실제 핵전하는 +2가 아니라 +1.7이다. 또한 부양자수 ℓ에 의해 결정되는 궤도함수의 모양에 따라 전자가 핵 가까이에 접근하는 침투효과(penetrating effect)도 달라지는데, 침투효과는 $s>p>d>f$ 순이다. 즉, 핵에 근접한 전자일수록 실제로 느끼는 핵전하가 증가하므로 궤도의 에너지 준위는 낮아지게 된다. 따라서 같은 주양자수의 궤도라 할지라도 궤도함수의 에너지는 $s<p<d<f$ 순으로 증가한다.

각 궤도함수의 에너지를 그림 4.14에 나타내었다. 일반적으로 주양자수가 커지면 같은 주양자수를 가진 궤도함수 간의 에너지 차이가 증가하게 된다. 그림 4.14(a)에서 $3d$궤도

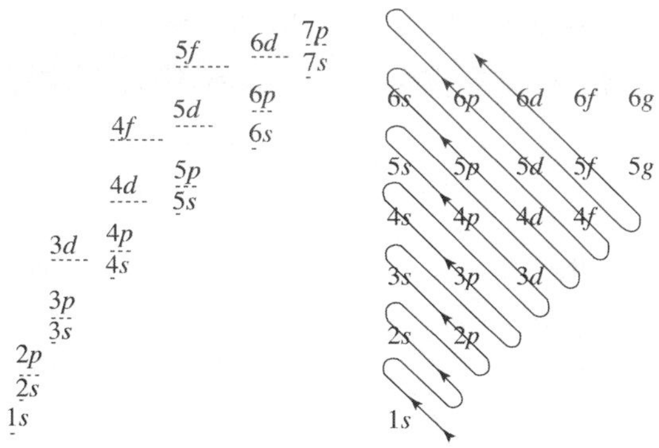

(a) 궤도함수의 에너지 준위　　　　(b) 전자배치 순서

그림 4.14　궤도함수의 에너지 준위와 전자배치순서

와 $4s$궤도는 이 차이가 커져 에너지 준위가 역전된 경우로 에너지 준위가 역전되면 전자가 채워지는 순서도 이를 따르게 된다. 그림 4.14(b)는 다전자 원자에서 전자가 채워지는 순서를 화살표로 나타낸 것이다.

표 4.3은 주기율표의 원소들을 앞에서 설명한 전자의 축조원리에 따라 전자배치를 한 것이다. 대부분의 원자는 그림 4.14의 에너지 준위에 따르지만 몇몇 예외가 존재한다. 예를 들어, $_{24}$Cr를 살펴보자. Cr은 전자배치가 [Ar]$3d^4 4s^2$이어야 하지만 실제로는 [Ar]$3d^5 4s^1$의 전자배치를 갖는다. 그 이유는 d궤도처럼 에너지가 동일한 여러 개의 궤도가 존재하는 부껍질의 경우, 궤도함수가 모두 다 채워지거나 각 궤도함수에 스핀이 같은 전자가 하나씩만 채워지는 것이 더 안정하기 때문이다.

비슷한 방법으로 구리(Cu) 역시 [Ar]$3d^9 4s^2$과 같은 전자배치를 갖고 있을 것으로 예상되나, 실제로는 [Ar]$3d^{10} 4s^1$의 전자배치를 갖는다. $4s$궤도함수에 있는 전자 1개가 $3d$궤도로 이동함으로써 구리는 채워진 하나의 부껍질($4s^2$)을 다른 채워진 부껍질($3d^{10}$)과 교환하여 보다 안정한 상태가 될 수 있기 때문이다.

표 4.3 바닥상태에 있는 원자들의 전자배치

원자번호	원소기호	전자배열	원자번호	원소기호	전자배열
1	H	$1s^1$	56	Ba	[Xe] $6s^2$
2	He	$1s^2$	57	La	[Xe] $5d^16s^2$
3	Li	[He] $2s^1$	58	Ce	[Xe] $4f^15d^16s^2$
4	Be	[He] $2s^2$	59	Pr	[Xe] $4f^36s^2$
5	B	[He] $2s^22p^1$	60	Nd	[Xe] $4f^46s^2$
6	C	[He] $2s^22p^2$	61	Pm	[Xe] $4f^56s^2$
7	N	[He] $2s^22p^3$	62	Sm	[Xe] $4f^66s^2$
8	O	[He] $2s^22p^4$	63	Eu	[Xe] $4f^76s^2$
9	F	[He] $2s^22p^5$	64	Gd	[Xe] $4f^75d^16s^2$
10	Ne	[He] $2s^22p^6$	65	Tb	[Xe] $4f^96s^2$
11	Na	[Ne] $3s^1$	66	Dy	[Xe] $4f^{10}6s^2$
12	Mg	[Ne] $3s^2$	67	Ho	[Xe] $4f^{11}6s^2$
13	Al	[Ne] $3s^23p^1$	68	Er	[Xe] $4f^{12}6s^2$
14	Si	[Ne] $3s^23p^2$	69	Tm	[Xe] $4f^{13}6s^2$
15	P	[Ne] $3s^23p^3$	70	Yb	[Xe] $4f^{14}6s^2$
16	S	[Ne] $3s^23p^4$	71	Lu	[Xe] $4f^{14}5d^16s^2$
17	Cl	[Ne] $3s^23p^5$	72	Hf	[Xe] $4f^{14}5d^26s^2$
18	Ar	[Ne] $3s^23p^6$	73	Ta	[Xe] $4f^{14}5d^36s^2$
19	K	[Ar] $4s^1$	74	W	[Xe] $4f^{14}5d^46s^2$
20	Ca	[Ar] $4s^2$	75	Re	[Xe] $4f^{14}5d^56s^2$
21	Sc	[Ar] $3d^14s^2$	76	Os	[Xe] $4f^{14}5d^66s^2$
22	Ti	[Ar] $3d^24s^2$	77	Ir	[Xe] $4f^{14}5d^76s^2$
23	V	[Ar] $3d^34s^2$	78	Pt	[Xe] $4f^{14}5d^96s^1$
24	Cr	[Ar] $3d^54s^1$	79	Au	[Xe] $4f^{14}5d^{10}6s^1$
25	Mn	[Ar] $3d^54s^2$	80	Hg	[Xe] $4f^{14}5d^{10}6s^2$
26	Fe	[Ar] $3d^64s^2$	81	Tl	[Xe] $4f^{14}5d^{10}6s^1$
27	Co	[Ar] $3d^74s^2$	82	Pb	[Xe] $4f^{14}5d^{10}6s^2$
28	Ni	[Ar] $3d^84s^2$	83	Bi	[Xe] $4f^{14}5d^{10}6s^3$
29	Cu	[Ar] $3d^{10}4s^1$	84	Po	[Xe] $4f^{14}5d^{10}6s^4$
30	Zn	[Ar] $3d^{10}4s^2$	85	At	[Xe] $4f^{14}5d^{10}6s^5$
31	Ga	[Ar] $3d^{10}4s^24p^1$	86	Rn	[Xe] $4f^{14}5d^{10}6s^6$
32	Ge	[Ar] $3d^{10}4s^24p^2$	87	Fr	[Rn] $7s^1$
33	As	[Ar] $3d^{10}4s^24p^3$	88	Ra	[Rn] $7s^2$
34	Se	[Ar] $3d^{10}4s^24p^4$	89	Ac	[Rn] $6d^17s^2$
35	Br	[Ar] $3d^{10}4s^24p^5$	90	Th	[Rn] $6d^27s^2$
36	Kr	[Ar] $3d^{10}4s^24p^6$	91	Pa	[Rn] $(5f^26d^17s^2)$
37	Rb	[Kr] $5s^1$	92	U	[Rn] $(5f^36d^17s^2)$
38	Sr	[Kr] $5s^2$	93	Np	[Rn] $(5f^46d^17s^2)$

39	Y	[Kr] $4d^1 5s^2$	94	Pu	[Rn] $5f^6 7s^2$
40	Zr	[Kr] $4d^2 5s^2$	95	Am	[Rn] $5f^7 7s^2$
41	Nb	[Kr] $4d^4 5s^1$	96	Cm	[Rn] $(5f^7 6d^1 7s^2)$
42	Mo	[Kr] $4d^5 5s^1$	97	Bk	[Rn] $(5f^9 7s^2)$
43	Tc	[Kr] $4d^5 5s^2$	98	Cf	[Rn] $(5f^{10} 7s^2)$
44	Ru	[Kr] $4d^7 5s^1$	99	Es	[Rn] $(5f^{11} 7s^2)$
45	Rh	[Kr] $4d^8 5s^1$	100	Fm	[Rn] $(5f^{12} 7s^2)$
46	Pd	[Kr] $4d^{10}$	101	Md	[Rn] $(5f^{13} 7s^2)$
47	Ag	[Kr] $4d^{10} 5s^1$	102	No	[Rn] $(5f^{14} 7s^2)$
48	Cd	[Kr] $4d^{10} 5s^2$	103	Lr	[Rn] $(5f^{14} 6d^1 7s^2)$
49	In	[Kr] $4d^{10} 5s^2 5p^1$	104	Rf	[Rn] $(5f^{14} 6d^2 7s^2)$
50	Sn	[Kr] $4d^{10} 5s^2 5p^2$	105	Db	[Rn] $(5f^{14} 6d^3 7s^2)$
51	Sb	[Kr] $4d^{10} 5s^2 5p^3$	106	Sg	[Rn] $(5f^{14} 6d^4 7s^2)$
52	Te	[Kr] $4d^{10} 5s^2 5p^4$	107	Bh	[Rn] $(5f^{14} 6d^5 7s^2)$
53	I	[Kr] $4d^{10} 5s^2 5p^5$	108	Hs	[Rn] $(5f^{14} 6d^6 7s^2)$
54	Xe	[Kr] $4d^{10} 5s^2 5p^6$	109	Mt	[Rn] $(5f^{14} 6d^7 7s^2)$
55	Cs	[Xe] $6s^1$			

핵심 용어(key words)

원소	원자	화합물
전자기파	파동	파장
진동수	진폭	빛의 이중성
빛의 파동성	빛의 입자성	보어의 원자모델
빛의 연속 스펙트럼	수소의 선스펙트럼	에너지 궤도
궤도함수	바닥 상태	들뜬 상태
주양자수	각운동량 양자수	자기 양자수
s 궤도함수	p 궤도함수	d 궤도함수
파울리의 배타원리	훈트의 규칙	축조원리

연습문제

1. 아래 사항을 조사하여 설명하시오.
   (1) 전자, 중성자, 양성자, α 입자
   (2) 빛의 이중성
   (3) 파장, 파동수, 진동수
   (4) 양극선과 음극선
   (5) 연속 스펙트럼과 선스펙트럼
   (6) 전자밀도와 궤도함수

2. 100 erg의 에너지를 얻으려면 파장이 2,500 Å 인 광자 몇 개가 필요한가?

3. 파장이 6,562 Å 인 수소의 적색 스펙트럼의 진동수를 구하여라.

4. 파장이 4×10^{-8} cm인 전자의 속도는 얼마인가?

5. 광전효과(photoelectric effect)에 대하여 설명하여라.

6. 수소의 선스펙트럼에서 다음을 구하라.

(1) 수소원자의 여섯 번째 궤도로부터 세 번째 궤도로 전자가 전이될 때 방출되는 빛의 진동수

(2) 이 빛은 스펙트럼 중 어느 영역에 나타나는가?

7. 어떤 빛의 진동수가 1.20×10^{15}/sec이다. 다음을 계산하여라.

(1) 파장

(2) 파동수

8. 다음 원자궤도함수에 대한 자기양자수를 표시하여라.

(1) $4d$궤도함수 (2) $1s$궤도함수 (3) $3p$궤도함수

9. 다음의 원자 궤도함수의 모형을 그려라.

(1) s (2) p_x (3) p_y

(4) p_z (5) $d_{x^2-y^2}$ (6) d_{z^2}

(7) d_{xy} (8) d_{yz} (9) d_{xz}

10. 다음의 각 원소의 타당한 전자배치를 써라.

Na, Zn, P, Ar, K, Si, F, Ca, Mg, Sc, B, C, Cu, Ne, Al

11. 훈트의 규칙을 상세하게 설명하여라.

12. 파울리의 배타원리에 대하여 설명하여라.

13. 축조원리에 따라 알루미늄의 바닥 상태 전자배열을 써라.

CHAPTER 05

주기율표

5.1 전자배치와 주기율표

4장에서 우리는 원소의 전자배치에 대하여 공부하였다. 그럼 전자배치는 원소의 성질과 어떤 관련이 있는지 알아보자. 원자핵을 둘러싸고 있는 전자는 원자가전자(valence electron)와 핵심부전자(core electron)로 나눌 수 있다. 원자가전자는 제일 바깥쪽 궤도(최외각껍질 궤도)에 있는 전자이며, 그 안쪽 궤도에 위치하는 전자는 핵심부전자이다. 원자가전자는 잃거나 얻을 수 있으며 재배열이 가능하기 때문에 원자의 화학적 성질을 결정하지만, 핵심부전자는 화학반응에 관여하지 않는다.

주기율표에서 A족 원소의 원자가전자는 제일 바깥 궤도가 될 수 있는 s궤도와 p궤도에 있는 전자이며, 그 안쪽에 위치하는 전자는 핵심부전자이다. 또한 족의 번호가 곧 그 족 원소의 원자가전자 수를 나타내는데 예를 들어 3A족인 알루미늄(Al)은 원자가전자가 3개이며, 6A족의 황(S)은 원자가전자가 6개가 된다.

표 5.1은 1A족에서 8A족 원소의 원자가전자 배치를 표로 나타낸 것으로 각 족의 원소들은 매우 유사한 전자배치를 갖고 있음을 알 수 있다. 1A족 원소들은 모두 최외각껍질에 s^1의 전자배치를 나타내고, 2A족 원소들은 s^2, 3A족 원소들은 s^2p^1의 전자배치를 나타낸다. 이 최외각껍질의 전자배치는 원소의 결합 특성과 같은 화학적 성질을 결정하는데 중

표 5.1 족에 따른 최외각껍질 궤도의 전자배치

족	원자가전자배치	전자개수
1A	ns^1	1
2A	ns^2	2
3A	ns^2np^1	3
4A	ns^2np^2	4
5A	ns^2np^3	5
6A	ns^2np^4	6
7A	ns^2np^5	7
8A	ns^2np^6	8

요한 역할을 한다. 따라서 주기율표에서 같은 족 원소들이 비슷한 화학적 성질을 나타내는 것을 최외각껍질의 전자배치가 유사하다는 것으로 설명할 수 있다.

그림 5.1에서 보듯이 주기율표는 궤도함수에 의해 네 구역으로 나누어 나타낼 수 있다. 우선 주기율표의 가장 왼쪽에 위치한 1A족과 2A족 원소들은 원자가전자가 s궤도함수를 채우고 있기 때문에 s-구역으로 구분하고, 주기율표의 오른쪽에 위치한 3A~8A족 원소들은 원자가전자가 p궤도함수를 채우고 있어 p-구역으로, 그림의 중앙에 있는 전이 금속들은 원자가전자가 d궤도함수를 채우기 때문에 d-구역으로 나눌 수 있다. 이 때 원자가전자가 f궤도함수를 채우고 있는 란타늄족과 악티늄족 원소는 f-구역으로 구분하여 주기율표와 분리하여 아래에 나타내었다.

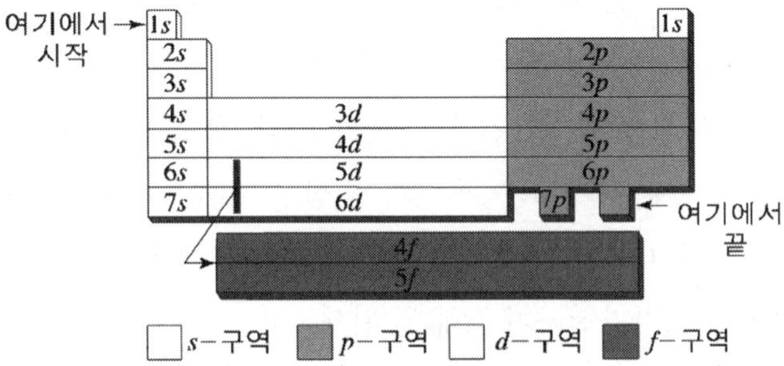

그림 5.1 원자가전자의 전자배치에 따라 구분한 주기율표

그림 5.1의 주기율표에 의하면 궤도함수를 채우는 순서를 쉽게 알 수 있다. 주기율표의 둘째 주기는 2개의 s-구역 원소(리튬과 베릴륨)로부터 시작하여 6개의 p-구역 원소(붕소부터 네온까지)로 이어지므로 우선 $2s$궤도함수를 채우고, $2p$궤도함수를 채운다. 이 순서에 의해서 넷째 주기에서는 2개의 s-구역 원소(포타슘과 칼슘)로 시작하여 이어지는 10개의 d-구역 원소(스칸듐부터 아연까지) 그리고 6개의 p-구역 원소(갈륨부터 크립톤)로 이어진다. 따라서 궤도함수가 채워지는 순서는 $4s \rightarrow 3d \rightarrow 4p$ 순임을 알 수 있다.

5.2 주기율표의 발견

오늘날 원소 주기율의 기초가 된 최초의 주기율표는 1869년 Mendeleev(1836~1907)와 Meyer(1830~1895)에 의해서 각각 비슷한 시기에 발표되었다. 이들은 원소를 원자량의 크기가 작은 원소부터 순차적으로 배열하면 서로 다른 원소임에도 불구하고 화학적 성질의 유사성이 주기적으로 반복하여 나타난다는 것을 발견하였다. 이 반복되는 경향인 원소의 주기율에 따라 원소를 배열한 것을 주기율표라고 한다.

우선 주기성의 대표적인 예로 원자 반지름이 있다. 4장에서 보았듯이 원자 반지름은 전자의 분포 확률에 의하여 정해지므로 정확한 값을 정할 수는 없다. 일반적으로 원자의 크기를 핵 주변에 퍼져있는 전체 전자밀도의 약 90%를 포함하는 부피로 생각한다.

금속원소를 생각해 보자. 금속의 구조는 매우 다양하지만, 모든 금속들은 동일한 구조적 특성을 지니고 있는데 원자들이 거대한 3차원 그물 구조를 이룬다는 것이다. 따라서 금속의 원자 반지름(atomic radius)은 그림 5.2(a)에서 보듯이 인접한 두 금속원자의 핵간 거리의 절반이다. 또한 공유결합하고 있는 이원자분자의 원자 반지름은 그림 5.2(b)에서처럼 분자를 구성하는 두 원자의 핵간 거리의 절반이다.

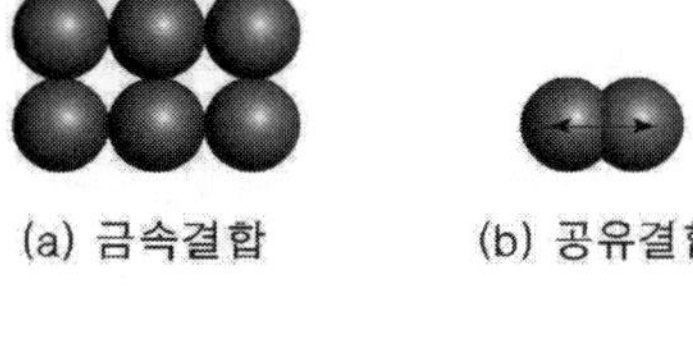

(a) 금속결합 (b) 공유결합

그림 5.2 원자 반지름 모형

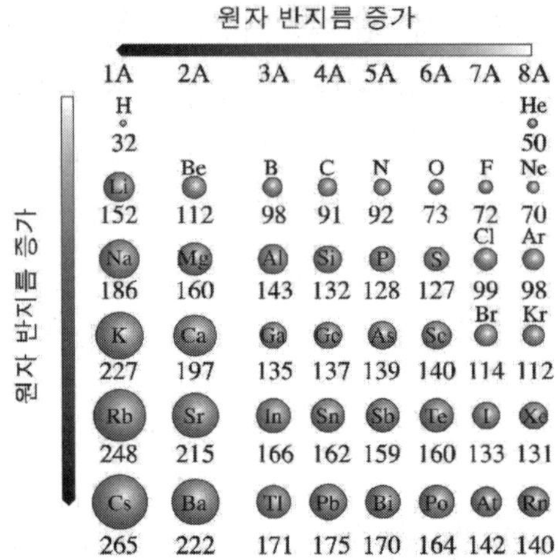

그림 5.3 주기율표에 나타난 원자 반지름(pm)의 주기성

그림 5.3은 원자 반지름을 나타낸 것으로, 주기적인 경향이 있음을 확연하게 알 수 있다. 같은 주기 원소는 원자 번호가 커질수록 원자핵의 인력이 증가하여 원자 반지름이 감소하지만 같은 족 원소들끼리는 주기가 아래로 갈수록 새로운 전자껍질이 추가되므로 원자 반지름이 커지는 것을 알 수 있다. 그림 5.4는 원자 번호와 원자 반지름의 관계를 그래프로 나타낸 것이다.

그림 5.3과 그림 5.4에서 보여주고 있듯이 원자 반지름은 원자 번호가 증가함에 따라 주기적 오르내림을 반복한다. 원자 반지름은 원소가 같은 주기에 있을 때 오른쪽으로 갈수록 감소하고(2주기 원소 : Na>Mg>Al>Si>P>S>Cl) 같은 족에 있을 때에는 아래로 갈수록 증가한다(1족 원소 : Li<Na<K<Rb<Cs).

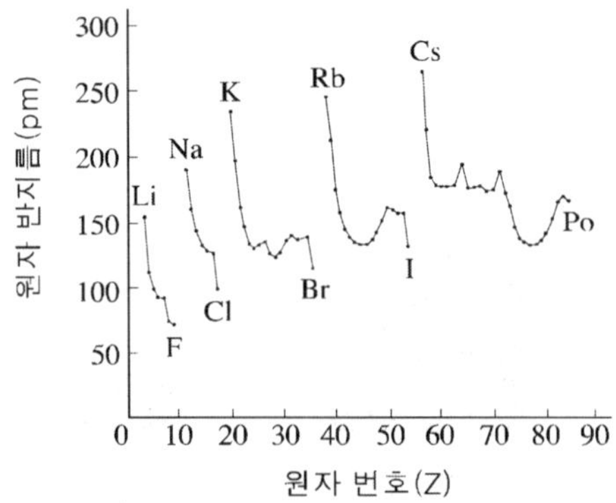

그림 5.4 원자 번호에 따른 원자 반지름(pm)의 주기성

같은 족에서 아래로 갈수록 원자 반지름이 증가하는 것은 전자가 더 큰 최외각껍질의 궤도함수를 채우기 때문이다. 예를 들어 Li는 최외각껍질이 두 번째 껍질이고($2s^1$), Na은 세 번째($3s^1$), K는 네 번째($4s^1$)껍질이기 때문에 원자 반지름도 더 커진다.

주기율표의 왼쪽에서 오른쪽으로 갈수록 원자 반지름이 감소하는 것은 원자가전자에 미치는 유효 핵전하 때문이다. 예를 들어 셋째 주기의 경우 소듐(Na)으로부터 아르곤(Ar)까지는 원자가전자가 모두 주양자수가 같은 껍질($n=3$)에 들어간다(Na는 $3s^1$, Ar은 $3s^23p^6$). 같은 껍질에 들어가는 전자들은 핵과의 거리가 거의 같으므로 전자 간에 서로 가리는 효과가 적기 때문에 오른쪽으로 가면서 유효핵전하의 증가와 함께 핵과 전자간의 인력이 더 커져 원자 반지름은 감소하게 된다.

5.3 현대의 주기율표

현대 주기율표에서는 원소기호와 함께 원자 번호를 나타내는 것이 일반적인데 아는 바와 같이 원자 번호는 그 원소의 원자에 들어 있는 양성자의 수 또는 전자의 수와 같다. 원소들의 전자배치는 물리화학적 성질의 주기성을 설명하는데 도움이 된다. 주기율표는 같은 족이나 주기에 속하는 원소의 일반적 성질과 화학적 경향에 대한 정보를 담고 있으므로 이를 이용하면 원소의 성질을 상당히 정확하게 예측할 수 있다는 점에서 매우 중요하다.

최근에는 단주기형(short form)인 Mendeleev의 주기율표에서 일부 족들을 분리하여 배치한 그림 5.5의 장주기형(long form) 주기율표를 많이 이용하고 있다. 주기율표에서 원자 번호의 순서에 따라 가로로 배열한 행을 주기(period)라고 하며, 세로로 배열한 열을 족(group)이라 한다.

그림 5.5에서 1주기에는 수소와 헬륨 2개의 원소가 있으며 2주기는 리튬부터 네온까지 8개의 원소가 있다. 세로열인 족은 로마 숫자와 문자로 표시하는데 2A족과 3A족 사이에는 3B족부터 8B족 및 1B족, 2B족의 원소가 배열되어 있다. 이들 B가 붙은 원소의 집단을 전이원소(transition element)라고 하며 전이원소 이외의 원소를 전형원소(typical element)라고 부른다. 최근에는 A, B의 구분을 없애고 1~18까지의 숫자로 족을 나타내기도 한다.

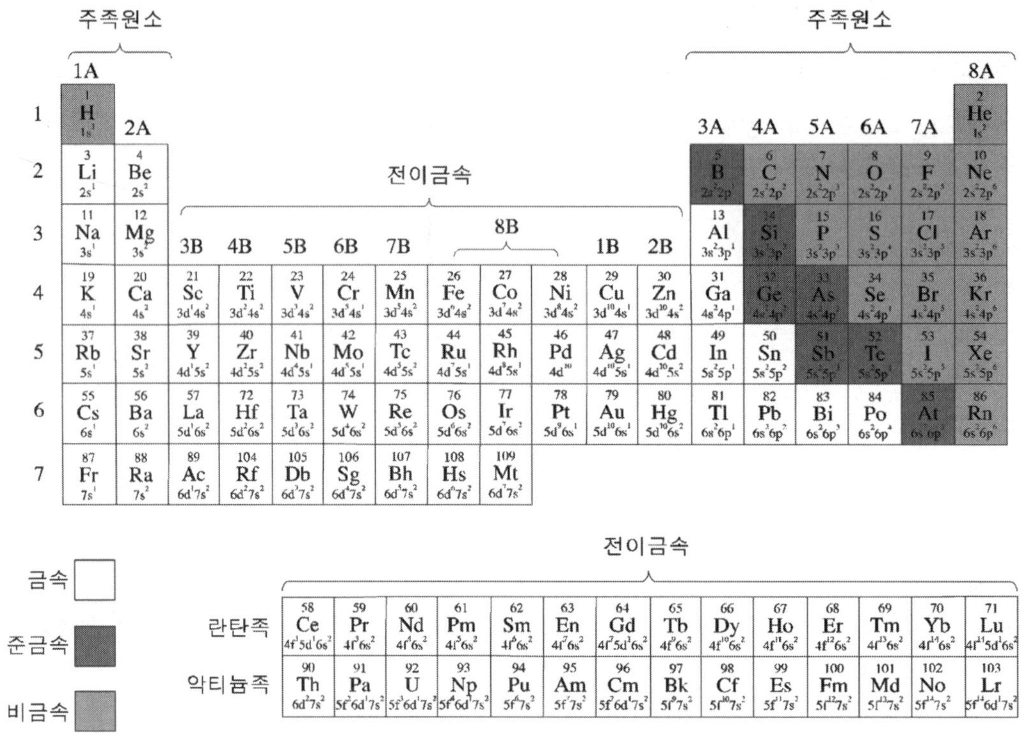

그림 5.5 현대의 주기율표

그림 5.5의 주기율표는 개개 원소들의 원자가전자의 바닥 상태 전자배치를 나타내고 있다. 수소에서 시작한 원소는 전자가 그림 5.1에 나타낸 궤도함수의 순서대로 채워진다. 원자가전자가 채워진 궤도함수의 종류와 상태에 따라 원소들을 전형원소, 영족 기체, 전이원소(전이금속), 란탄족 및 악티늄족으로 나눌 수 있다.

전형원소는 1A~7A족에 속한 원소들로, 최외각껍질의 전자가 불완전하게 채워진 원소들을 나타내며 주족 원소(representative element)라고 하기도 한다. 영족 기체(noble gas : 8A족 원소)는 헬륨을 제외하고 p궤도함수가 완전히 채워져 있는 원소들이다(헬륨의 전자배치는 $1s^2$이고, 다른 영족 기체들은 ns^2np^6이다).

전이 금속들은 1B족과 3B~8B족에 있는 원소로, 최외각껍질이 불완전하게 채워져 있으며, d궤도함수가 불완전하게 채워진 상태로 양이온을 형성한다. 2B족 원소인 Zn, Cd, Hg는 전형원소도 전이 금속도 아니다. 란탄족과 악티늄족들은 f궤도함수가 불완전하게 채워진 원소이다. 주족 원소 중 1A족과 2A족 원소의 전자배치를 표 5.2에 나타내었다.

표 5.2 1A족과 2A족 원소의 전자배치

1A족	2A족
Li:[He]$2s^1$	Be:[He]$2s^2$
Na:[Ne]$2s^1$	Mg:[Ne]$3s^2$
K:[Ar]$4s^1$	Ca:[Ar]$4s^2$
Rb:[Kr]$5s^1$	Sr:[Kr]$5s^2$
Cs:[Xe]$6s^1$	Ba:[Xe]$6s^2$
Fr:[Rn]$7s^1$	Ra:[Rn]$7s^2$

1A족인 알칼리 금속의 모든 원소들은 유사한 원자가전자 배치를 가지고 있다. 각각은 영족 기체의 전자배치에 ns^1의 전자배치를 추가하여 가진다. 마찬가지로 2A족인 알칼리 토금속은 영족 기체의 전자배치에 ns^2의 전자배치를 추가하여 가진다. 이는 ns^2np^5의 원자가전자 배치를 갖는 할로겐(7A족 원소)에도 적용된다. 이들처럼 동일한 원자가전자 배치를 갖는 원소들은 매우 화학적 성질이 유사하지만 3A족에서 6A족 원소의 성질을 예측하는 것은 주의가 필요하다.

예를 들면 6A족 원소는 모두 ns^2np^2의 동일한 원자가전자 배치를 갖지만 이들 원소의 화학적 성질은 매우 다르다. 같은 6A족에 속한 탄소는 비금속이지만, 규소와 게르마늄은 준금속이고, 주석과 납은 금속이다. 8A족의 영족 기체들은 크립톤과 크세논을 제외하고 화학적으로 완전히 비활성인데 이는 완전하게 채워진 외각 ns^2np^6 부껍질을 가지고 있기 때문이다.

5.4 각 족의 화학적 성질

우리는 같은 족에 속하는 원소들은 유사한 원자가전자 배치를 가지기 때문에 화학적 거동이 서로 비슷한 것으로 알고 있다. 많은 경우에 이를 옳다고 할 수 있으나 화학자들은 각 족의 첫 번째 원소(리튬부터 플루오르까지의 2주기 원소)가 같은 족의 나머지 원소들과 다르다는 것을 예전부터 알고 있었다. 예를 들면 리튬은 알칼리 금속의 특성을 강하게 나타내지만, 1A족 금속 중 유일하게 산소와 한 가지 이상의 화합물을 형성하지 않는다.

이는 각 족의 첫 번째 원소가 같은 족에 있는 다른 원소와 비교하여 크기가 비정상적으로 작기 때문에 생기는 것이다. 또한 같은 족에 속하는 원소의 성질 비교는 족에 속한 원소의 유형이 유사할 때만 가능하다. 예를 들어, 원소가 모두 금속인 1A족과 2A족 그리고 모두 비금속인 7A족 원소는 서로 비교할 수 있지만 3A족~6A족 원소처럼 같은 족에 비금속, 준금속, 금속을 포함하는 경우는 비교가 어렵다. 따라서 같은 족에 속하는 원소들이 유사한 원자가전자 배치를 나타내더라도 화학적 성질에는 차이가 있을 수 있다. 그러면 각 원소들의 성질을 알아보도록 하자.

수소($1s^1$) : H

주기율표에서 수소에게 완전하게 어울리는 위치를 찾는 것은 불가능하다. 수소는 주기율표의 1A족 맨 위에 위치하지만, 1A족 원소의 특징만을 나타내지 않는다. 수소는 1개의 s궤도함수 전자를 지니고 있으며 쉽게 전자를 잃고 1가 양이온(H^+)을 형성하고, 알칼리 금속처럼 용액에서 수화(hydration)된다.

그러나 수소는 음이온인 수소화이온(H^-)이 되어 소듐과 결합하여 이온결합 화합물인 NaH를 생성하기도 한다. 이 때 수소화이온은 할로겐의 1가 음이온(F^-, Cl^-, Br^-, I^-)과 매우 유사한 거동을 한다. 금속의 수소화물은 다음과 같이 물과 반응하여 수소 기체와 금속 수산화물을 생성한다.

$$2NaH(s) + 2H_2O(l) \rightarrow 2NaOH(aq) + 2H_2(g)$$

또한 화학에서 가장 중요한 물질의 하나인 물은 지구상에서 가장 널리 알려진 용매로 수소가 공기 중에서 연소하는 다음 반응에 의하여 생성된다.

$$2H_2(g) + O_2(g) \rightarrow 2H_2O(l)$$

1A족 원소(ns^1, $n \geq 2$) : Li, Na, K, Rb, Cs, Fr

주기율표의 맨 왼쪽에 있으며 상온에서 모두 고체 상태이지만 반응성이 매우 커서 자연계에서는 결합하지 않은 상태로 존재하지 않는다. 수소를 제외한 1A족 원소들을 알칼리금속(alkaline metal)이라 부르며 리튬(Li), 소듐(Na), 포타슘(K), 루비듐(Rb), 세슘(Cs), 프란슘(Fr)이 여기에 속한다. 이들은 원자가전자 1개를 잃고 1가 양이온이 되려는 경향이 크기 때문에 대다수의 화합물에서 1가 양이온 상태이다. 또한 알칼리 금속은 다음과 같이 물과 반응하여 수소 기체와 금속 수산화물을 생성한다.

$$2M(s) + 2H_2O(l) \rightarrow 2MOH(aq) + H_2(g)$$

여기서 M은 알칼리 금속이다. 이들은 공기에 노출되면 산소 기체와 반응하여 산화물을 형성하기 때문에 서서히 금속의 광택을 잃는다. 다음은 리튬이 산화되어 산화리튬(산소음이온 O^{2-}과 결합)을 형성하는 반응식이다.

$$4Li(s) + O_2(g) \rightarrow 2Li_2O(s)$$

다른 알칼리 금속도 산화물뿐 아니라 다음과 같이 과산화물(과산소음이온 O_2^{2-}와 결합)을 형성하기도 한다.

$$2Na(s) + O_2(g) \rightarrow Na_2O_2(s)$$

포타슘, 루비듐, 세슘은 다음과 같이 초과산화물(초과산소음이온 O_2^-와 결합)을 형성하기도 한다.

$$K(s) + O_2(g) \rightarrow KO_2(s)$$

알칼리 금속이 산소와 반응할 때 다양한 형태의 산화물들을 형성하는 것은 산화물의 안정도 때문이다. 이온결합 화합물인 금속산화물은 양이온과 음이온이 서로를 잡아당기는 정도에 따라 안정도가 결정된다. 리튬은 산화리튬을 형성하려는 경향이 크다. 그 이유는 산화리튬이 과산화리튬보다 더 안정하기 때문이다. 다른 알칼리 금속 산화물 형성 과정도 이와 비슷하다.

최근 일본 후쿠시마 원자력 발전소 사고와 관련되어 자주 언급되는 세슘(Cs)은 핵분열 생성물인 세슘-137이다. 생물체는 비방사성원소인 세슘-133과 방사성원소인 핵분열 생성물 세슘-137을 구분하지 못한다. 세슘의 화학적 성질은 포타슘(K)과 비슷하여, 생물체는 세슘을 포타슘으로 오인하여 전해질로 흡수하고, 먹이 사슬을 통해 농축시킨다. 오염된 식품, 물, 먼지를 통해 인체 내로 들어온 세슘-137은 신체 조직의 구성 원소가 아니기 때문에 신체 전체에 비교적 골고루 퍼진다. 세슘의 생물학적 반감기(몸 안으로 들어온 어떤 물질의 반이 몸 밖으로 빠져나가는데 걸리는 시간)는 약 110일이다. 방사성 세슘-137에 오염된 경우 프러시안 블루(Prussian Blue: 화학식 $Fe_7(CN)_{18} \cdot xH_{20}$)라는 파란 염료를 응급약으로 권장하고 있다. 프러시안 블루는 장에서 세슘과 착물을 만들어 몸이 세슘을 다시 흡수하는 것을 막아주기 때문에 빨리 몸 밖으로 배출되게 하는 역할을 하여 방사능 노출의 위험을 줄여준다.

2A족 원소(ns^2, $n \geq 2$) : Be, Mg, Ca, Sr, Ba, Ra

주기율표의 왼쪽에서 두 번째에 해당하는 2A족 원소들로 이들을 알칼리 토금속(alkaline earth metal)이라 한다. 베릴륨(Be), 마그네슘(Mg), 칼슘(Ca), 스트론튬(Sr), 바륨(Ba), 라듐(Ra)이 여기에 속한다. 이들 원소들 역시 천연에서는 화합물의 형태로 존재하며, 베릴륨을 제외한 나머지 금속들은 물과 쉽게 반응한다. 마그네슘과 칼슘은 표 5.3에 나타낸 것과 같이 각각 지구상에서 7번째와 5번째로 많은 원소이다.

알칼리 토금속은 알칼리 금속보다 반응성이 작다. 또한 원자가전자 2개를 잃고 2가 양이온(M^{2+}, M은 알칼리 토금속)을 형성하려는 경향이 있으며 2A족 원소의 금속성은 아래로 갈수록 커진다. 물과의 반응성은 원소마다 차이가 크다. 베릴륨은 물과 반응하지 않으며, 마그네슘은 수증기와 서서히 반응하고, 상대적으로 금속성이 큰 칼슘, 스트론튬 및 바륨은 찬물에서도 반응한다.

$$Ca(s) + 2H_2O(l) \rightarrow Ca(OH)_2(aq) + H_2(g)$$

표 5.3 지각에 존재하는 원소의 순위

순위	원소	존재농도(ppm*)
1	oxygen	474,000
2	silicon	277,000
3	aluminum	82,000
4	iron	41,000
5	calcium	41,000
6	sodium	23,000
7	magnesium	23,000
8	patassium	21,000
9	titanium	5,600
10	hydrogen	1,520

*ppm = g per 1000 kg

산소와 알칼리 토금속의 반응성 역시 베릴륨에서 바륨으로 가면서 증가한다. 즉, 베릴륨과 마그네슘은 높은 온도에서만 산화물(BeO와 MgO)을 형성하는데 비하여 산화칼슘(CaO), 산화스트론튬(SrO) 및 산화베릴륨(BeO)은 실온에서도 형성된다. 또한 마그네슘, 칼슘, 스트론튬 및 바륨은 산과 반응하여 다음과 같이 수소 기체를 생성한다.

$$Ba(s) + 2H^{+}(aq) \rightarrow Ba^{2+}(aq) + H_2(g)$$

원자탄 폭발시 생성되는 스트론튬-90은 방사성 동위원소이다. 원자탄이 대기 중에서 폭발하는 경우 스트론튬-90은 땅과 물에 섞여 비교적 짧은 기간에 먹이사슬을 통하여 우리 몸에 도달하게 된다. 칼슘과 스트론튬은 모두 알칼리 토금속이므로 화학적 성질이 유사하다. 따라서 오염된 토양에서 자란 곡식과 물을 먹게 되면 뼈를 구성하는 우리 몸의 Ca^{2+}이온은 Sr^{2+}이온으로 대체될 것이다. 이 경우, 스트론튬-90이 방출하는 방사선에 몸이 지속적으로 노출되므로 빈혈, 백혈병 등의 질환을 일으킬 수 있다.

3A족 원소(ns^2np^1, $n \geq 2$) : B, Al, Ga, In, Tl

우리 일상생활에서 매우 중요한 원소들로서 알루미늄(Al), 갈륨(Ga), 인듐(In), 탈륨(Tl) 등은 금속이지만 붕소(B)는 준금속에 속한다. 알루미늄은 지구상에서 3번째로 많은 원소로 전체 지구의 8.2%를 차지한다. 이들 원소는 일반적으로 광석으로 발견되지만 붕소는 광물질인 붕사(borax)의 형태로 존재한다.

3A족 원소 중 유일한 비금속인 붕소는 산소 기체나 물과 반응하지 않으며 이성분 이온결합 화합물도 형성하지 않는다.

알루미늄은 공기에 노출되면 다음과 같이 쉽게 산화알루미늄(Al_2O_3)을 형성하는데 알루미늄보다 반응성이 적어 안정하다.

$$4Al(s) + 3O_2(g) \rightarrow 2Al_2O_3(s)$$

알루미늄은 산과 반응하면 다음과 같이 3가 양이온이 되는데 알루미늄 이온은 +3가 양이온만 존재한다.

$$2Al(s) + 6H^{+}(aq) \rightarrow 2Al^{3+}(aq) + 3H_2(g)$$

알루미늄을 제외한 3A족의 다른 금속성 원소들은 +1 및 +3가 양이온을 형성한다. 3A족의 금속성 원소들도 분자 화합물을 형성하는데 한 예로 알루미늄이 수소와 결합한 수소화 알루미늄(AlH_3)은 2A족 원소의 화합물인 수소화베릴륨(BeH_2)과 화학적으로 매우 유사하다. 이러한 전형원소의 비금속성은 주기율표의 왼쪽에서 오른쪽으로 가면서 더 두드러진다.

4A족 원소(ns^2np^2, $n \geq 2$) : C, Si, Ge, Sn, Pb

4A족은 비금속인 탄소(C), 준금속인 규소(Si)와 게르마늄(Ge), 금속인 주석(Sn)과 납(Pb)으로 구성된다. 같은 족 안에서 원소 성질의 변화가 가장 크지만 산화물인 이산화탄소(CO_2), 이산화규소(SiO_2), 산화게르마늄(GeO_2), 산화주석(SnO_2), 산화납(PbO_2) 등을 형성하는 등 매우 유사한 점도 있어 같은 족으로 분류한다.

주기율표에서 맨 위에 위치한 탄소는 생명체를 구성하는 매우 중요한 원소로 대기 중에서는 이산화탄소로, 지표면에서는 석회석과 같은 탄산염(carbonate) 또는 석탄, 석유 및 천연가스와 같은 화석연료의 형태로 존재한다. 알려진 바와 같이 흑연, 다이아몬드 및 풀러렌(C_{60})은 모두 탄소로 이루어져 있지만 그림 5.6에서처럼 서로 구조가 다르기 때문에 그 성질이 달라진 동소체(allotrope)이다.

흑연(graphite)은 그림 5.6(a)에서처럼 평면구조를 한 층으로 이루어져 있어 잘 부스러지는 성질을 나타내기 때문에 연필심으로 사용하기도 한다. 다이아몬드는 그림 5.6(b)에서처럼 1개의 탄소가 다른 4개의 탄소와 결합하는 정사면체의 구조를 갖기 때문에 강도가 매우 커서 광석을 자르는 절단용 소재로 사용되기도 한다. 풀러렌(C_{60})은 그림 5.6(c)에서 보는 바와 같이 60개의 탄소원자가 5각형과 6각형으로 결합하여 축구공 같은 구조를 이루는데 강도가 매우 크다. 유사한 형태의 돔(dome)을 고안한 미국의 건축가인 R.Buckminster Fuller의 이름을 따서 fullerene 또는 buckyball이라고 한다. 흑연 조각에 레이저를 쏘았을 때 남아 있는 그을음에서 발견한 완전히 새로운 물질이다. 지름이 약 1 nm인 '나노 축구공'을 형성하는데, 최근 알칼리 금속을 도입한 금속 풀러렌이 유기물 초전도체보다 높은 온도에서 초전도성을 나타내서 활발한 연구가 진행 중이다.

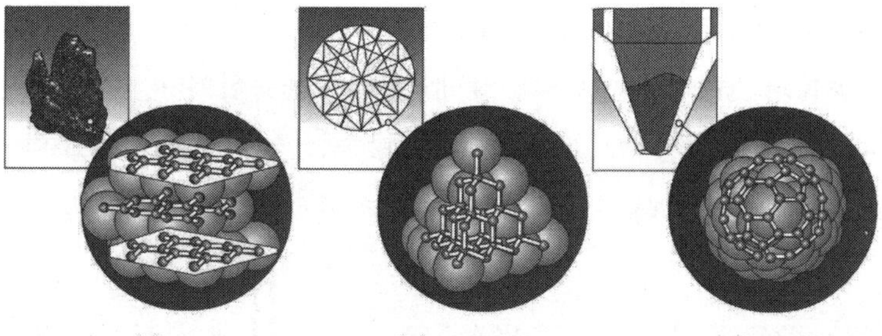

(a) 흑연 (b) 다이아몬드 (c) 풀러렌

그림 5.6 탄소의 동소체

준금속인 규소는 점토, 모래, 바위 등을 구성하는 원소로서 산화물인 이산화규소는 수정과 자수정의 주성분이다. 탄소와 규소는 이온결합 화합물을 형성하지 않는다.

4A족의 금속원소인 주석과 납은 물과는 반응하지 않지만, 산과는 반응하여 수소 기체를 내놓는다.

$$Sn(s) + 2H^+(aq) \rightarrow Sn^{2+}(aq) + H_2(g)$$

$$Pb(s) + 2H^+(aq) \rightarrow Pb^{2+}(aq) + H_2(g)$$

4A족 원소의 산화 상태는 주로 +2 또는 +4가 되는데 탄소와 규소는 +4의 산화 상태가 더 안정하다. 예를 들어 이산화탄소는 일산화탄소보다 더 안정하며, 이산화규소는 안정한 화합물이지만 일산화규소는 매우 불안정하여 보통의 조건하에서는 존재하지 않는다. 아래로 내려가면 경향이 바뀌어 주석과 납의 경우 +4의 산화 상태가 +2의 산화 상태보다 더 안정하다.

5A족 원소(ns^2np^3, $n \geq 2$) : N, P, As, Sb, Bi

5A족 원소는 비금속인 질소(N)와 인(P), 준금속인 비소(As)와 안티몬(Sb), 금속인 비스무스(Bi)로 구성되지만 오산화이질소(N_2O_5), 오산화이인(P_2O_5), 오산화비소(As_2O_5)와 같은 유사한 산화물을 만든다.

질소(N)는 이원자분자인 N_2의 형태로 지구 대기의 79vol%를 구성하고 있으며, 클로로필, 단백질 및 DNA같은 생화학물질을 이루는 기본 원소가 된다. 대기 중의 질소를 고온에서 수소(H_2)와 반응시키면 암모니아(NH_3)를 생성한다.

인(P)도 생명체의 기본이 되는 원소로서 우리 몸의 뼈나 이를 구성한다. 인은 자연에서

P4분자의 형태로 존재하며 인산화물은 육산화사인(P_4O_6)와 십산화사인(P_4O_{10})의 두 가지가 있다. 인은 두 종류의 동소체가 있는데 각각 흰색과 붉은색이다. 흰색의 인은 공기 중에서는 발화하기 때문에 물에 담가서 보관하여야 하는데 공기 중에서 산소와 결합하면 인산의 원료인 십산화사인을 생성한다. 붉은색 인도 공기 중에서 산소와 반응하는데 성냥이 대표적이다.

질소는 다양한 질소산화물(NO_x : NO, NO_2, N_2O_5)을 생성하는데, 이 중 오산화이질소(N_2O_5)만이 고체이며, 나머지는 기체이다. 질소원자는 3개의 전자를 받아들여 질소화이온, N^{3-}를 형성하려는 경향이 있으며 대부분의 금속질소화물(Li_3N, Mg_3N_2 등)은 이온결합 화합물이다.

널리 알려진 산소산인 질산(HNO_3)과 인산(H_3PO_4)은 다음 산화물이 각각 물과 반응하여 생성된다.

$$N_2O_5(g) + H_2O(l) \rightarrow 2HNO_3(aq)$$

$$P_4O_{10}(s) + 6H_2O(l) \rightarrow 4H_3PO_4(aq)$$

6A족 원소(ns^2np^4, $n \geq 2$) : O, S, Se, Te, Po

6A족은 비금속인 산소(O), 황(S), 셀렌(Se), 준금속인 텔루르(Te), 금속인 폴로늄(Po)으로 이루어져 있으며 산소와 반응하면 이산화황(SO_2), 이산화셀렌(SeO_2), 이산화텔루륨(TeO_2), 소듐(Na)과 반응하면 산화소듐(Na_2O), 황화소듐(Na_2S), 셀렌화소듐(Na_2Se), 텔루르화소듐(Na_2Te) 등과 같은 화합물을 생성한다.

산소(O)는 이원자분자인 O_2로 존재하며 대기의 21vol%를 차지한다. 반응성이 커서 다른 원소와 쉽게 결합하며 특히 생명체에서 얻는 대부분의 에너지는 다른 물질과 산소(O_2)가 반응할 때 생성된다. 산소는 질소 등과 달리 동소체인 오존(O_3)이 존재한다.

황(S)은 유황(brimstone) 또는 '불타는 돌(burning stone)' 로 고대부터 잘 알려진 원소로 황산(H_2SO_4)의 원료이다. 황은 많은 동소체가 있고, 천연에서는 8원자분자인 S_8로 존재하며 노란색을 띤다.

폴로늄(Po)은 방사선 동위원소로 1898년 퀴리부인(Marie Curie)과 남편인 피에르 큐리(Pierre Curie)가 우라늄 광석으로부터 분리하였다. 원소기호 Po는 퀴리부인의 고국인 폴란드(Poland)에서 따온 것이다.

산소는 대부분의 이온결합 화합물에서 산화이온(O^{2-})을 형성하기 위하여 2개의 전자를 받아들이려는 경향이 있으며 황, 셀렌, 텔루르도 -2가 음이온(S^{2-}, Se^{2-}, Te^{2-})을 형성한다. 6A족 원소는 많은 비금속화합물을 형성한다. 황화합물에는 SO_2, SO_3, H_2S 등이 있으며 황산은 삼산화황이 물에 녹아 형성된 것이다.

$$SO_3(g) + H_2O(l) \rightarrow H_2SO_4(aq)$$

7A족 원소(ns^2np^5, $n \geq 2$) : F, Cl, Br, I, At

7A족 원소들은 모두 비금속이며, 모두 이원자분자로 존재한다. 할로겐(halogens)이라고도 하며 분자식은 X_2로 나타낸다. 여기서 X는 할로겐원소를 의미한다. 실온에서 플루오르(F_2)와 염소(Cl_2)는 기체, 브롬(Br_2)은 액체, 요오드(I_2)는 고체상태로 존재한다. 특히 브롬과 요오드는 휘발성과 승화성이 있어 특유의 색을 띤 기체를 발생시킨다.

아스타틴(At)을 제외한 할로겐은 반응성이 크기 때문에 자연에서 원소 형태로 발견되지 않는다(7A족의 마지막 원소인 아스타틴은 방사성 원소로 성질은 거의 알려져 있지 않다). 맨 위의 플루오르는 반응성이 매우 커서 물과 반응하여 산소를 생성한다.

$$2F_2(g) + 2H_2O(l) \rightarrow 4HF(aq) + O_2(g)$$

실제로 플루오르와 물과의 반응은 매우 복잡하여 위의 반응은 여러 가지 가능한 반응의 하나이다. 할로겐 원소는 전자를 하나 얻어 1가 음이온의 형태인 X^-이온이 되려는 경향이 매우 강하다. 유도된 음이온(X^- : F^-, Cl^-, Br^-, I^-)을 할로겐화물(halide)이라 부르며, 이들은 영족 기체와 전자의 수가 같다. 예를 들어, F^-는 Ne, Cl^-는 Ar과 전자의 수가 같다. 대부분의 알칼리 금속과 알칼리 토금속의 할로겐화물은 이온결합 화합물이다.

할로겐은 다른 할로겐과 결합하거나(ICl, BrF_3 등) 다른 족의 비금속 원소와 결합하여(NF_3, PCL_5, SF_6 등) 다양한 분자 화합물을 형성한다. 또한 할로겐은 수소와 반응하여 다음과 같이 할로겐화 수소를 생성한다.

$$2H_2(g) + X_2(g) \rightarrow 2HX(g)$$

수소와 플루오르의 반응은 매우 폭발적이지만 염소 또는 요오드가 수소와 반응하는 경우는 상대적으로 덜 격렬하다. 할로겐화 수소가 물에 용해되면 할로겐화 수소산을 생성하며 플루오르화 수소산(HF)은 약산(약전해질)이나, 다른 산들(HCl, HBr, HI)은 모두 강산(강전해질)이다.

8A족 원소(ns^2np^6, $n \geq 2$) : He, Ne, Ar, Kr, Xe, Rn

8A족의 헬륨(He), 네온(Ne), 아르곤(Ar), 크립톤(Kr), 크세논(Xe), 라돈(Rn)은 영족기체(noble gas), 비활성 기체(inert gas) 또는 희유기체(rare gas)라 한다. 이들은 대기 중이나 땅 속에 매우 소량으로 존재하여 19세기말까지는 알려지지 않았다.

그러나 헬륨은 수소 다음으로 우주에 많이 존재하는 원소로 1868년 태양 광선의 스펙트럼을 분석하여 그 존재를 확인하였다.

주기율표에 나타난 영족 기체의 전자배치는 외각의 ns와 np궤도함수가 완전하게 채워져 있음을 보여준다.(헬륨은 $1s^2$이다) 따라서 8A족 원소는 전자를 잃거나 받아들이려는 경향이 전혀 없어 수년 동안 이들 원소를 비활성 기체로 불렀다. 그러나 영국의 화학자 닐 바틀릿(Neil Bartlett)은 크세논을 강한 산화제인 육플루오르화백금(platinum hexafluoride)에 노출시켜 다음 반응을 유도하였다. 화학자들 간에 형성된 비활성 기체에 대한 믿음이 깨지는 순간이었다.

$$Xe(g) + PtF_6(g) \rightarrow XePtF_6(s)$$

그 후 여러 가지 크세논 화합물(XeF_4, XeO_3, XeO_4, $XeOF_4$)과 몇 가지 크립톤 화합물(예 : KrF_2)이 만들어졌다. 그러나 이들 화합물은 상업적 응용도 없고, 자연의 생물학적 과정에도 포함되지 않아 관심에서 멀어져갔다. 헬륨, 네온, 아르곤의 화합물은 아직 알려진 바가 없다.

전이원소(transition element)

주기율표에서 2A족과 3A족 사이에 있는 원소들을 전이원소라 한다. d-궤도에 전자가 1개 존재하는 경우를 3B족으로 하여 전자의 수가 증가함에 따라 순차적으로 d-궤도에 전자를 채워서 마지막에 1B와 2B족의 d-궤도 전자까지 모두 채워나간다. 1B와 2B족은 s-궤도의 전자수로 구분한다. 즉, s-궤도에 전자가 1개일 때는 1B족, 2개일 때 2B족으로 구분한다. 표 5.4에서 보듯이 지구를 구성하는 원소들 중 상위 30위 안에 전이원소가 13개나 포함된다. 대부분의 전이원소들은 자연에서 다른 원소들과 결합한 화합물 형태로 존재하지

표 5.4 지각에 존재하는 전이원소의 순위

순위	원소	존재농도(ppm*)
4	iron	41,000
9	titanium	5,600
12	manganese	950
18	zirconium	190
19	vanadium	160
21	cromium	100
23	nickel	80
24	zinc	75
25	cerium	68
26	copper	50

*ppm = g per 1000 kg

만 반응성이 적은 은(Ag), 금(Au), 백금(Pt) 등은 순수한 상태로 존재하기도 한다.

이외에 철(Fe), 티타늄(Ti), 크롬(Cr) 등은 구조물이나 플랜트의 재료로 사용되며, 백금(Pt), 로듐(Rh) 등은 촉매, 구리(Cu), 니켈(Ni), 아연(Zn) 등은 동전의 재료로 사용되기도 한다. 또한 전이원소는 생물학적으로 매우 중요한 역할을 하기도 하는데 예를 들면 혈액에 산소를 공급하는 헤모글로빈(hemoglobin)의 중심원자는 철(Fe)이다.

주기율표 아래에 별도로 나타낸 두 줄의 전이원소는 각각 란탄족(lanthanide)과 악티늄(actinide)족이다. 란탄족 원소들은 컬러TV의 화상에, 우라늄(U)은 원자력 발전소의 연료로, 아메리슘(Am)은 연기검출기(smoke detector) 등으로 사용된다.

주기율표를 이용한 산화물의 성질 예측

원소의 주기적 성질을 비교해보기 위하여 한 주기에 있는 주족원소를 대상으로 각각의 산화물의 성질을 살펴보도록 하자. 산소는 거의 모든 원소와 결합하여 화합물을 생성하므로 한 주기에 속한 원소들이 금속산화물, 준금속산화물 및 비금속산화물을 생성한다. 산화물의 성질과 원소의 주기율상의 위치와의 연관성을 알아보기 위해 3주기 원소의 산화물을 비교해보자.

우리는 산소가 산화이온(O^{-2})을 형성하려는 경향이 있음을 알고 있다. 따라서 3A족의 금속원소인 소듐(Na), 마그네슘(Mg), 알루미늄(Al)은 이온결합화합물인 Na_2O, MgO, Al_2O_3를 생성할 것이다. 준금속인 규소는 이산화규소(SiO_2)를 생성하며 이어지는 인(P), 황(S),

그리고 염소(Cl)는 비금속 산화물인 P_4O_{10}, SO_3, Cl_2O_7과 같은 분자화합물을 생성한다.

대부분의 산화물은 물에 용해되어 산성 또는 염기성을 띠는데 이를 이용하여 산성 산화물 또는 염기성 산화물로 나눌 수 있다. 일부 산화물은 양쪽성을 나타내는데 이는 산성과 염기성 모두를 나타냄을 의미한다. 3주기의 처음 두 가지 산화물인 Na_2O와 MgO는 염기성 산화물로 다음과 같은 반응을 한다.

$$Na_2O(s) + H_2O(l) \rightarrow 2NaOH(aq)$$
$$MgO(s) + 2HCl(aq) \rightarrow MgCl_2(aq) + H_2O(l)$$

산화마그네슘은 불용성이어서 물과의 반응은 미미하나 산과 반응하면 산-염기 반응과 유사하게 물을 생성한다.

산화알루미늄은 산화마그네슘보다 훨씬 더 불용성이어서 물과는 반응하지 않으나 산과 반응할 시에 다음과 같이 염기의 성질을 나타낸다.

$$Al_2O_3(s) + 6HCl(aq) \rightarrow 2AlCl_3(aq) + 3H_2O(l)$$

또한 산화알루미늄은 염기와 반응하여 산의 성질을 나타내기도 하는데 다음은 염기와 반응하는 경우이다.

$$Al_2O_3(s) + 2NaOH(aq) + 3H_2O(l) \rightarrow 2NaAl(OH)_4(aq)$$

따라서 산화알루미늄은 산과 염기의 양쪽 성질을 가진 양쪽성 산화물이다. 이외에도 양쪽성 산화물로서 산화아연(ZnO), 산화베릴륨(BeO), 산화비스무스(Bi_2O_3) 등이 있다.

이산화규소는 불용성이고 물과는 반응하지 않는다. 그러나 매우 진한 염기와 반응하여 다음과 같이 산의 성질을 나타낸다.

$$SiO_2(s) + 2NaOH(aq) \rightarrow Na_2SiO_3(aq) + H_2O(l)$$

따라서 진한 수산화소듐(NaOH) 용액은 재질이 이산화규소(SiO_2)인 파이렉스(Pyrex) 유리용기와 반응할 수 있기 때문에 보관용기로 적합하지 않다. 이어지는 비금속산화물은 각각 다음과 같이 반응하므로 산성산화물임을 알 수 있다.

$$P_4O_{10}(s) + 6H_2O(l) \rightarrow 4H_3PO_4(aq)$$
$$SO_3(s) + H_2O(l) \rightarrow H_2SO_4(aq)$$
$$Cl_2O_7(g) + H_2O(l) \rightarrow 2HClO_4(aq)$$

3주기 원소 산화물의 성질을 관찰함으로써 같은 주기에서 원소가 금속에서 비금속으로 성질이 변함에 따라 그들의 산화물은 염기성→양쪽성→산성으로 변화함을 알 수 있다. 일반적으로 금속 산화물은 염기로 거동하며 비금속 산화물은 주로 산성을 나타낸다. 산화물의 양쪽성은 주기 내에서 중간에 위치한 원소(준금속 주변 원소)에서 나타난다.

핵심 용어(key words)

원자가전자	핵심부전자	원자 반지름
주기율표	금속	준금속
비금속	전형원소	전이원소
전자배치	수소	1A족 원소
2A족 원소	3A족 원소	4A족 원소
5A족 원소	6A족 원소	7A족 원소
8A족 원소	알칼리 금속	알칼리 토금속
할로겐	비활성 기체	산화물
금속산화물	비금속산화물	염기성산화물

연습문제

1. 금속, 준금속, 비금속에 대하여 설명하시오.

2. 전형원소와 전이원소에 대하여 설명하시오.

3. 주기율표의 왼쪽에서 오른쪽으로, 위에서 아래로 갈 때 원자의 크기 변화에 대하여 설명하시오.

4. 다음에 설명하는 원소를 쓰시오.
   (1) 최외각 전자가 $4s^1$인 알칼리 금속
   (2) 최외각 전자수가 8개보다 적은 영족기체
   (3) p부껍질에 전자가 반만 채워진 가장 가벼운 원소
   (4) 가장 높은 이온화에너지를 갖는 원소
   (5) 전자친화도가 가장 작은 원소

5. 원소의 이온전하수와 주기율표의 족 사이의 관계를 설명하시오.

6. 다음을 설명하시오.

(1) 알칼리 금속 (2) 알칼리 토금속 (3) 할로겐
(4) 비활성 기체 (5) 3A족 원소 (6) 4A족 원소
(7) 5A족 원소 (8) 6A족 원소

7. 염기성산화물, 산성산화물, 양쪽성산화물의 차이를 설명하고 화합물의 예를 드시오.

CHAPTER 06

화학결합

화합물에서 원자를 결합시키는 힘은 무엇일까? 분명히 원자들을 함께 붙잡는 보이지 않는 힘이 존재하는데 우리는 이를 화학결합이라 한다. 지구상의 수많은 화합물을 생성하기 위해 원소들 사이에서 일어나는 화학결합은 크게 이온결합과 공유결합으로 나눌 수 있다. 본 장에서는 이 두 결합의 형성과 분해, 이에 수반되는 물질의 성질과 에너지 변화에 대하여 알아볼 것이다. 우선 결합 특성이 가장 확실한 주족 금속과 할로겐 간의 이온결합에 대하여 살펴보도록 하자.

6.1 이온결합

이온의 전자배치

5장에서 우리는 주기율표 왼쪽의 금속 원소들은 화학반응에서 전자를 잃고 양이온을 형성하는 반면에 주기율표 오른쪽의 할로겐과 비금속 원소들은 화학반응에서 전자를 얻고 음이온을 형성하는 것을 보았다. 이들 이온의 바닥 상태 전자배치를 알아보기 위해 우리가 잘 알고 있는 이온결합화합물인 염화소듐(NaCl)을 생성하는 소듐이온(Na^+)과 염소이온(Cl^-)을 살펴보도록 하자.

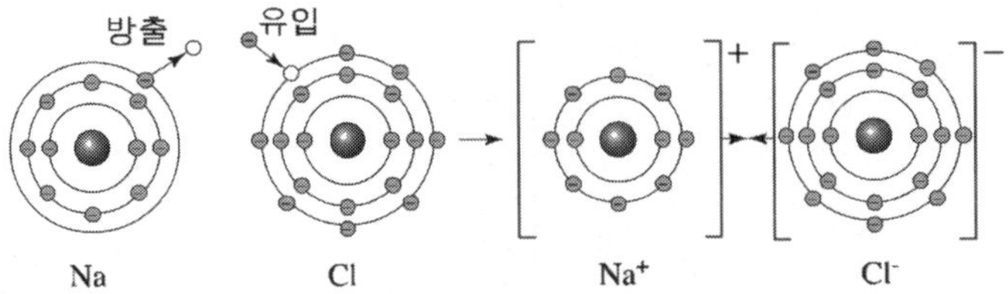

그림 6.1 염화소듐의 이온결합 과정

소듐이온(Na^+)은 전기적으로 중성인 소듐(Na)원자($1s^2 2s^2 2p^6 3s^1$)가 최외각껍질인 $3s$에서 있는 전자 1개를 잃고 Na^+로 된 것으로 소듐이온은 매우 안정한 비활성 기체인 네온(Ne)의 전자배치($1s^2 2s^2 2p^6$)를 갖는다. 마찬가지로 염소이온(Cl^-)은 중성인 염소(Cl)원자($1s^2 2s^2 2p^6 3s^2 3p^5$)가 전자 1개를 얻어 최외각껍질인 $3p$부껍질의 빈자리를 채움으로써 비활성 기체인 아르곤의 전자배치($1s^2 2s^2 2p^6 3s^2 3p^6$)를 갖게 된다.

$$Na : 1s^2 2s^2 2p^6 3s^1 \xrightarrow{-e^-} Na^+ : 1s^2 2s^2 2p^6$$

$$Cl : 1s^2 2s^2 2p^6 3s^2 3p^5 \xrightarrow{+e^-} Cl^- : 1s^2 2s^2 2p^6 3s^2 3p^6$$

그림 6.1은 염화소듐 생성시 소듐이온과 염소이온의 전자배치를 나타낸 것이다.

이러한 경향은 다른 1A족 원소에 대하여도 동일하게 나타난다. 최외각껍질인 s궤도에서 전자 1개를 잃고 양이온을 형성하여 모든 알칼리 금속의 1가 양이온은 비활성 기체의 전자배치를 갖게 된다. 그러면 2A족 원소들을 살펴보자. 예를 들어 전기적으로 중성인 Mg 원자($1s^2 2s^2 2p^6 3s^2$)는 최외각껍질인 $3s$궤도에서 2개의 전자를 잃고 다음과 같이 네온(Ne)과 동일한 전자배치($1s^2 2s^2 2p^6$)를 갖는 Mg^{2+}이온이 된다.

$$\text{1A족 원자:[비활성기체]}ns^1 \xrightarrow{-e^-} \text{1A족 이온}^+\text{:[비활성기체]}$$

$$\text{2A족 원자:[비활성기체]}ns^2 \xrightarrow{-2e^-} \text{2A족 이온}^{2+}\text{:[비활성기체]}$$

표 6.1 널리 알려진 몇 가지 주족 이온과 전자배치

1A족	2A족	3A족	6A족	7A족	전자배치
H^+					[없음]
H^-					[He]
Li^-	Be^{2+}				[He]
Na^+	Mg^{2+}	Al^{3+}	O^{2-}	F^-	[Ne]
K^+	Ca^{2+}	Ga^{3+}	S^{2-}	Cl^-	[Ar]
Rb^+	Sr^{2+}	In^{3+}	Se^{2-}	Br^-	[Kr]
Cs^+	Ba^{2+}	Tl^{3+}	Te^{2-}	I^-	[Xe]

1A족과 2A족 금속들이 일정한 수의 전자를 잃고 비활성 기체와 전자배치가 같은 양이온이 되는 것과 같이, 6A족과 7A족 비금속은 전자를 얻어서 비활성 기체와 전자배치가 같은 음이온이 된다. 즉, 7A족 할로겐 원소들은 모두 전자 1개를 얻어 비활성 기체의 전자배치를 갖는 1가 음이온을 형성하고, 6A족 원소는 2개의 전자를 얻어 비활성 기체의 전자배치를 갖는 2가 음이온을 형성한다. 6A족에 속하는 산소($1s^22s^22p^4$)는 전자를 2개 얻어 네온과 전자배치($1s^22s^22p^6$)가 같은 O^{2-}가 된다.

$$6A족\ 원자:[비활성\ 기체]ns^2np^4 \xrightarrow{+2e^-} 6A족이온^{2-}:[비활성\ 기체]ns^2np^6$$

$$7A족\ 원자:[비활성\ 기체]ns^2np^5 \xrightarrow{+e^-} 7A족이온^{-}:[비활성\ 기체]ns^2np^6$$

표 6.1은 일반적인 주족이온의 화학식과 전자배치를 나타낸 것이다.

전이금속의 양이온

전이원소에 속한 금속이 이온을 형성하는 경우 양전하 값이 서로 다른 2개 이상의 양이온을 만들기도 한다. 주기율표의 4주기부터 나오기 시작하는 전이금속은 항상 $4s$궤도함수를 먼저 전자로 채운 후 $3d$궤도함수를 채운다. 예를 들면 망간(Mn)은 전자배치가 [Ar] $4s^23d^5$이다. 그러나 전자를 2개 잃은 망간 2가 양이온(Mn^{2+})의 전자배치는 [Ar]$4s^23d^3$가 아니라 [Ar]$3d^5$이다.

이는 바닥상태의 Mn에 전자를 채울 때에는 $3d$궤도함수보다 에너지 준위가 낮은 $4s$궤도함수를 먼저 채우지만 망간이 전자를 잃을 때에는 $3d$궤도함수에 전자가 채워진 상태가 더 안정하기 때문에 $4s$궤도함수의 전자를 먼저 내어놓기 때문이다. 따라서 전이금속이 양이온을 형성할 때에는 항상 ns궤도함수의 전자를 먼저 제거한 후, $(n-1)d$궤도함수에서 전자를 제거한다. 또 다른 예로 철(Fe : $4s^2 3d^6$)은 양이온 형성시 $4s$궤도함수에서 전자 2개를 잃고 Fe^{2+}이온이 되거나 $4s$궤도함수에서 전자 2개, $3d$궤도함수에서 전자 1개를 잃어 Fe^{3+}이온을 형성할 수 있다.

$$\text{Fe:[Ar]}4s^2 3d^6 \xrightarrow{-2e^-} \text{Fe}^{2+}\text{:[Ar]}3d^6$$

$$\text{Fe:[Ar]}4s^2 3d^6 \xrightarrow{-3e^-} \text{Fe}^{3+}\text{:[Ar]}3d^5$$

주기율표를 구성할 때 $4s$ 다음에 $3d$전자를 추가하는 반면에 전이금속이 이온을 형성할 때 $3d$보다 $4s$전자를 먼저 제거하는 것이 이상한 것처럼 보일 수 있다. 그러나 그 두 과정은 서로 반대가 아니므로 그들은 직접 비교할 수 없다는 것에 유념해야 한다. 주기율표 원소에 전자배치를 할 때는 전자를 순차적으로 원자가껍질에 채워나가면서 핵에 양전하를 첨가하는 반면에 이온 형성시에는 원자가껍질에서 전자는 제거되지만 핵전하는 변하지 않기 때문이다.

이온 반지름

중성원자가 전자를 잃고 형성되는 양이온은 최외각껍질의 전자가 제거되기 때문에 중성원자보다 반지름이 더 작아진다. 예를 들어, 중성인 소듐(Na)은 소듐양이온(Na^+)이 되면 전자배치가 $1s^2 2s^2 2p^6 3s^1$에서 $1s^2 2s^2 2p^6$으로 변하여 주양자수가 3인 궤도함수의 전자가 없어지게 된다.

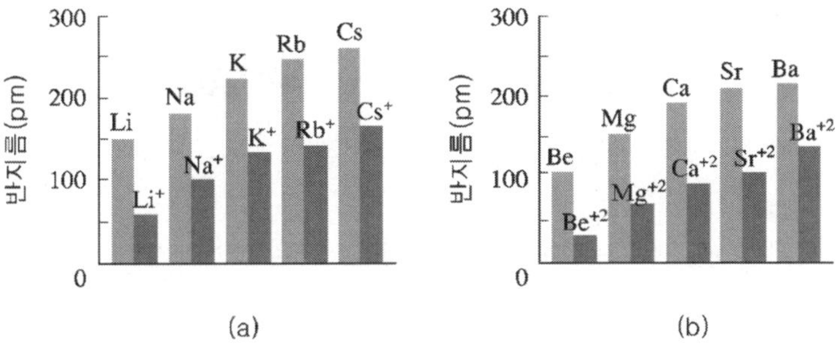

그림 6.2 1A족과 2A족의 이온 반지름과 원자 반지름 비교

또한 양이온 상태에서 전자를 끌어당기는 유효핵전하는 전자 수의 감소로 인하여 더 커지게 되어 이온 반지름은 더욱 작아지게 된다. 잃은 전자의 수가 커질수록 유효핵전하는 더 커지므로 이러한 경향은 더욱 두드러질 것이다. 즉, 1A족 원소들이 전자 1개를 잃을 때보다 2A족 원소들이 2개의 전자를 잃을 때 미치는 효과는 더 커진다. 그림 6.2는 1A족 원소와 2A족 원소의 이온 반지름을 비교한 것이다.

양이온과 반대로 중성원자들이 전자를 얻어서 음이온이 되는 경우를 생각해 보자. 이 경우 음이온의 최외각껍질은 전자로 채워지므로 유효핵전하는 감소하게 되고 전자 수가 증가함에 따라 전자들 간의 반발력은 커지게 되어 이온 반지름은 증가하게 된다. 그림 6.3은 할로겐의 이온 반지름을 나타낸 것이다.

이온 반지름은 이온결합 화합물의 물리적 성질과 화학적 성질에 모두 영향을 준다. 예를 들면 이온결합 화합물의 3차원 구조는 이온결합 화합물을 구성하고 있는 양이온과 음이온의 상대적 크기에 의존한다. 그림 6.4는 소듐원자가 염소원자와 반응하여 염화소듐($NaCl$)을 형성하였을 때의 크기 변화를 나타낸 것이다.

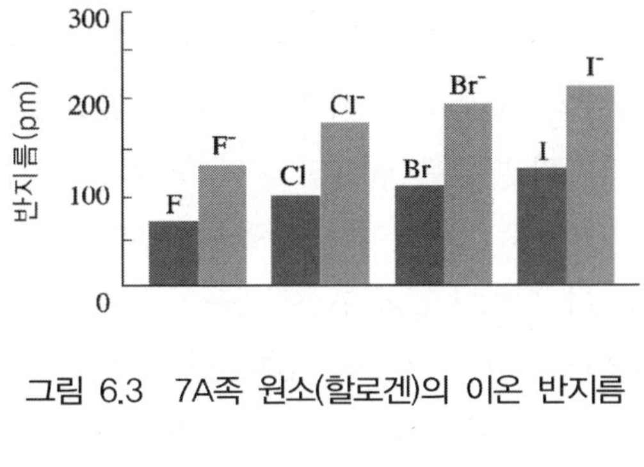

그림 6.3 7A족 원소(할로겐)의 이온 반지름

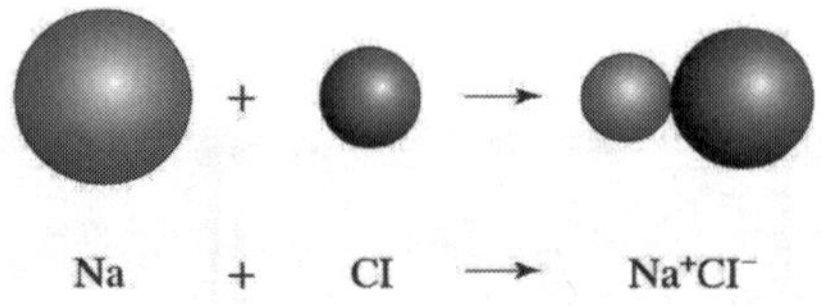

그림 6.4 NaCl 형성시 원자 및 이온 크기의 변화

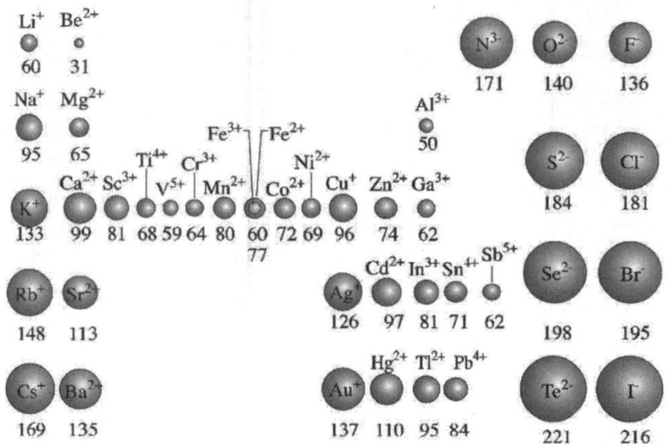

그림 6.5 널리 알려진 이온들의 이온 반지름

그림 6.5는 널리 알려진 이온들의 이온 반지름을 나타낸 것이다. 주기율표의 위에서 아래로 내려가면서 이온 반지름이 증가하는 것은 원자 반지름의 경우와 유사하다. 또한 같은 주기에서 음이온이 양이온보다 이온 반지름이 매우 큰 것은 외부로부터 얻은 전자의 수가 증가함에 따라 유효핵전하는 감소하고 전자 간의 반발력은 증가한데 기인한 것이다.

이온화에너지(ionization energy)

이제 중성원자가 양이온이 되는 과정을 살펴보자. 전자가 1개인 수소(H)가 수소 양이온(H^+)이 되려면 우선 외부로부터 에너지를 공급받아 최외각껍질의 전자배치가 변해야 한다. 즉, 수소원자가 에너지를 흡수하면 낮은 에너지 준위에 있던 원자가전자가 더 높은 에너지 준위로 들뜨게 된다. 전자가 더 많은 에너지를 흡수하여 원자로부터 자유로워질 수 있을 정도가 되면 전자는 원자로부터 튀어나오고 수소원자(H)는 수소 양이온(H^+)이 된다.

이때 기체상태의 중성원자로부터 전자를 제거하는데 필요한 에너지를 이온화에너지(ionization energy, E_i)라고 하며 수소원자의 이온화에너지는 1312.0 kJ/mol이다. 이는 1 mol의 기체원자(혹은 이온)로부터 1 mol의 전자를 제거하는데 필요한 에너지로 이온화

과정에서 원자(혹은 이온)에 의해 흡수된 에너지이기 때문에 양의 값으로 나타낸다.

이온화에너지는 전자가 원자에 단단하게 붙들려 있을수록 커지기 때문에 이온화에너지가 높으면 전자를 잃고 양이온이 되기가 어려워진다. 전자가 여러 개인 원자의 경우 다음과 같이 바닥 상태에 있는 원자로부터 첫 번째 전자를 제거하는데 필요한 에너지를 1차 이온화에너지(first ionization energy : I_1)라 한다.

$$\text{에너지} + X(g) \rightarrow X^{+}(g) + e^{-} \quad \text{1차 이온화에너지, } E_{i,1}$$

여기서 X는 기체상태의 중성원자를 의미한다. 액체나 고체상의 원자와는 달리 기체상의 원자는 액체상이나 고체상처럼 주위의 영향을 받지 않는다. 1가 양이온에서 두 번째 전자를 제거하는데 필요한 에너지는 2차 이온화에너지(second ionization energy : I_2)라 하고 이 2가 양이온이 다시 3가 양이온이 되기 위해 필요한 에너지는 3차 이온화에너지(third ionization energy : I_3)가 된다.

$$\text{에너지} + X^{+}(g) \rightarrow X^{2+}(g) + e^{-} \quad \text{2차 이온화에너지, } E_{i,2}$$
$$\text{에너지} + X^{2+}(g) \rightarrow X^{3+}(g) + e^{-} \quad \text{3차 이온화에너지, } E_{i,3}$$

일단 첫 번째 전자가 중성원자에서 제거되고 나면, 남아 있는 전자 사이의 반발력은 감소하지만 유효핵전하는 커지기 때문에 1가 양이온에서 두 번째 전자를 제거하기 위해서는 더 많은 에너지가 필요하게 된다. 따라서 이온화에너지는 차수가 커질수록 증가한다.

그림 6.6은 원자 번호 1~20번 원소의 1차 이온화에너지를 그래프로 나타낸 것으로 일정한 경향이 있음을 알 수 있다. 같은 주기원소 중에서는 맨 왼쪽의 1A족 금속이 1차 이온화에너지가 가장 작으므로 가장 쉽게 1가 양이온(Li^{+}, Na^{+}, K^{+}, …)이 될 수 있다.

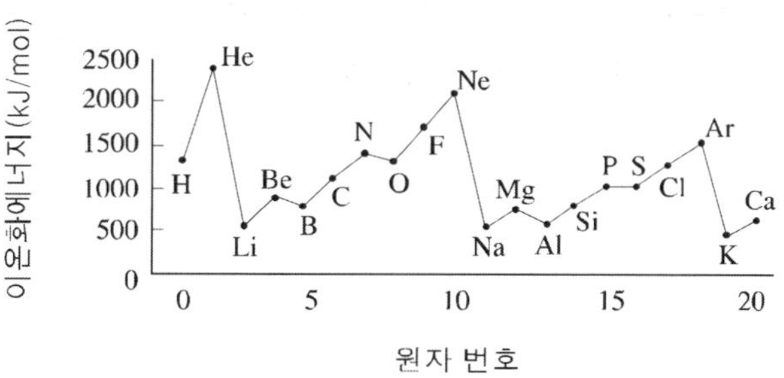

그림 6.6 첫 20개 원소의 1차 이온화에너지

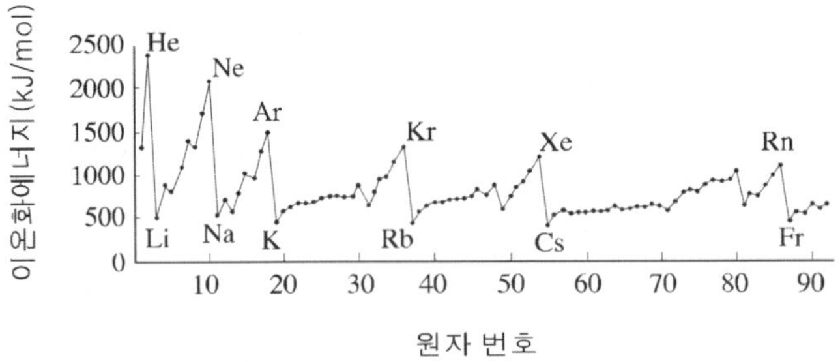

그림 6.7 92개 원소의 1차 이온화에너지

그림 6.7은 더 많은 원자들의 1차 이온화에너지 변화를 나타낸 것으로 항상 1A족 금속이 해당 주기에서 가장 작은 1차 이온화에너지를 나타냄을 알 수 있다.

표 6.2는 첫 20개 원소의 이온화에너지를 나타낸 것으로 2차 이온화에너지에도 1차 이온화에너지와 유사한 주기성이 있음을 알 수 있다. 2차 이온화에너지는 같은 주기원소 중에서 2A족 금속이 가장 작다는 것이다. 이는 2A족 금속이 항상 2가 양이온(Mg^{2+}, Ca^{2+}, Sr^{2+}, Ba^{2+})이 되는 것을 잘 설명해 준다. 또한 2A족 금속의 3차 이온화에너지는 2차 이온화에너지보다 훨씬 크기 때문에 2A족 금속이 3가 양이온이 되는 경우는 일어나지 않는다.

표 6.2는 알루미늄(Al)이 3가 양이온(Al^{3+})이 되는 것을 잘 설명해 준다. 표 6.2에서 8A족 원소의 이온화에너지를 살펴보자. 8A족 원소의 높은 이온화에너지는 대부분의 8A족 원소 기체들이 화학적으로 비활성이라는 사실을 뒷받침해 준다.

표 6.2에서 금속의 이온화에너지는 상대적으로 낮은 반면에 비금속의 이온화에너지는 훨씬 큰 것을 알 수 있다. 준금속의 이온화에너지는 금속과 비금속의 중간 정도이다. 이는 이온결합화합물에서 왜 금속은 항상 양이온이 되고, 비금속은 음이온이 되는지를 잘 설명해 준다.

이온화에너지는 주기율표의 같은 족에서는 아래로 내려가면서, 예를 들면, 리튬(Li)에서 프란슘(Fr)으로, 또는 헬륨(He)에서 라돈(Rn)으로 가면서 감소하는 경향을 나타내고 있다. 이는 주기율표의 같은 족에서는 아래로 내려갈수록 원자가껍질이 많아져 전자를 붙잡는 힘이 약해지므로 E_i는 더 작아지는 것을 의미한다.

표 6.2 첫 20개 원소의 이온화 에너지(kJ/mol)

Z	원소	1차	2차	3차	4차	5차	6차
1	H	1312					
2	He	2373	5251				
3	Li	520	7300	11815			
4	Be	899	1757	14850	21005		
5	B	801	2430	3660	25000	32820	
6	C	1086	2350	4620	6220	38000	47261
7	N	1400	2860	4580	7500	9400	53000
8	O	1314	3390	5300	7470	11000	13000
9	F	1680	3370	6050	8400	11000	15200
10	Ne	2080	3950	6120	9370	12200	15000
11	Na	495.9	4560	6900	9540	13400	16600
12	Mg	738.1	1450	7730	10500	13600	18000
13	Al	577.9	1820	2750	11600	14800	18400
14	Si	786.3	1580	3230	4360	16000	20000
15	P	1012	1904	2910	4960	6240	21000
16	S	999.5	2250	3360	4660	6990	8500
17	Cl	1251	2297	3820	5160	6540	9300
18	Ar	1521	2666	3900	5770	7240	8800
19	K	418.7	3052	4410	5900	8000	9600
20	Ca	589.5	1145	4900	6500	8100	11000

전자친화도(electron affinity)

이제 중성원자가 음이온이 되는 과정을 살펴보자. 원자가 전자를 잃고 양이온이 될 때 에너지 변화를 측정하여 이온화에너지로 나타내었듯이, 원자가 전자를 얻어 음이온이 될 때에도 에너지 변화를 측정할 수 있다. 원소의 전자친화도는 기체 상태의 중성원자가 전자를 1개 얻을 때 일어나는 에너지 변화이다.

중성원자가 양이온이 될 때는 외부에서 에너지를 가해야 하기 때문에 이온화에너지는 항상 양의 값이 되었다. 그러나 중성원자가 전자를 얻을 때에는 에너지가 방출되기 때문에 전자친화도는 음의 값이 된다. 즉, 양수값인 이온화에너지는 원자가 에너지를 흡수하는 것을 의미하고, 음수값인 전자친화도는 원자가 에너지를 방출하는 것을 의미한다.

따라서 전자친화도는 값이 음으로 커질수록 음이온이 되려는 경향이 커지고 결과적으로 음이온은 더 안정해진다. 드물게 전자친화도가 양의 값을 갖는 경우도 있는데 그러한 원자는 실제로 음이온이 되는 경우가 거의 일어나지 않는다. 예를 들면 수소의 E_{ea}는 -72.8 kJ/mol이지만 네온의 E_{ea}는 0 kJ/mol보다 크다. 이는 수소는 에너지를 방출하고 안정한 상태의 수소 음이온(H^-)이 될 수 있지만 네온(Ne)은 전자를 얻어 형성된 네온 음이온(Ne^-)이 매우 불안정하여 현실적으로 존재하기 어렵다는 것을 의미한다.

$$H(1s^1) + e^- \rightarrow H^-(1s^2) + 72.8\ \text{kJ/mol} \qquad E_{ea} = -72.8\ \text{kJ/mol}$$

$$Ne(1s^2 2s^2 2p^6) + e^- + \text{에너지} \rightarrow Ne^-(1s^2 2s^2 2p^6 3s^1) \qquad E_{ea} > 0\ \text{kJ/mol}$$

전자친화도도 이온화에너지처럼 그 원소의 전자배치와 관련된 주기성을 나타낸다. 그림 6.8은 일부 원소들의 전자친화도를 나타낸 것이다. 7A족 원소들이 음으로 가장 큰 값의 전자친화도를 나타내는데, 이는 전자를 얻을 때 방출하는 에너지가 매우 크다는 것을 의미한다.

에너지의 방출량이 커지면 상대적으로 이온은 안정해지므로 7A족 원소는 음이온이 되는 것을 선호하는 경향이 있다. 한편 2A족과 8A족 원소들은 전자친화도가 0에 가깝다. 이는 음이온이 될 때 에너지 방출이 매우 작기 때문에 안정되는 효과가 적어 음이온이 되는 일이 드물다는 것을 의미한다.

그러면 전자친화도와 전자배치의 연관성을 살펴보자. 음으로 매우 큰 값의 전자친화도를 나타내는 할로겐(F, Cl, Br, I)은 전자를 1개 얻어 1가 음이온(F^-, Cl^-, Br^-, I^-)이 되면 바로 인접한 비활성 기체와 동일한 전자배치를 갖게 되어 매우 안정한 상태가 된다. 반면에 비활성 기체 원소(He, Ne, Ar, Kr, Xe)의 전자친화도는 양의 값을 갖는다. 이는 전자가

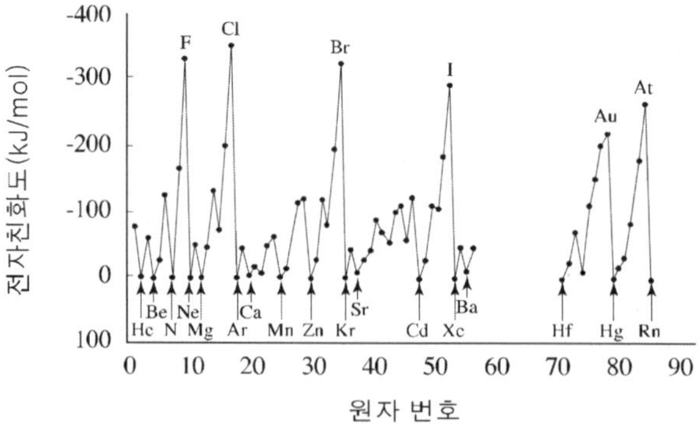

그림 6.8 일부 원소들의 전자친화도

최외각껍질까지 다 채워져 있어 새로운 전자가 다시 추가되기가 어렵다는 것을 의미한다.

$$\text{할로겐}: \ Cl(\cdots 3s^2 3p^5) + e^- \rightarrow Cl^-(\cdots 3s^2 3p^6) \quad E_{ea} = -348.6\ \text{kJ/mol}$$

$$\text{비활성 기체}: \ Ar(\cdots 3s^2 3p^6) + e^- \rightarrow Ar^-(\cdots 3s^2 3p^6 4s^1) \quad E_{ea} > 0\ \text{kJ/mol}$$

양이온 상태를 선호하는 1A족 및 2A족 금속도 0에 가까운 전자친화도를 나타냄을 알 수 있다.

이온결합과 이온성 고체

전자를 쉽게 잃는(이온화에너지가 작은) 원소가 전자를 쉽게 얻는(전자친화도의 값이 음으로 큰) 원소와 만나면 어떤 일이 생길까? 소듐과 염소를 생각해 보자. 두 원소는 서로 전자를 주고받아 Na^+이온과 Cl^-이온이 되어 결합하는데 이를 이온결합이라 한다.

$$\begin{array}{ccccc} Na & + & Cl & \rightarrow & Na^+Cl^- \\ (1s^2 2s^2 2p^6 3s^1) & & (1s^2 2s^2 2p^6 3s^2 3p^5) & & (1s^2 2s^2 2p^6)(1s^2 2s^2 2p^6 3s^2 3p^6) \end{array}$$

생성된 염화소듐은 그림 6.9와 같은 거대한 삼차원 그물구조를 갖는데, 이는 하나의 Na^+이온이 여러 개의 Cl^-이온에게 그리고 하나의 Cl^-이온이 여러 개의 Na^+이온에게 둘러싸이기 때문이다.

소듐과 염소가 반응하여 Na^+이온과 Cl^-이온이 생성될 때의 에너지 변화 $\triangle E$를 생각해 보자. 염소원자가 전자를 얻을 때 방출되는 에너지(전자친화도)는 $E_{ea} = -348.6$ kJ/mol이며 소듐원자가 전자를 잃을 때 흡수하는 에너지(이온화에너지)는 $E_i = +495.8$ kJ/mol이므로 $\triangle E$는 다음 식으로 구할 수 있다.

$$\begin{array}{ll} Na\text{에 대한 } E_i & = +495.8\ \text{kJ/mol (흡수)} \\ Cl\text{에 대한 } E_{ea} & = -348.6\ \text{kJ/mol (방출)} \\ \hline \triangle E & = +147.2\ \text{kJ/mol (흡수)} \end{array}$$

따라서 소듐과 염소원자의 반응에 따른 에너지 변화 $\triangle E$는 +147.2 kJ/mol로 흡열반응이며 이는 외부로부터 에너지가 공급되어야 반응이 일어날 수 있음을 의미한다. 그러나 일단 이온이 형성되고 나면 이온결합에 의하여 화합물의 안정도는 증가하게 된다.

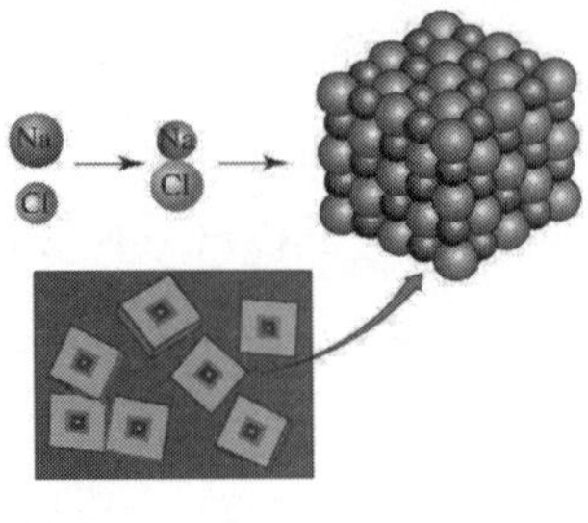

그림 6.9 염화소듐의 결정 구조

일반적으로 이온결합 화합물의 상태는 고체이며 결합력이 매우 강해서 끓는점과 녹는점이 대체로 높은 편이다. 고체상태의 화합물은 전기전도성이 매우 낮지만 물과 같은 극성 용매에 용해되는 경우 용액 중에서 양이온과 음이온이 자유롭게 거동할 수 있기 때문에 전기전도도가 커진다. 이온결합으로 형성된 물질의 예로서는 염화소듐(NaCl), 염화칼슘($CaCl_2$), 황산소듐(Na_2SO_4), 브롬화포타슘(KBr) 등이 있다.

6.2 공유결합

우리는 앞에서 금속과 반응성 있는 비금속 사이에 전자가 이동하여 형성된 이온이 서로 전기적 힘에 끌려 일어나는 이온결합에 대하여 알아보았다. 일반적으로 금속원자는 1개 이상의 전자를 잃어 양이온이 되고, 반응성 있는 비금속은 1개 이상의 전자를 얻어 음이온이 된다. 이들 반대 전하를 띤 이온들은 정전기적 인력에 의해 서로 결합하는 것이다.

그러면 이온이 아닌 상태에서는 어떤 결합을 할 수 있을까? 이미 우리는 수많은 물질이 전기적 힘이 아닌 힘에 서로 끌려 화합물을 생성한다는 것으로 알고 있다. 생활에서 매일 접하는 공기(N_2와 O_2), 물(H_2O), 이산화탄소(CO_2) 등이 그것이다. 이들은 전자의 이동으로 생긴 이온이 아니라 서로의 전자를 공유(sharing)하는 형태의 결합을 하는데 이것이 화학결합에서 매우 중요한 자리를 차지하고 있는 공유결합(covalent bond)이다.

화학자들은 20세기에 들어와서야 분자가 어떻게 형성되는지를 이해할 수 있었는데 이는 분자를 이루는 원소 사이의 화학결합은 원자들이 서로의 원자가전자를 공유함으로써 이루어진다는 제안을 한 루이스(G. Lewis)로부터 시작되었다. 그는 기체 상태의 수소(H_2)에서 일어나는 화학결합을 다음과 같이 표현하였다.

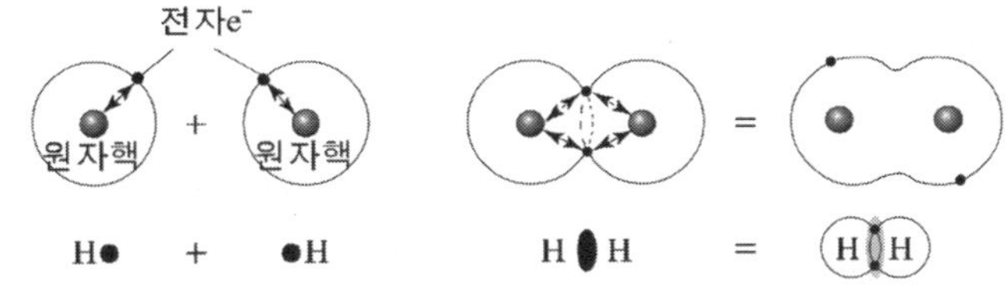

이는 각각의 원소가 내놓은 전자로 형성된 전자쌍을 두 원소가 공유하는 공유결합(covalent bond)의 한 예이다. 이를 더 간단히 표기하기 위해 공유된 전자쌍을 종종 단일선으로 나타내기도 하는데 이렇게 표현된 것이 H-H이다. 공유결합에 의해 생긴 전자쌍은 두 원소의 원자핵에 동시에 끌리게 되므로 이 인력이 공유결합을 유지시키게 되는 것이다. 많은 비금속 원소들이 분자화합물을 생성할 때 동일한 원리로 공유결합을 하는데 원자의 구조상 공유결합은 원자가전자 사이에서만 일어날 수 있다.

루이스 점 기호(Lewis dot symbol)

미국의 화학자 루이스는 화학결합은 원자가 다른 원자와 반응하여 더 안정한 전자배치를 이루는 것으로, 가장 안정한 전자배치는 비활성 기체의 전자배치라고 생각하였다. 또한 화학결합은 원자들이 서로 접촉하는 영역에서 일어나는데 이 영역이 바로 원자가전자일 것이라고 생각하였으며 이를 알기 쉽게 표현하기 위해 루이스 점 기호를 제안하였다. 루이스 점 기호는 원소 기호에 각 원자의 원자가전자를 하나의 점으로 표기하는 것으로 그림 6.10은 비활성 기체와 주족원소들에 대한 루이스 점 기호를 나타낸 것이다.

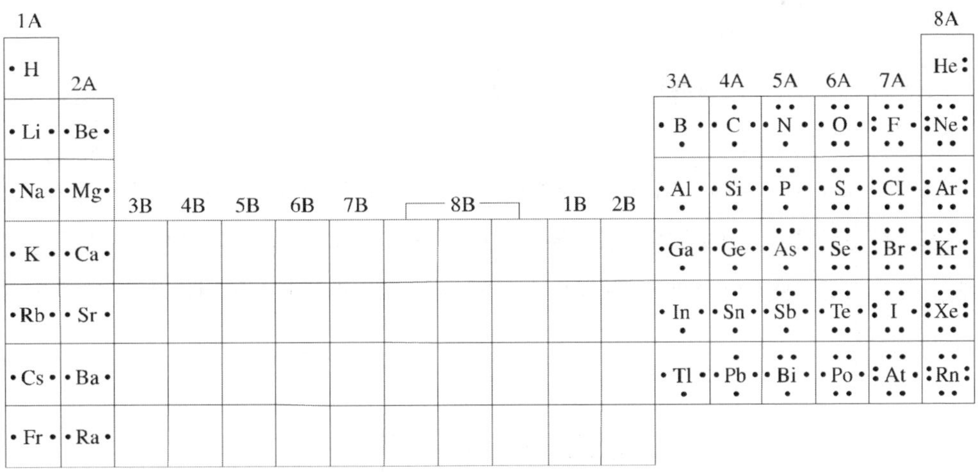

그림 6.10 비활성 기체 및 주족원소의 루이스 점 기호

각 원자의 원자가전자의 수는 헬륨을 제외하면 원소의 족과 일치한다. 소듐(Na)은 1A족에 속하므로 원자가전자가 1개(점 1개)이고 2A족인 마그네슘(Mg)은 2개의 원자가전자(점 2개)를 가진다. 같은 족의 원소는 원자가전자 수가 같으므로 루이스 점 기호에 표시된 점의 수도 같다. 일반적으로 전이금속, 란탄족, 악티늄족은 루이스 점 기호로 표기하지 않는다.

그림 6.10에서 보듯이 각 주기마다 원자 주위에 최대 8개의 전자를 배치할 수 있는데 이는 매우 안정한 비활성 기체의 전자배치에 해당한다. 네온(Ne)이나 아르곤(Ar)이 다른 원소와 결합하지 않는 것은 8개의 전자가 채워져 있기 때문이다. 거의 모든 원소는 결합할 때 보다 안정한 상태가 되기 위해 비활성 기체와 같이 8개의 전자배치를 가지려고 하는데 이를 8전자 규칙(octet rule)이라 한다. 단, 수소(H)만이 예외로 2개의 전자배치를 갖는다.

염소분자(Cl_2)를 생각해 보자. 염소(Cl)의 전자배열은 $1s^2 2s^2 2p^6 3s^2 3p^5$이다. 원자가전자만이 공유결합에 참여할 수 있으므로 Cl원자는 7개의 원자가전자($3s$와 $3p$전자)를 갖는다. 다음은 2개의 염소원자가 전자를 공유하여 8전자 규칙을 만족하도록 공유결합하는 과정을 나타낸 것이다.

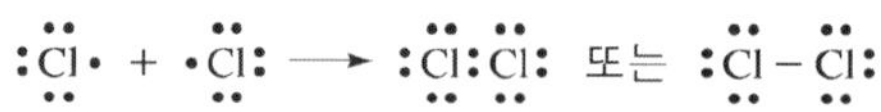

염소분자의 공유결합에는 2개의 원자가전자만이 참여하고 있는데 결합에 참여하는 전자쌍을 공유결합전자쌍(bonding electrons), 결합에 참여하지 않는 전자쌍을 비결합전자쌍(nonbonding electrons) 혹은 고립전자쌍(lone pairs)이라 한다. 염소분자에서 각각의 염소원자는 3개의 고립전자쌍을 가진다.

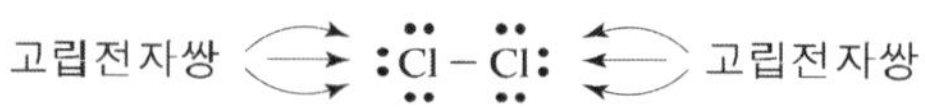

이제 물분자(H_2O)의 루이스 구조를 생각해 보자. 물을 구성하는 각각의 수소원자는 2개의 전자를, 산소원자는 8개의 전자를 만족하도록 결합이 이루어져야 하므로 각각의 수소는 1개의 공유결합, 산소는 2개의 공유결합을 하여야 할 것이다. 따라서 물의 루이스 구조는 다음과 같다.

이때 산소원자는 2개의 고립전자쌍을 가진다.

메테인(CH_4)에서 탄소는 4개의 수소원자와 전자를 공유결합을 한다.

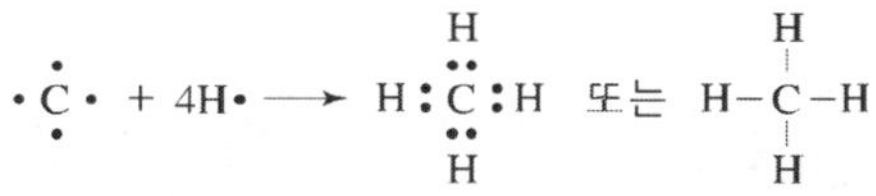

공유결합에서는 한 쌍의 전자를 공유하는 단일결합(single bond) 외에 한 쌍 이상의 전자를 공유하기도 한다. 이산화탄소(CO_2)를 살펴보자. CO_2에서 산소는 6A족이므로 원자가전자가 6개이며, 4A족인 탄소는 최외각전자가 4개이다. 따라서 CO_2에서 결합에 참여할 수 있는 원자가전자는 모두 16개가 된다. 총 전자 16개를 단일결합을 이용하여 배치하면 다음과 같다.

이때 산소는 8전자 규칙을 만족하지만 탄소는 전자수 4개로 8전자 규칙을 만족하지 못한다. 이를 산소와 탄소가 모두 8전자 규칙을 만족하도록 다시 배치하면 다음과 같다.

이처럼 두 쌍 이상의 전자가 공유하는 결합을 다중결합(multiple bond)이라 하며 CO_2에서는 탄소와 산소가 2개의 전자쌍을 공유하고 있으므로 이를 이중결합(double bond)이라 한다. 다음은 원자가전자가 5개인 질소원자(N)가 질소분자(N_2)를 형성한 것이다. 두 질소원자는 8전자 규칙을 만족하기 위해 3쌍의 전자를 공유하는 삼중결합(triple bond)을 하고 있다.

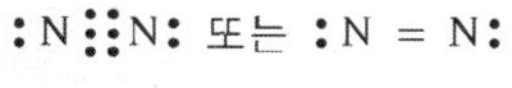

이외에도 다음과 같이 이중결합은 에틸렌분자(C_2H_4)에서, 3중결합은 아세틸렌 분자(C_2H_2) 등에서도 볼 수 있다. 일반적으로 다중결합은 단일결합보다 더 안정하다.

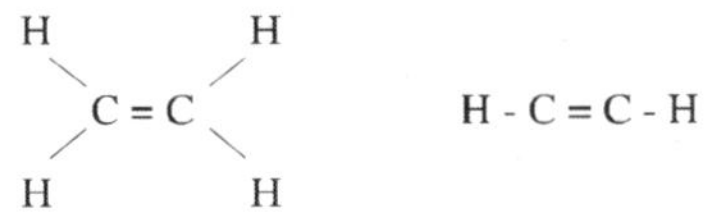

전기음성도(electronegativity)

공유결합은 두 원자에 의해 전자쌍이 공유되는 것으로 수소분자(H_2)와 같이 같은 원자가 서로 공유결합을 하고 있는 경우에는 공유하고 있는 전자를 잡아당기는 힘도 같다. 이러한 순수 공유결합은 동일한 종류의 두 원자로 이루어진 분자(동핵 이원자 분자)에서 주로 나타난다. 각 원자는 전자쌍을 거의 같은 세기로 당기므로 결합을 이룬 전자구름은 확률적으로 두 핵 주위에 대칭형으로 분포되어 결합에 참여한 전자들은 2개의 동일한 원자에 의해 똑같이 공유된다. 이 경우 분자 내에서 전자의 치우침이 일어나지 않게 되는데 이를 비극성공유결합(nonpolar covalent bond)이라 한다.

그러나 플루오르화염소(HF)를 생각해 보자. H원자와 F원자는 공유결합에 의하여 결합되어 있지만 서로 다른 원자이기 때문에 공유하고 있는 전자를 동등하게 공유하지는 않을 것이다. 이와 같이 대부분의 화합물에서 일어나는 결합은 이온결합과 비극성공유결합의 중간에 위치한다. 실제로 HF분자에서 전자들은 F원자 주변에 훨씬 더 오래 머물러 있는 것을 확인할 수 있는데 이를 H에서 F로 전자들의 부분적인 이동 또는 전자밀도의 치우침이라 한다. 이러한 경우의 공유결합을 극성공유결합(polar covalent bond) 또는 극성결합(polar bond)이라고 한다. HF결합과 같은 극성공유결합은 전자의 공유가 정확히 동등한 비극성공유결합과 전자들이 거의 완전하게 전이한 이온결합(ionic bond)의 중간체로 생각할 수 있다. 그림 6.11은 이러한 결합의 예를 나타낸 것이다.

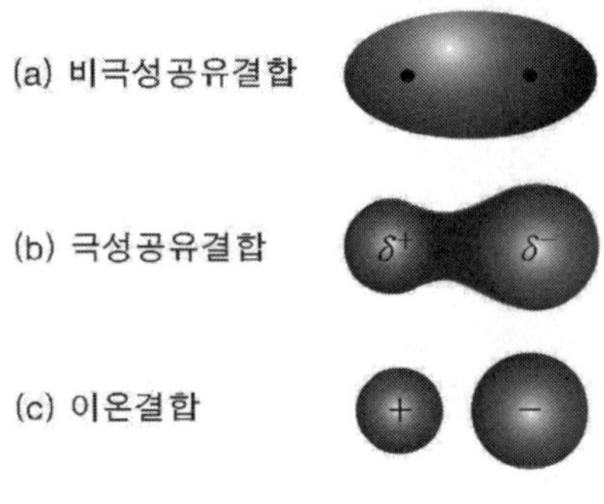

그림 6.11 화합물의 다양한 결합 예

이때 공유결합의 극성과 비극성 여부를 결정하는 것이 전기음성도이다. 전기음성도는 화학결합에서 어떤 원자가 전자들을 끌어당기는 능력을 의미한다. 전기음성도가 큰 원소일수록 전자를 끌어당기는 경향이 더 센데 이는 전자친화도 및 이온화에너지와도 관계가 있다. 7A족에 속하는 플루오르(F)처럼 전자친화도가 크고(전자를 쉽게 얻음), 이온화에너지가 큰(전자를 쉽게 잃지 않음) 원자들은 전기음성도가 크다. 반면에 1A족에 속하는 소듐(Na)과 같이 전자친화도가 작고, 이온화에너지도 작은 원자들은 전기음성도가 낮게 나타난다. 미국의 화학자 폴링(L. Pauling)은 전자를 당기는 능력이 가장 큰 원소인 플루오르(F)의 전기음성도를 4.0으로 정하고 나머지 원소의 상대적인 전기음성도를 계산하는 방법을 제안하였다. 그림 6.12는 주기율표 원소의 전기음성도를 나타낸 것이다.

전기음성도는 주기율표의 왼쪽에서 오른쪽으로 갈수록 증가하며, 이때 원소의 금속성은 감소하게 된다. 주족원소에서는 같은 족에서 아래로 갈수록 전기음성도가 감소하고 금속성은 증가한다. 그러나 전이금속은 이러한 경향을 따르지 않는다. 전기음성도가 큰 원소는 주기율표의 오른쪽 위의 원소(할로겐, 산소, 질소, 황)들이며, 전기음성도가 작은 원소(알칼리 금속과 알칼리 토금속)들은 왼쪽 하단부에 밀집해 있다. 이러한 경향은 그림 6.13에서 바로 확인할 수 있다.

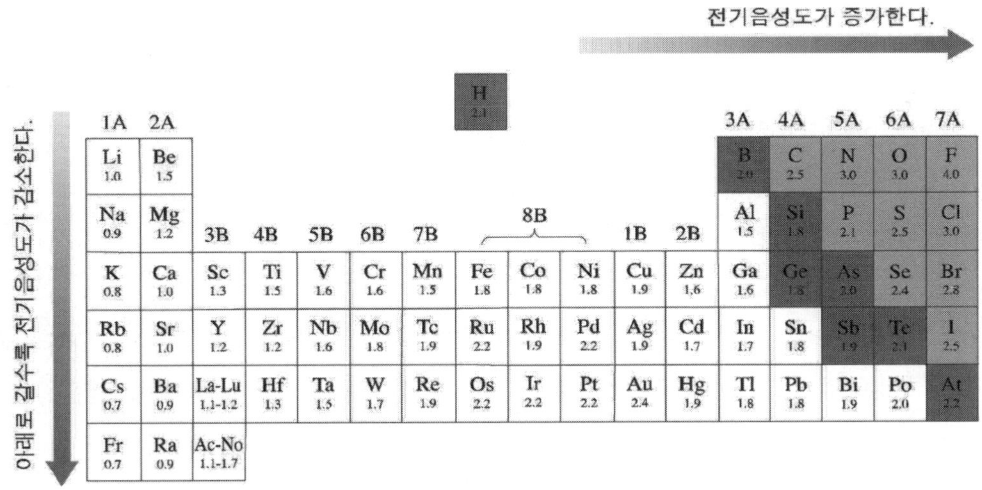

그림 6.12 주기율표 원소들의 전기음성도

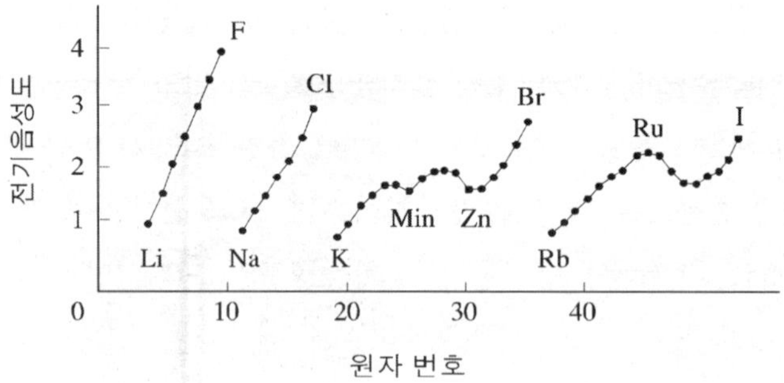

그림 6.13 원자 번호에 따른 전기음성도 변화

전기음성도의 차가 큰 원소들은 주로 이온결합을 형성하는 경향이 있다. 이온결합은 전기음성도가 작은 원소의 원자가 큰 전기음성도를 갖는 원소의 원자에게 전자를 잃고 형성되는 것으로 주로 금속원자와 비금속원자 사이에서 일어난다. 전기음성도 차이가 작은 원소의 원자들은 결합할 때 전자밀도의 이동이 비교적 작은 편이어서 공유결합을 형성한다. 따라서 대부분의 공유결합은 비금속원소의 원자들 사이에서 일어난다. 같은 원소의 원자는 전기음성도가 같으므로 비극성공유결합을 한다.

극성결합과 이온결합을 구별하는 뚜렷한 경계는 없지만 결합하는 두 원자의 전기음성도 차이가 2.0보다 크면 이온결합으로 간주하며 이 규칙은 대부분의 경우 큰 예외 없이 사용되고 있다.

루이스 구조식(Lewis structure)

분자를 구성하는 원소의 전기음성도를 고려하여 다음 규칙을 적용하면 수월하게 루이스 구조식을 만들 수 있다.

〈규칙 1〉 상대적으로 전기음성도가 작고 결합할 수 있는 전자의 수가 많은 원자를 중심에 배치하고 F, Cl, O와 같이 전기음성도가 큰 원자를 주변에 배치하여 결합시킨다.

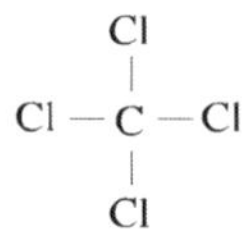

사염화탄소

CCl_4

〈규칙 2〉 대칭되는 화학식을 갖는 분자나 다원자이온은 구조식도 대칭구조로 배치한다. 예를 들면 S_2Cl_2는 S원자를 중심으로 다음과 같은 대칭구조를 갖는다.

Cl-S-S-Cl

〈규칙 3〉 산소산(Oxoacid)은 O원자가 중심원자에 결합되는데 일반적으로 하나 또는 그 이상의 H원자가 다음과 같이 O원자에 결합된다.

```
        O
        ‖
O — Cl — O — H
```

과염소산
$HClO_3$

〈규칙 4〉 여러 개의 루이스 구조식이 가능한 경우 최대한 정상적으로 8전자 규칙을 만족하는 구조를 갖도록 배치한다. 예를 들어 시안화수소(HCN)는 H-C⋮⋮N:와 :C⋮⋮N-H의 두 가지 구조가 가능하지만 보다 정상적인 첫 번째 구조를 갖는다.

위에 설명한 규칙에 따라 기본적인 원자의 결합 구조를 만든 후 모든 원자가 8전자 규칙을 만족하도록 다음 방법을 이용하여 루이스 구조식을 완성시킨다.

① 모든 구성 원자의 원자가전자의 수를 더하여 총수를 구한다.
- 음이온은 음전하의 수만큼 더한다.
  (NO_3^-의 경우, 원자가전자의 수를 1개 더한다.)
- 양이온은 양전하의 수만큼 뺀다.
  (NH_4^+의 경우, 원자가전자의 수를 1개 뺀다.)

② 각 원자의 원자가전자의 수가 H원자는 2개, 그 외의 모든 원자는 8개가 되도록 필요한 전자의 총수를 구한다.
- 필요한 전자의 수 $=2\times$(H원자의 수) $+$ $8\times$(다른 원자의 수)

③ 필요한 전자의 수(②)에서 실제 원자가전자의 수(①)를 빼서 공유결합할 전자의 수를 구한다.

- 공유결합 전자수 = 필요한 전자의 수(②) − 실제 전자의 수(①)

④ 공유결합 전자수를 2로 나누어 루이스 구조식의 결합수를 구한다.

- 공유결합수 = 공유결합 전자수 / 2

⑤ 위에서 설명한 규칙과 공유결합수(④)를 이용하여 루이스 구조식을 만든다.

⑥ 공유결합을 선으로 표시하고, 공유결합수(④)가 맞도록 다중결합을 만든다.

- 단, H원자는 1개의 결합만 가질 수 있다.

⑦ 총전자수(①)에서 공유결합 전자수(③)를 뺀 값이 비공유전자의 수와 일치하는지 확인한다.

- 비공유전자수 = 총전자수(①) − 결합전자수(③)

⑧ 마지막으로 각 원자들의 형식전하를 표시하고 구조를 확인한다.

분자의 기하학적 구조

루이스 점 구조에 근거하면 분자의 대략적인 기하학적 구조를 예측할 수 있다. 결합에는 원자가전자만이 참여하므로 이들 전자의 공유결합 전자쌍과 비공유결합 전자쌍을 고려하여 구조를 그릴 수 있다. 다원자분자의 경우 중심원자와 중심원자를 둘러싸고 있는 다른 원자들 사이에 2개 이상의 결합이 존재하므로 서로 다른 결합전자쌍 사이의 반발력이 최소가 되도록 가능한 한 멀리 위치하게 된다.

분자의 기하학적 구조는 이러한 반발력이 최소화되도록 분자를 배치한 것이다. 이를 최외각껍질 전자쌍 반발(VSEPR, valence-shell electron-pair repulsion)모형이라 부른다. 표 6.3은 널리 알려진 화합물의 분자 구조식을 기하학적 구조와 함께 나타낸 것이다.

물분자의 기하학적 구조에서 산소원자와 결합하고 있는 수소가 104.5°의 각을 나타내는 것은 산소와 결합하고 있는 결합전자쌍 2개와 비결합전자쌍 2개가 서로 간의 반발력을 최소화하기 위해 가장 안정한 구조로 전자가 자리를 잡았기 때문이다. 메테인(CH_4)은 정사면체의 중심에 탄소원자가 위치하고 사면체의 각 꼭지점에 수소가 배치되어 전형적인 대칭 구조를 갖는다. 따라서 메테인(CH_4)에서는 탄소와 수소원자들 간의 결합임에도 불구하고 전자의 쏠림이 없는 비극성 공유결합을 한다.

표 6.3 널리 알려진 화합물의 분자 구조

명칭과 분자식	전자식	구조식	분자 형태의 모형(결합거리, 결합각)
수소 H_2	H : H	H − H	
물 H_2O	H : Ö : H	H − O | H	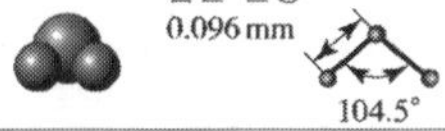
암모니아 NH_3	H : N̈ : H H	H − N − H | H	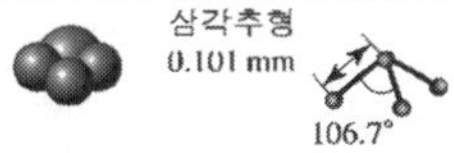
메탄 CH_4	H H : C : H H	H | H − C − H | H	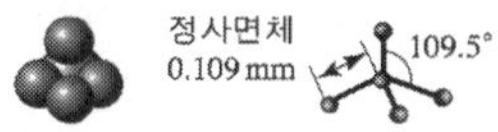
이산화탄소 CO_2	: Ö :: C :: Ö :	O = C = O	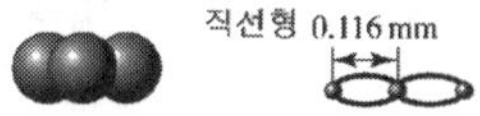
질소 N_2	: N ⋮⋮ N :	N ≡ N	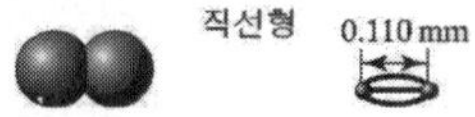
에틸렌 C_2H_4	H H C :: C H H	H H C = C H H	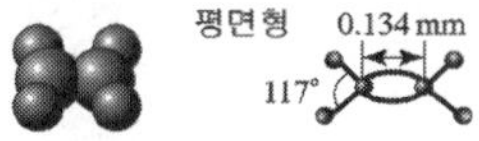

공명구조(resonance structure)

하나의 루이스 구조식으로는 설명이 어려운 화합물의 경우 우리는 공명구조를 이용한다. 공명구조는 가능한 여러 개의 구조를 기호 ↔을 이용하여 표시하는 것이다. 예를 들어 이산화황(SO_2)을 루이스 구조식으로 표현할 때 모든 원자가 8전자 규칙을 만족하도록 하려면 다음의 두 가지 구조가 가능하다.

황원자는 오른쪽 또는 왼쪽의 산소원자와 모두 단일결합 또는 이중결합을 할 수 있으며 실제로도 어느 특정한 산소원자와 이중결합을 하지 않는 것으로 밝혀졌다. 따라서 두 구조는 모두 이산화황의 구조식이 될 수 있다. 사실상 S-O결합은 단일결합도 이중결합도 아닌 중간 형태를 띤다.

이와 같이 두 가지 이상의 동등한 구조를 가지는 분자를 식으로 나타낸 것을 공명식(resonanace formula)이라 하고 SO_2의 전자구조는 다음과 같이 표현한다.

삼산화황도 유사하게 다음과 같은 세 가지 공명구조를 갖는다.

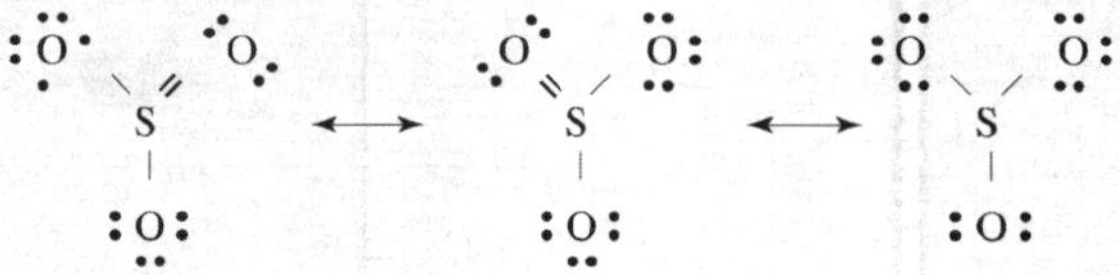

그림 6.14는 몇몇 공명구조 화합물의 공명식을 나타낸 것이다.

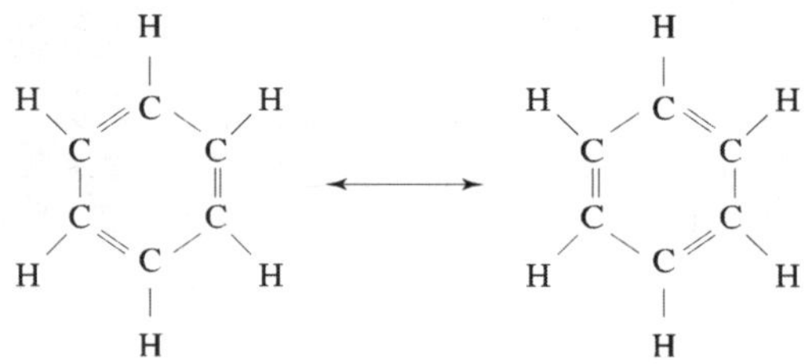

(a) 벤젠

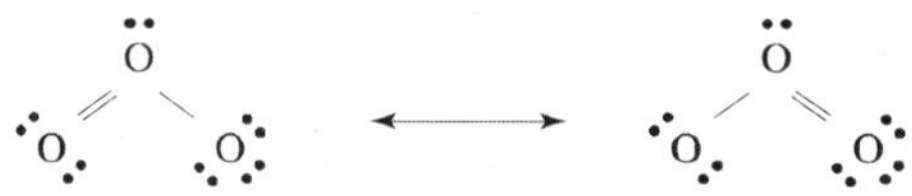

(b) 오존

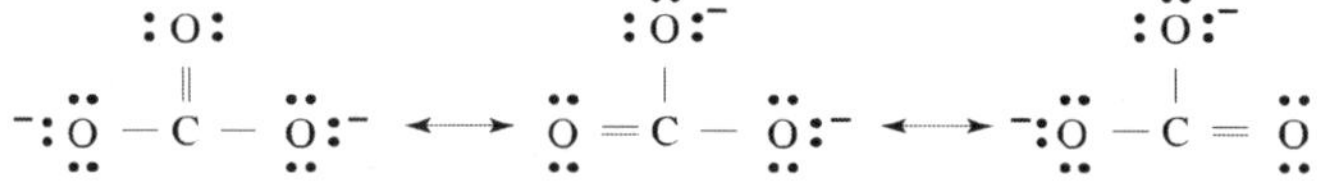

(c) 탄산이온

그림 6.14 공명 구조 화합물의 예

6.3 배위결합

공유결합은 일반적으로 결합하는 원자가 모두 전자를 제공하여 전자쌍을 만들어 결합하지만, 예외적으로 원자 중 한쪽이 전자쌍 전체를 제공하여 결합을 하기도 하는데 이를 배위결합(coordination bond)이라 한다. 전자쌍을 내놓는 원자를 주개(donor)라 하고, 전자쌍을 받는 원자를 받개(acceptor)라 한다.

암모늄이온(NH_4^+)의 형성과정을 생각해보자. 암모니아(NH_3)와 수소 양이온(H^+)이 결합하여 암모늄이온이 생성되는 과정을 루이스 구조식으로 나타내면 다음과 같다. 수소 양이온은 결합할 전자가 전혀 없지만 3개의 공유결합과 한 쌍의 비공유결합전자쌍을 가지고 있는 암모니아가 수소 양이온에게 비공유전자쌍을 제공하여 암모늄이온(NH_4^+)을 형성하고 있다.

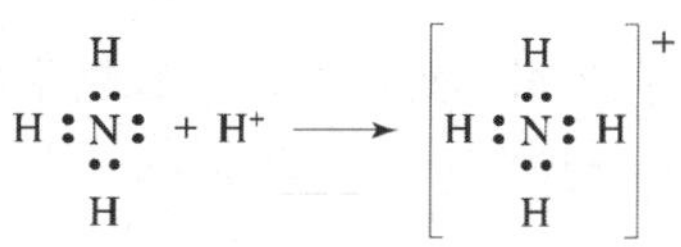

NH_3와 H^+가 결합을 할 때 공유결합전자쌍은 모두 질소원자가 제공한 것이다. 이와 같이 공유결합전자쌍이 1개의 원자에서 모두 제공되는 경우 이를 배위결합이라 하며, 일단 결합이 형성된 후에는 공유결합과 동일하다. 이를 식으로 나타낼 때 일반적인 공유결합과 달리 표현하기 위해 배위결합은 다음과 같이 전자쌍을 주는 원자에서 받는 원자 쪽으로 → 로 표시하기도 한다.

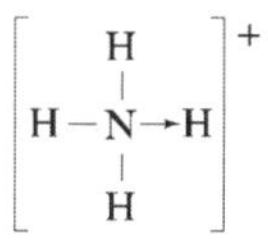

널리 알려진 바와 같이 수소 양이온은 물속에서 단독으로 존재하지 않고 주로 물분자와 결합하여 하이드로늄이온(H_3O^+)을 형성하는데 이 하이드로늄이온(H_3O^+)도 배위결합의 예이다.

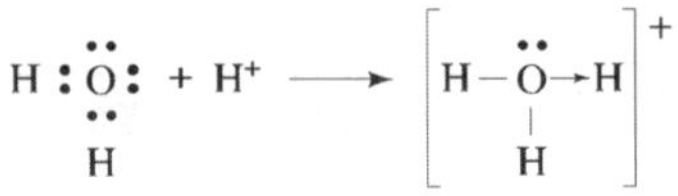

다음은 암모니아(NH_3)와 삼플루오르화붕소(BF_3)의 배위결합을 나타낸 것이다.

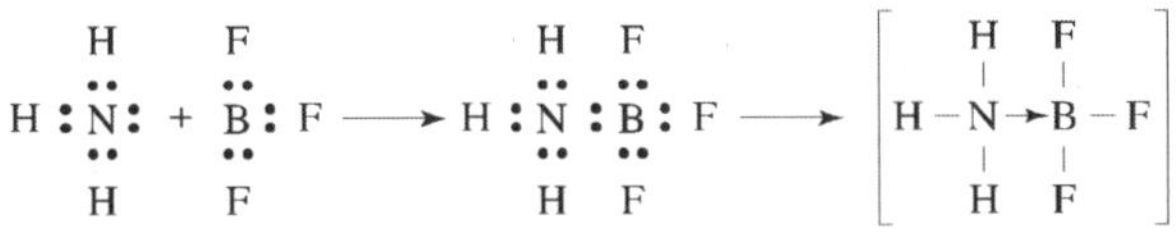

한편 주기율표에서 3주기 이상의 원소들은 그 원자 주위에 4개보다 많은 공유결합전자쌍을 만들어 8전자 규칙을 만족하지 않는 화합물이나 이온을 형성하기도 한다. 표 6.4는 8전자 규칙에서 예외인 화합물들을 정리한 것이다.

표 6.4에서 중심원자와 결합하는 원자는 산소, 플루오르 또는 염소임을 알 수 있다. 육플루오르화황(SF_6)은 매우 안정한 물질인데 황(S)과 다량의 플루오르(F)가 반응하여 생성되는 기체로 8전자 규칙의 대표적인 예외 물질이다.

이 화합물의 중심원자는 황(S)이며, 플루오르(F)는 다른 원자 1개하고만 단일결합하는 성질이 있기 때문에 황과 플루오르 사이에는 단일결합만 형성된다. 따라서 중심원자인 황(S)은 6개의 플루오르와 결합하여 6쌍의 전자쌍을 갖는다.

표 6.4 8전자 규칙에서 예외인 화합물들의 루이스 구조

4A족	5A족	6A족	7A족	8A족
SiF_6^{2-}	PF_6^-	SF_6	BrF_5	XeF_4

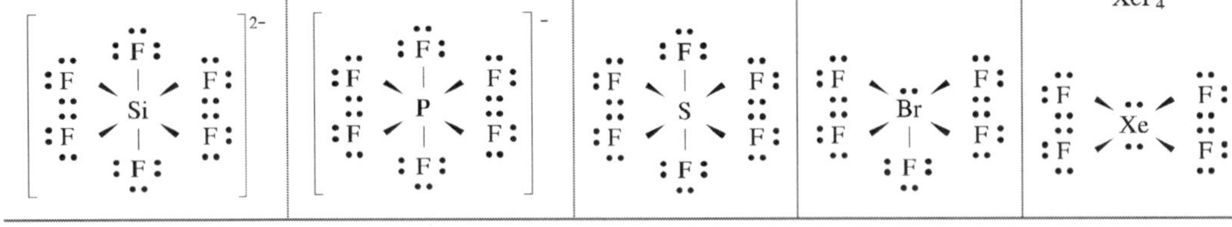

6.4 금속결합(metallic bond)

금속은 다른 물질에 비하여 전기전도성, 열전도성, 금속광택, 전성과 연성 등의 성질이 매우 우수하다. 금속결정 안에서 1개의 금속원자는 8~12개의 다른 원자와 배위결합을 하고 있어 이온결합이나 공유결합과는 다른 결합을 형성한다. 금속은 양이온이 규칙적으로 배열되어 있고, 그 사이로 자유전자(free electron)가 자유롭게 움직이면서 양이온들을 결합시켜 주고 있는 형태의 금속결합(metallic bond)을 하고 있다.

금속의 특징인 높은 끓는점과 증발열은 금속이온이 주위의 자유전자로부터 벗어나기가 어렵기 때문이며, 자유 금속전자가 될 수 있는 원자가전자의 수가 많을수록 금속의 녹는점이나 끓는점은 높아지는 경향이 있다. 표 6.5는 널리 알려진 금속들의 성질을 정리한 것이다. 원자가전자가 1개인 포타슘원자의 성질과 원자가전자가 2개인 포타슘의 성질을 비교해 보면 녹는점은 원자의 크기와 결합시 원자 사이의 거리에 영향을 받는 것을 알 수 있다.

금속 결합을 하고 있는 물질은 일반적으로 금속광택, 전성, 연성, 높은 녹는점과 끓는점, 큰 증발열과 밀도 및 열과 전기의 우수한 전도성을 나타낸다. 금속은 구조가 조밀하지만

표 6.5 금속원소의 성질

성질	포타슘(K)	칼슘(Ca)	구리(Cu)	아연(Zn)	주석(Sn)[a]
외관	은색, 광택	은색, 광택	적색, 광택	청백색, 광택	백색, 광택
원자량 (amu)	39.099	40.08	63.546	65.38	118.69
녹는점(℃)	63.4	851	1083	419.5	231.9
끓는점(℃)	757	1482	2582	907	2270
밀도 (g/cm^3)	0.856 (s,18℃)	1.54 (s,20℃)	8.94 (s,25℃)	7.133 (s,25℃)	7.29
녹음열 kcal/mol	0.57	2.2	3.11	1.59	1.69
증발열 kcal/mol	19.4	36.7	72.8	27.4	61.8
액체의 열 및 전기전도도	대단히 크다.	대단히 크다.	대단히 크다.	대단히 크다.	대단히 크다.
고체의 열 및 전기전도도	대단히 크다.	대단히 크다.	대단히 크다.	대단히 크다.	대단히 크다.

기계적 힘이 가해지면 양이온이 움직일 수 있어 자유전자의 자리로 이동할 수 있기 때문에 결합이 깨어지지 않는다. 따라서 금속결합은 망치를 두드려 여러 가지 형태로 만들 수 있는 전성(melleability)과 긴 전선으로 뽑을 수 있는 연성(ductility)이 있어 이온 결합처럼 외부 충격에 의해 쉽게 깨어지지 않는다. 그림 6.15는 이온결합과 금속결합의 구조적 차이를 나타낸 것이다.

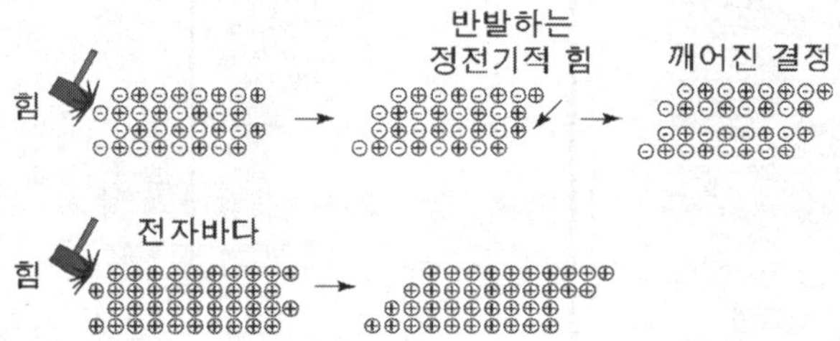

그림 6.15 이온결합과 금속결합의 구조적 차이

핵심 용어(key words)

화학결합	이온결합	공유결합
이온 반지름	이온화에너지	전자친화도
이온성 고체	루이스 점 기호	8전자 규칙
공유결합전자쌍	고립전자쌍	단일결합
다중결합	이중결합	삼중결합
전기음성도	극성공유결합	비극성공유결합
루이스 구조식	기하학적 구조	공명구조
배위결합	금속결합	자유전자

연습문제

1. 이온결합화합물의 특성을 설명하시오.

2. 공유결합화합물의 특성을 설명하시오.

3. 이온결합에서 공유결합으로 변할 때의 성질변화에 대하여 성질을 설명하시오.

4. NaF, NaCl, NaBr, NaI 중에서 이온성이 가장 큰 것부터 나열하고, 그 이유를 설명하시오.

5. 2차 이온화에너지에 대하여 설명하시오.

6. 알루미늄과 플루오르, 칼슘과 황 사이에 일어나는 이온결합을 각각 전자구조식을 써서 설명하시오.

7. 전기음성도와 전자친화도의 차이를 설명하시오.

8. 극성공유결합과 비극성공유결합의 차이에 대하여 설명하고 각 화합물의 예를 드시오.

9. 다음 화학종의 공명구조를 나타내는 루이스 구조식을 그리시오.
   (1) CO_3^{2-} (2) HCO_3^- (3) NO_3^-

10. 독가스인 HCN의 루이스 구조식을 그리시오.

11. Al, Al^{3+}, Pb, Pb^{2+}, S, S^{2-}, P, P^{3-}의 루이스 구조식을 그리시오.

12. 배위결합에 대하여 설명하고 그 예를 드시오.

13. 금속결합에 대하여 설명하시오.

CHAPTER 07

기 체

일상생활에서 액체를 가열하거나 증발현상을 통하여 기체가 발생하여 사라지는 현상을 종종 목격한다. 이 현상은 액체-기체간의 상변화로 액체 분자간 결합이 깨어지고, 보다 큰 운동에너지를 가진 기체 상태로 바뀌어 서로 멀어지기 때문이다(그림 7.1).

이 장에서는 물질의 상태를 서술할 때 사용되는 주요 지표인 온도, 압력, 부피, 입자수를 사용하여 기체의 운동 상태를 어떻게 서술하는지 살펴보자.

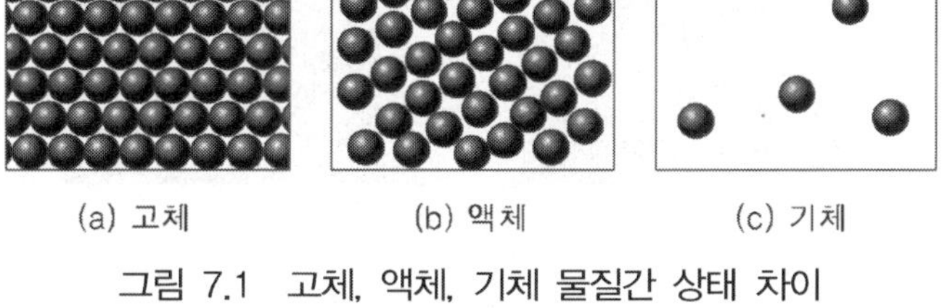

(a) 고체 (b) 액체 (c) 기체

그림 7.1 고체, 액체, 기체 물질간 상태 차이

7.1 보일의 법칙

처음 용기안의 압력이 2 atm이고 부피가 1 ℓ이었다면 압력을 1 atm으로 줄였을 때 부피는 어떻게 될 것인가? 온도를 일정하게 유지하여 온도에 의한 영향을 배제시킨다면 부피는 2 ℓ로 증가될 것이다.

영국의 화학자 보일(Boyle)은 1662년 기체에 관한 기본 법칙을 하나 발견하였다. 기체의 온도(T)가 일정할 때 기체에 가해지는 압력(P)이 커지면 기체의 부피(V)는 작아지고, 압력이 작아지면 기체의 부피는 커진다. 즉, 기체의 부피와 압력은 반비례한다는 규칙을 찾아내었다(그림 7.2).

기체의 온도가 일정할 때($T=$ 일정)

$$PV = \text{상수} \quad \text{혹은} \quad V = \frac{\text{상수}}{P}$$

$$P_1V_1 = P_2V_2 = \text{상수}$$

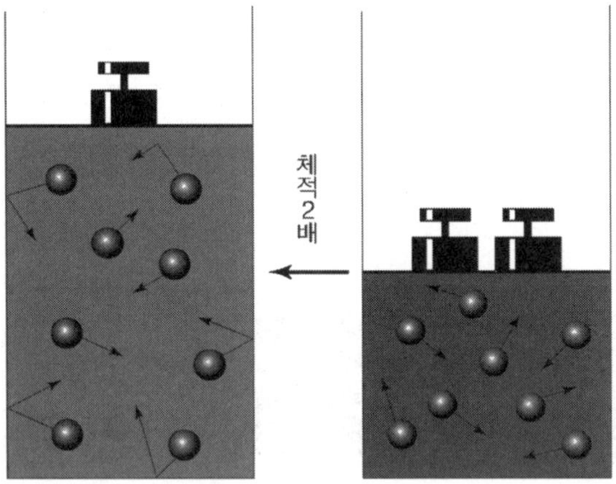

그림 7.2 기체의 체적과 압력

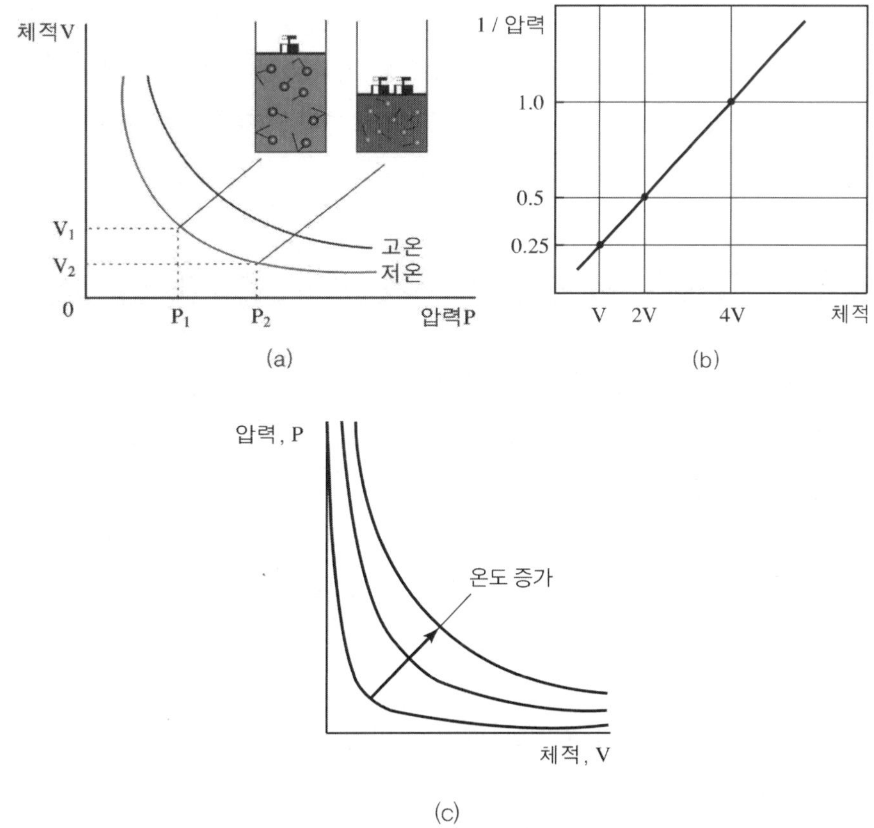

그림 7.3 보일의 법칙

그림 7.3(a)는 $P_1V_1 = P_2V_2 =$ 상수의 관계를 나타낸 것으로 기체에 가하는 압력이 높아지면 기체의 부피는 감소하며, 압력이 낮아지면 부피가 증가하는 관계를 보여준다. 그림 7.3(b)는 $V = \frac{상수}{P}$ 의 형태로 보일의 식을 변형하였을 때, 압력과 부피는 반비례하며 압력의 역수와 부피는 정비례함을 보여주고 있다.

그림 7.3(c)는 온도가 달라질 때 보일의 법칙이 어떻게 변화되는가를 나타낸다. 보일의 법칙에 따라, PV의 곱은 일정하지만, 온도가 증가하면 해당 온도에서의 PV 곱의 크기도 증가함을 나타낸다. 온도 증가는 기체 부피의 증가를 초래하기 때문에 외부 압력과의 곱은 증가하게 된다.

압력이 충분히 커지면 실제 기체의 경우 분자간 상호작용에 따라 액화 혹은 고상화가 발생하지만, 기체 분자간 상호작용을 무시한다는 가정을 통해 보일의 법칙에서는 이를 고려하지 않아도 되었다.

우리 주변에서 볼 수 있는 보일의 법칙의 예로서 하늘 높이 날아간 풍선이 낮은 압력 하에서 커진 부피로 인하여 터지는 현상이나, 물밑 잠수부가 호흡한 공기 방울이 수면으로 올라갈수록 크기가 커지는 현상도 보일의 법칙으로부터 설명할 수 있다.

7.2 샤를의 법칙

1787년 프랑스의 과학자 샤를(Charles)은 압력이 일정할 때, 기체의 온도와 부피의 관계를 살펴보았다. 기체의 온도가 낮을 경우 기체의 부피도 같이 작아지는 현상으로부터 다음의 규칙을 찾아내었다.

기체에 가하는 압력(P)이 일정할 때, 기체의 온도(T)를 높이면 기체의 부피(V)는 증가하며, 기체의 온도를 낮추면 기체의 부피는 감소한다. 즉, 기체의 절대 온도와 부피는 비례한다(그림 7.4).

기체에 가하는 압력이 일정할 때($P=$ 일정)

$$\frac{V}{T}=\text{상수} \qquad \text{혹은} \qquad V=\text{상수}\cdot T$$

$$\frac{V_1}{T_1}=\frac{V_2}{T_2}=\text{상수}$$

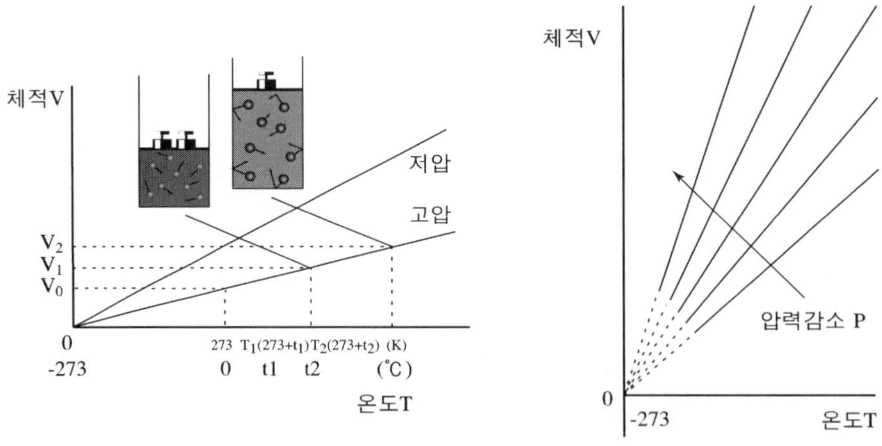

(a) (b)

그림 7.4 샤를의 법칙

그림 7.4(a)에서 볼 수 있듯이 외부 압력이 일정할 때 기체의 온도가 내려가면, 기체 분자들은 열의 형태로 외부계에 에너지를 빼앗기게 된다. 이 후 기체 분자들이 가지는 운동 에너지는 낮아지므로 외부 압력에 대응하는 기체분자의 충돌 횟수 및 에너지도 낮아질 것이다. 이는 외부 압력과 비교하여 기체 내부 압력의 감소로 나타나며, 이 결과 온도가 낮아진 기체의 부피는 줄어들게 된다.

샤를의 법칙을 나타낸 그림 7.4(b)의 점선은 온도 감소에 따라 실제 기체에서 발생하는 액화나 고상화와 같은 상변화가 발생하지 않는다는 전제하에 기체분자의 부피가 0이 될 때까지의 온도로 외삽한 것이다. 기체분자의 부피가 0으로 외삽되는 이 온도를 절대 영도 혹은 0K라 부른다.

우리 주변에서 볼 수 있는 샤를의 법칙의 사례는 타이어에 공기 채우기에서 볼 수 있다. 여름철 타이어는 겨울철보다 공기를 조금 넣는다. 이는 여름에 높은 온도에 따라 기체 부피가 팽창할 것을 미리 고려한 조치로 생각할 수 있다.

보일의 법칙과 샤를의 법칙을 종합하면 일정량의 기체의 부피는 압력에 반비례하고 절대온도에 비례한다는 다음의 관계를 알 수 있다.

$$\frac{PV}{T} = \text{상수} \quad \text{혹은} \quad \frac{P_1V_1}{T_1} = \frac{P_2V_2}{T_2} = \text{상수}$$

이를 보일-샤를의 법칙이라 한다.

7.3 아보가드로의 법칙

이제까지 기체 거동에 미치는 온도, 압력, 부피의 영향을 살펴보았다. 하지만 기체를 설명하는데 아직 부족한 점이 있다. 이는 기체의 분자수에 따른 영향을 살펴보지 않았기 때문이다. 일정한 부피 안에 들어있는 기체의 상태에 따라 같은 표면적에 부딪치는 기체의 개수가 차이를 나타낼 수 있어 외부에서 관측되는 기체의 내부 압력은 변동될 수 있다. 외부 압력과 온도가 일정하게 맞춘 후 기체의 개수에 따른 기체의 부피 변화가 유연하게 발생할 수 있도록 조절한 상태에서 실험을 진행할 수 있을 것이다. 이 경우 외부 압력과 평형이 될 때까지 기체는 용기의 벽을 지속적으로 두드리며 내부 압력으로 측정될 수 있다.

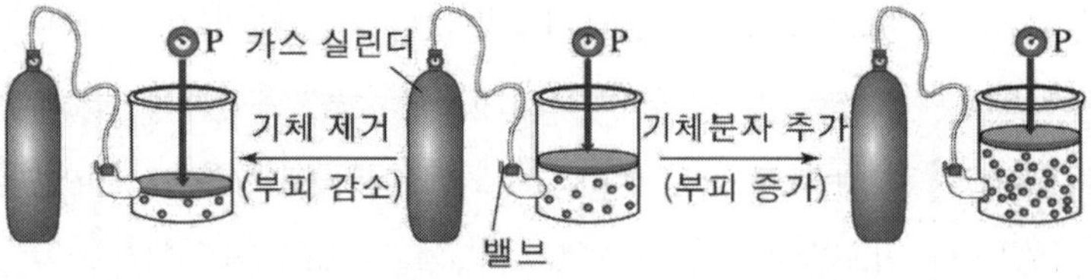

그림 7.5 아보가드로의 법칙

아보가드로의 법칙은 일정 온도, 일정 압력 하에서 기체의 몰수(n)와 기체의 부피(V)는 비례한다는 것이다(그림 7.5).

$$T, P = \text{일정}$$

$$\frac{V}{n} = \text{상수} \qquad \text{혹은} \qquad V = \text{상수} \cdot n$$

$$\frac{V_1}{n_1} = \frac{V_2}{n_2} = \text{상수}$$

기체의 압력이 그 기체가 들어 있는 용기의 벽을 두드리는 기체 분자에 의한 충돌 수, 충돌에너지와 동일하다. 기체 부피가 그 분자들의 압력에 반비례한다면, 같은 온도, 같은 압력, 같은 부피에는 같은 개수만큼의 기체 분자들이 존재할 것이다. 아보가드로에 의해 발견된 이 법칙으로부터 0℃, 1 atm, 22.4 ℓ의 일정 온도, 일정 압력, 일정 부피에서 기체 분자들은 그 종류에 관계없이 일정한 개수를 갖게 된다. 이 기체분자의 개수는 6.02×10^{23}개이며, 이를 아보가드로수라 한다. 아보가드로수만큼을 하나의 단위로 묶어 1몰(mol)이라 한다(그림 7.6).

1 mol의 기체	기체 1 mol의 부피는 22.4 *l*이고, 이것을 정육면체로 바꾸면 1번의 길이는 28.2 cm가 된다. mol은 기체의 경우, 분자의 개수를 부피로도 측정할 수 있다는 것을 가르쳐 준다.

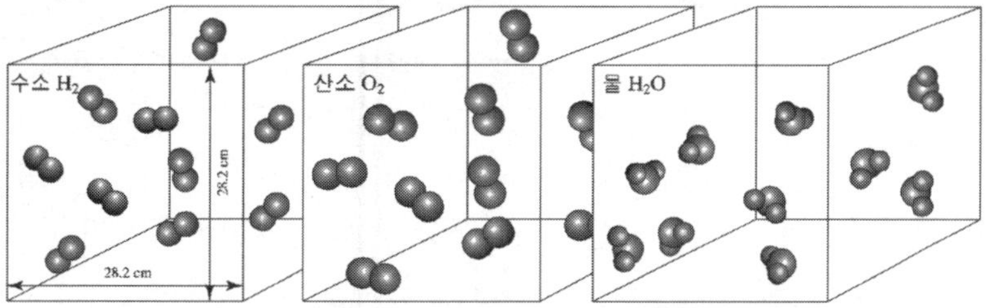

수소 H_2	산소 O_2	물 H_2O
부피 22.4 *l*	부피 22.4 *l*	부피 22.4 *l*
분자 수 6×10^{23}개	분자 수 6×10^{23}개	분자 수 6×10^{23}개
질량 2.0 g	질량 32.0 g	질량 18.0 g

그림 7.6 아보가드로의 법칙

7.4 게이뤼삭의 법칙

화학량론의 기초로부터 화학반응식을 완성하는 과정을 통하여 반응물과 생성물의 질량과 관련이 있음을 배웠다. 기체의 화학반응에서 온도와 기체 부피간의 관계를 살펴보자.

1802년 게이뤼삭(Gay Lussac)은 기체에 관하여 다음의 관계식을 찾아냈다.

$$\frac{P}{T} = 상수 \quad 혹은 \quad P = 상수 \cdot T$$

$$\frac{P_1}{T_1} = \frac{P_2}{T_2} = 상수$$

기체가 들어있는 밀폐된 용기에 온도를 가하면 용기 내부의 기체 압력이 증가하게 된다. 가스통을 가열할 경우, 내부 기체의 인화 및 발화성 여부에 관계없이 온도 증가에 따라 압력이 비례한다는 게이뤼삭의 법칙으로부터 폭발의 위험이 커지게 된다.

반응을 전후하여 기체의 부피와 몰수가 변화되는 경우에 기체의 부피는 어떻게 달라질까? 암모니아 생성에 대한 다음의 반응 예를 살펴보자.

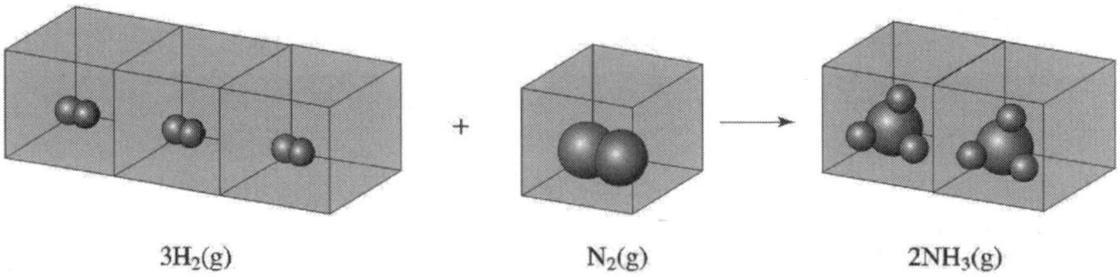

그림 7.7 암모니아 생성 반응

그림 7.7의 화학반응식으로부터 반응 전의 3몰의 수소 기체와 1몰의 질소 기체가 반응하여 2몰의 암모니아 기체가 발생하게 될 것을 예상할 수 있다.

온도와 압력이 일정하다면 아보가드로의 법칙을 적용할 수 있다. 이 경우 1 mol당 부피가 모두 같기 때문에 각 반응물과 생성물의 mol수 비율은 부피의 비와 같게 된다. 예를 들어, 앞서의 암모니아 생성 반응의 화학식량은 3몰 : 1몰 : 2몰 혹은 3ℓ : 1ℓ : 2ℓ의 수소 : 질소 : 암모니아의 반응물 소진, 생성물 발생을 의미한다고 볼 수 있다.

게이뤼삭은 같은 온도, 같은 압력 하에서 화학 반응에 참여하는 기체들의 부피비는 몰수의 비 혹은 분자수 비와 같고, 화학반응식의 계수의 비와 동일하며, 간단한 정수비로 표현된다는 결합부피의 법칙 혹은 기체반응의 법칙을 찾아냈다. 이 법칙은 기체 반응물로부터 기체 생성물이 발생하는 반응식에서 특히 유용하게 사용될 수 있다.

7.5 이상 기체 상태방정식

이상 기체는 분자간 인력이나 반발력과 같은 상호작용이 발생하지 않으며 분자 자신의 부피가 없는 입자로 구성된 가상의 기체이다. 이러한 기체에 보일-샤를의 법칙과 아보가드로의 법칙을 적용하여 정리하면 다음과 같이 나타낼 수 있다.

$$\frac{PV}{T} \propto n \quad \text{혹은} \quad \frac{PV}{T} = \text{기체상수}(R) \times n$$

$$PV = nRT$$

이 관계식을 이상 기체 상태방정식이라 한다.

표준상태인 0℃, 1기압(atm)에서 기체 1몰의 부피는 22.4 ℓ의 부피를 차지하므로, 위 식을 완성하기 위하여 기체상수, R에 대한 값을 구하면 다음과 같다.

$$R=\frac{PV}{nT}=\frac{1\text{atm}\times 22.4L}{1\text{mol}\times 273K}=0.08206\frac{L\cdot\text{atm}}{\text{mol}\cdot K}=8.314\frac{J}{\text{mol}\cdot K}$$

이상 기체의 상태방정식은 기체의 여러 물리적 특성을 예측하는데 이용될 수 있다. 이를 위해 식을 변형하면,

$$\begin{aligned}PV&=nRT\\&=\frac{\text{기체질량}}{\text{분자량}}RT\end{aligned}$$

이 된다. 이 식을 정리하여 기체의 밀도나 기체의 분자량을 측정하는데 다음의 관계식으로 바꾸어 이용할 수 있다.

〈기체의 밀도 측정〉

$$\frac{P\cdot\text{분자량}}{RT}=\frac{\text{기체질량}}{V}=d(\text{기체밀도})$$

〈기체의 분자량 측정〉

$$\text{분자량}=\frac{dRT}{P}$$

7.6 실제 기체의 거동

이상 기체 상태방정식은 분자간 상호작용이 없으며, 분자 자신의 부피가 없는 이상 기체를 가정하였을 때 유도되는 식이다. 실제 기체는 분자간 인력 및 반발력이 존재하며, 기

체 분자 자신의 부피가 있으므로, 실체 기체의 상태방정식은 이상 기체에서의 경우와 다를 것이다. 실제 기체가 이상 기체의 이상성에 벗어난 정도를 도식화한 것이 다음의 관계식이다.

$$Z = \frac{PV}{nRT}$$

1몰의 이상 기체에 대하여 위 식을 적용하면 다음과 같이 정리된다.

$$Z = \frac{PV}{RT} = 1$$

이 관계로부터 이상 기체와 실제 기체의 차이를 파악할 수 있다. 즉, $Z = PV/RT = 1$에서 어긋나는 정도의 크기를 비교하여 이상 기체의 거동에서 실제 기체가 얼마나 벗어났는지 파악할 수 있다.

실제 기체의 경우 압력이 높거나 온도가 낮을수록 분자간 인력을 포함한 상호작용이 발생한다. 또한, 이상 기체와 달리 실제 기체는 분자 자체의 부피를 갖게 된다. 이러한 이유로 Z값은 1에서 벗어난 값을 가지게 된다(그림 7.8, 7.9).

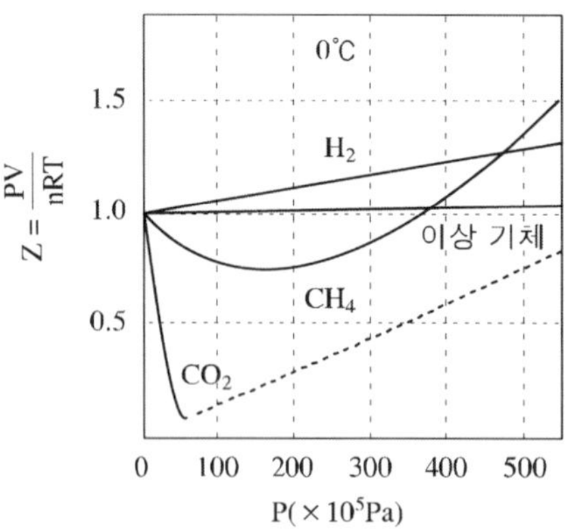

(a) Z인자와 P의 관계

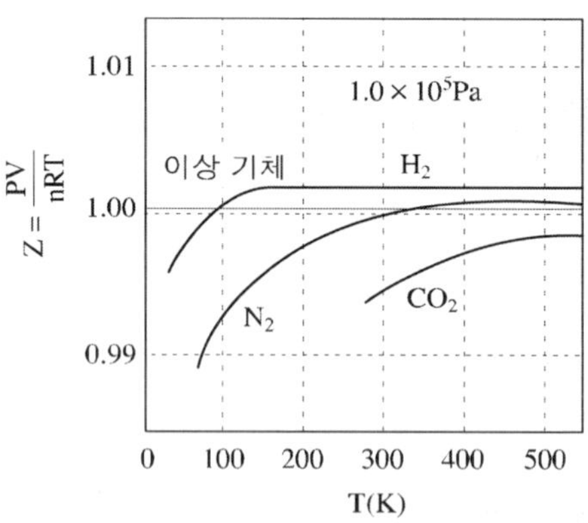

(b) Z인자와 T의 관계

그림 7.8 이상 기체와 실제 기체의 Z값 비교

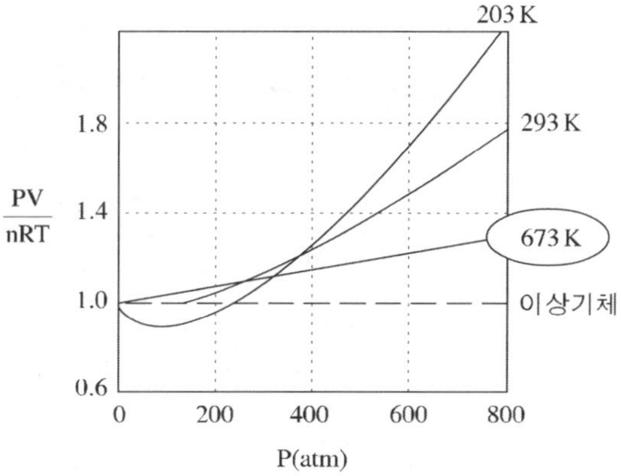

그림 7.9 실제 기체의 압력에 따른 온도 의존성

그림 7.8과 그림 7.9의 그래프로부터 압력이 낮을수록, 온도가 높을수록 1에 가까운 값으로 수렴한다는 것을 알 수 있다. 이는 실제 기체가 이상 기체와 유사하게 행동하는 영역을 의미한다. 온도가 높아지면 분자간 인력을 이기기에 충분한 분자운동에너지를 갖기 때문에 인력에 의한 영향이 작아진다. 압력이 낮아지면 분자간 충돌 횟수가 감소하며 이에 따른 에너지 득실이 없는 이상 기체와 가깝게 행동한다. 이러한 이유로 실제 기체가 이상 기체와 가깝게 행동하는 영역은 기체의 온도가 높거나 혹은 기체에 가하는 압력이 낮은 영역임을 알 수 있다.

실제 기체의 분자간 상호작용과 부피 효과를 고려하여, 이상 기체 상태방정식을 수정하여 일반화시킬 필요가 있다. 이렇게 수정된 상태방정식을 반 데르 발스(van der Waals) 식이라 부르며 다음과 같이 정리할 수 있다.

아래 식은 이상 기체 상태방정식에서 실제 기체가 갖는 부피 요소를 방정식의 부피 요소에 반영하고, 압력 요소에는 기체 분자간 인력 작용시 기체의 압력이 감소할 수 있다는 점을 반영하였다.

$$P = \frac{nRT}{V - nb} - \frac{an^2}{V^2}$$

기체의 유효 부피
: 실제 기체가 갖는 부피보정

부딪힘의 빈도 감소
: 기체 분자의 인력에 의한 압력 감소 보정

표 7.1 여러 기체들의 반 데르 발스 상수

기체	a (atm · L^2 / mol^2)	b (L/mol)
수소	0.244	0.0266
헬륨	0.034	0.0237
질소	1.39	0.0391
산소	1.36	0.0318
아르곤	1.34	0.0322
이산화탄소	3.59	0.0427
메테인	2.25	0.0428
암모니아	4.17	0.0371
H_2O	5.46	0.0305

여기에서 기존의 기체 상태를 서술하기 위해 필요했던 온도, 압력, 부피, 몰수 등의 요소들 외에 a, b 계수를 알면, 이상 기체의 거동에서 벗어나는 보다 넓은 온도, 압력 범위에서의 실제 기체의 거동을 예측할 수 있다. 표 7.1은 여러 가지 기체들의 반 데르 발스 상수를 나타낸 것이다.

실제 기체는 압력과 온도 조건이나, 분자간 인력에 따라 액체나 고체로의 상변이 나타난다. 기체에서 온도를 일정하게 유지한 상태에서 압력을 높이면 보일-샤를의 법칙에 따라 ①에서 ②로 부피가 감소한다. 외부 압력이 ②에서 포화증기압과 같아지면 응축이 발생한다. 압력을 더 가해도 ③까지는 부피가 감소하는 기체의 압력(포화증기압)은 일정하게 유지된다(그림 7.10).

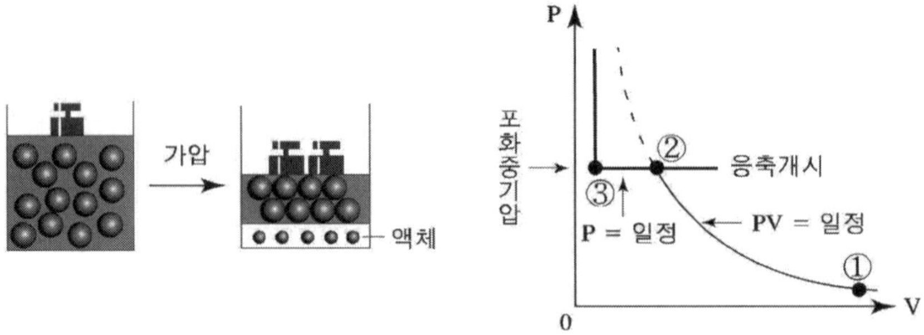

그림 7.10 온도가 일정할 때 실제 기체의 압력과 부피의 관계

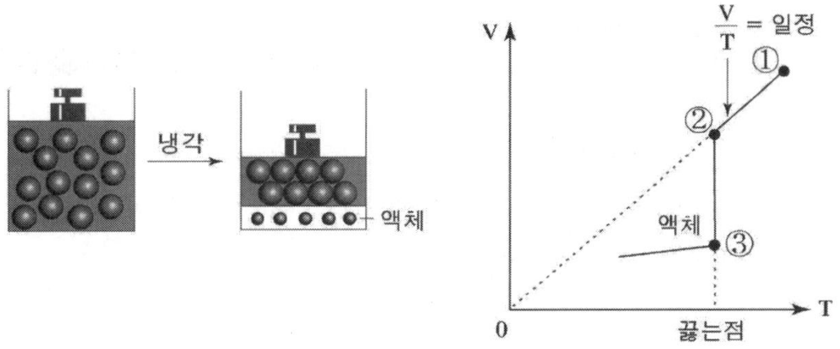

그림 7.11 압력이 일정할 때 실제 기체의 부피와 절대온도와의 관계

이와 유사하게 압력을 일정하게 유지하며, 기체의 온도를 낮추면 보일-샤를의 법칙에 따라 기체의 부피는 절대온도에 비례하여 ①에서 ②로 감소한다. 온도가 ②가 되는 지점에서 끓는점에 도달하여 포화증기압과 외부 압력이 같아진다. 그 직후, 증기압의 감소로 외부 압력이 증기압보다 커지게 되며, 응축이 완료되는 ③지점까지는 부피가 단숨에 감소한다(그림 7.11).

부피를 일정하게 유지하며, 기체의 온도를 낮추면 보일-샤를의 법칙에 따라 기체의 압력은 절대온도에 비례하여 ①에서 ②로 감소한다. 압력이 ②에서 포화증기압과 같아지면 응축이 시작된다. 그 이후 기체와 액체가 공존하며, 기체의 압력은 ②에서 ③을 거쳐 증기압곡선을 따라 이동한다(그림 7.12).

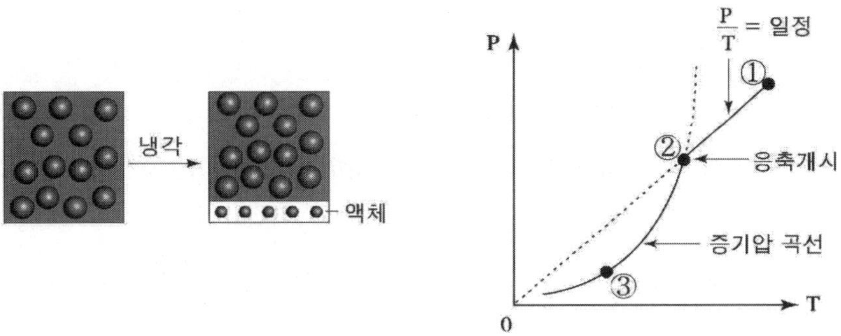

그림 7.12 부피 일정할 때 실제 기체의 압력과 절대온도와의 관계

7.7 돌턴의 법칙

서로 반응하지 않는 두 종류 이상의 기체가 하나의 밀폐 용기에 섞여 있을 때 혼합 기체의 전체 압력은 각 성분의 부분 압력의 합과 같다. 이는 기체 혼합물에서 개별 기체의 압력과 전체압력의 관계를 나타낸 것이다(그림 7.13).

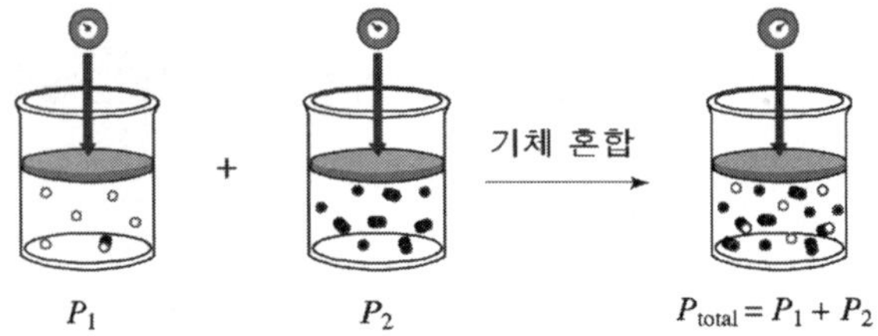

그림 7.13 돌턴의 법칙

$$P_{전체} = P_1 + P_2$$

P_1, P_2 = 1, 2, 각 성분 기체의 부분 압력

$P_{전체}$ = 혼합 기체의 전체 압력

위 식을 i개의 기체 혼합물로 일반화하면

$$P_i V = n_i RT$$

$$P_i = X_i P_{전체}$$

$$P_{전체} = P_1 + P_2 + P_3 + \cdots + P_i$$

$$P_{전체} = \frac{n_1 RT}{V} + \frac{n_2 RT}{V} + \frac{n_3 RT}{V} + \cdots + \frac{n_i RT}{V}$$

$$P_{전체} = (n_1 + n_2 + n_3 + \cdots + n_i)\frac{RT}{V} = n_{전체}\frac{RT}{V}$$

혼합된 이상 기체에 대하여 전체압력은 기체의 종류나 성분에 관계없이 기체 입자의 총 몰수가 중요한 인자가 된다.

7.8 기체분자운동론

기체분자들은 계속적으로 방향성을 가지지 않고 운동한다. 앞서의 서술에서 알 수 있듯이 특별한 온도, 압력 조건이 아니라면 기체 분자들은 서로에게 인력, 혹은 반발력과 같은 분자간 힘의 작용을 느끼지 못한다.

기체가 가지는 에너지는 주로 운동에너지로 이루어진다. 이러한 운동에너지의 원천은 기체에 가해진 열 혹은 기체가 품고 있는 열이다. 따라서 기체의 온도는 기체 분자의 운동이 얼마나 활발한가를 나타내는 지표가 된다.

기체의 운동에 대한 속도 및 이에 따른 확산, 분출 등의 분자 현상에 대해 간략히 알아보자.

확산

기체를 이루는 분자들이 다른 기체 속으로 퍼져나가는 현상

분출

기체가 작은 구멍을 통하여 배출되는 현상

기체 분자의 평균 운동 속도

기체 분자들이 끊임없이 불규칙한 운동을 통하여 충돌할 때 기체분자는 각각 다른 속력과 방향을 가지게 된다(그림 7.14). 기체분자 전체에 대한 속력과 방향에 대한 평균을 근평균제곱속도(root mean square speed, rms)라고 부른다.

근평균제곱속도를 구하기 위해서는 다음의 몇 가지 가정이 필요하다.

① 기체들은 끊임없이 불규칙한 운동을 하는 분자로 구성되어야 한다.
② 분자들 간의 충돌은 마찰에 의한 손실이 없는 탄성적인 충돌이어야 한다.
③ 분자들 간에는 인력 및 척력 등의 상호작용이 없다.
④ 분자 1개의 부피는 무시할 정도로 작다.
⑤ 기체분자의 운동에너지는 기체의 절대온도에 비례한다.

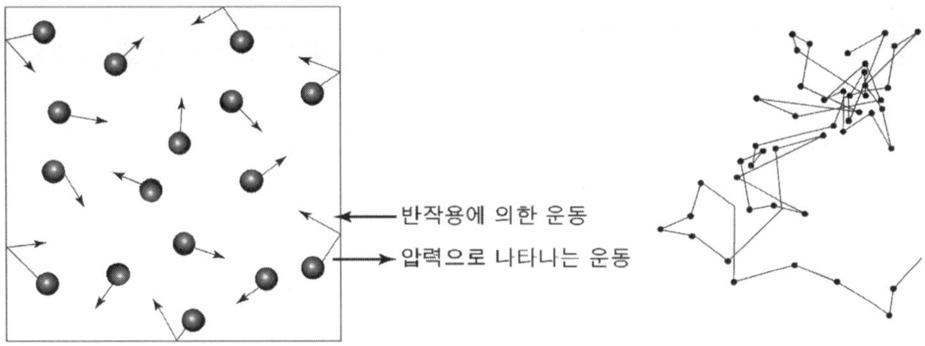

(a) 기체분자의 비행과 압력 (b) 브라운 운동과 입자의 움직임

그림 7.14 기체분자운동

위의 가정들을 사용한 에너지 보존과 통계적 적용을 통하여 구한 기체 분자의 평균 속도와 분자량의 관계는 다음과 같다.

기체 분자 1개가 x방향으로 갖는 운동에너지

$$\frac{1}{2}mv_x^2 = \frac{R}{N_A}T$$

기체 분자 1몰이 x방향으로 갖는 운동에너지

$$\frac{1}{2}M_w v_x^2 = RT$$

기체 분자 1몰이 x, y, z방향에 대해 갖는 운동에너지

$$v_{평균}^2 = v_x^2 + y_x^2 + v_z^2$$

그러므로

$$\frac{1}{2}M_w v_{평균}^2 = \frac{1}{2}M_w\left(v_x^2 + v_y^2 + v_z^2\right) = 3RT$$

$$v_{평균} = \sqrt{\frac{3RT}{M_w}}$$

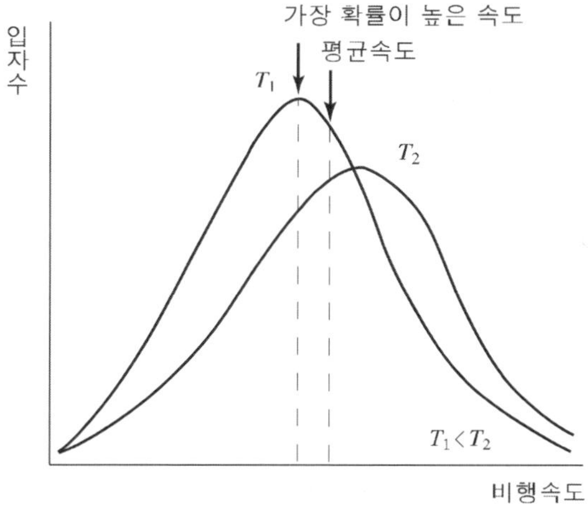

그림 7.15 기체분자 비행속도에 관한 맥스웰–볼쯔만 분포

그림 7.15는 온도에 따른 기체 분자의 속도에 대한 그래프이다. 기체의 온도가 증가하면 기체분자가 가지는 평균 속도와 속도 분포가 모두 증가함을 알 수 있다. 이는 온도 증가에 따라 보다 큰 운동에너지를 갖는 기체 분자수가 증가하였기 때문이다. 그래프의 봉우리는 그 속도에서 분자들이 가장 많이 존재함을 의미하며, 그래프의 비대칭성으로 전체 기체분자들의 평균 속도는 그보다 오른쪽에서 나타난다.

동일한 기체에서는 온도가 증가함에 따라 온도 분포와 분자의 평균 최대 속도가 증가함을 볼 수 있다(그림 7.16). 이는 동일한 온도에서 분자의 분자량이 감소하여 가벼워짐에 따라 속도와 속도 분포가 커지는 현상과 유사하다.

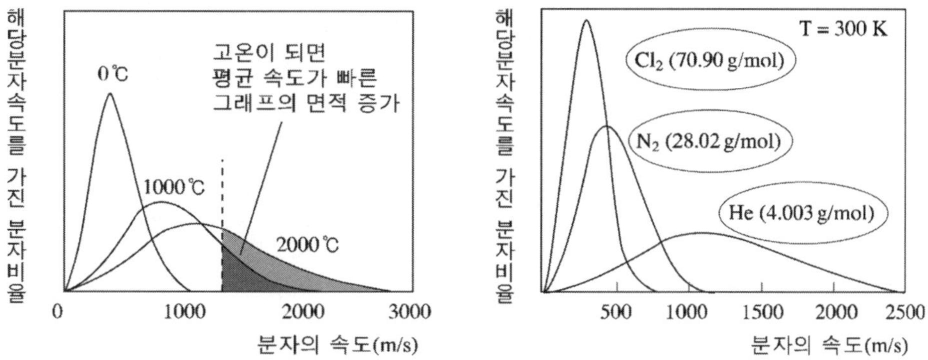

(a) 동일 기체(N_2)
서로 다른 온도에서의 분자 속도 분포

(b) 동일 온도(300K)
서로 다른 기체에서의 분자 속도 분포

그림 7.16 온도와 기체 종류에 따른 분자 속도

그레이엄의 확산 속도의 법칙

일정한 온도, 일정한 압력 하에서 기체의 확산 속도는 기체 분자량의 제곱근에 반비례한다.

$$\frac{v_A}{v_B} = \sqrt{\frac{M_{wB}}{M_{wA}}}$$

염산의 확산 실험에서 분자량이 작은 입자(암모니아)에서의 기체 확산 속도가 분자량이 큰 입자(염산)에서의 기체 확산 속도보다 빠르기 때문에 보다 먼 거리를 이동할 수 있다(그림 7.17).

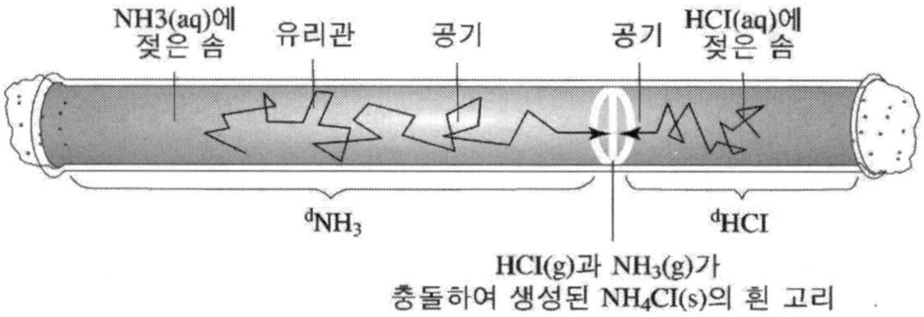

그림 7.17 암모니아와 염산의 확산 속도 비교

핵심 용어(key words)

기체	보일의 법칙	샤를의 법칙
아보가드로의 법칙	몰	이상 기체
실제 기체	상태방정식	돌턴의 법칙
기체분자운동론	확산	

연습문제

1. 다음과 같은 이상 기체의 압력, 부피 곡선이 주어졌을 때, 곡선 위의 $a \sim d$점에서 온도가 높은 순서대로 나열하시오.

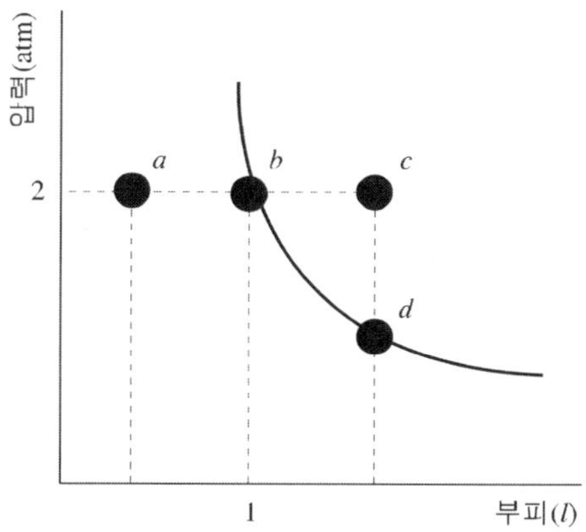

2. 벤젠 6 g을 1 atm, 80℃에서 전부 증기로 만들 경우 그 부피는 몇 ℓ이겠는가? (단, 증기는 이상 기체로 간주한다.)

3. 다음 표는 그림과 같이 네온 기체가 들어있는 용기 A, B의 압력과 부피를 나타낸 것이다. 연결 콕을 열면 기체의 압력은 얼마가 되는가?

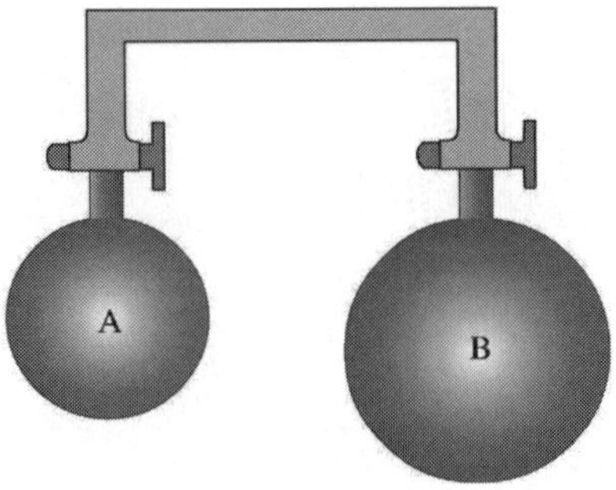

용기	부피(ℓ)	압력(atm)
A	4	3
B	12	1

4. 가연성 기체의 분자량이 28 g/mol일 때 1기압, 25℃에서 이 기체의 밀도(g/ℓ)를 구하시오.

5. 어떤 기체의 확산 속도는 SO_2의 2배이다. 이 기체의 분자량은 몇 g/mol인가? (단 SO_2의 분자량은 64이다.)

CHAPTER 08

액체 및 고체

상(phase)은 계의 다른 부분과 접해 있지만 잘 구분된 경계로 이루어진 균일계를 의미한다. 주변에서 흔히 볼 수 있는 상들은 기체, 액체, 고체가 있다. 기체들은 이상 기체 상태방정식과 같이 그 특성을 하나의 식으로 설명할 수 있으나, 액체와 고체는 그 성질을 대표하는 단일한 관계식이 존재하지 않는다. 기체와 비교되는 액체와 고체의 특성을 이해하기 위하여 기체, 액체, 고체 분자들 간의 상호작용하는 힘에 대해 알아보자.

8.1 분자간 힘

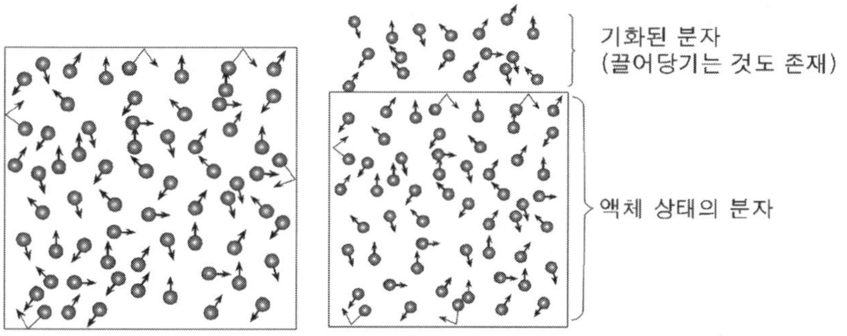

그림 8.1 액체의 분자운동

액체는 고체보다 자유로운 분자운동이 일어나는 물질 상태이며, 기체보다는 서로 작용하는 인력이 크기 때문에 분자운동의 제약을 받는 상태이다(그림 8.1). 이처럼 물질의 상태는 분자들 사이에 작용하는 인력인 분자간 힘(intermolecular force)과 분자를 이루고 있는 원자들 사이에 작용하는 분자내 힘(intramolecular force)에 의해 유지된다. 물이 기화되는 상태변화는 외부에서 가해지는 열에너지에 의하여 물분자간 수소결합이 끊어져 수증기의 형태로 날아가는 것이므로 분자간 인력의 관점에서 생각할 수 있다.

반면 물분자에서 산소-수소간 공유결합에는 분자내 힘이 연관되어 있다. 공유결합, 이온결합, 금속결합 등의 분자내 힘의 크기와 비교하여 분자간 힘은 그 크기가 매우 미약하나 고체, 액체, 기체 등의 물질의 성상을 이루는데 매우 큰 영향을 미친다. 분자간 힘의 종류는 다음과 같이 구분할 수 있다.

쌍극자–쌍극자 힘

쌍극자(dipole)는 전기적으로 +와 −로 나뉜 극성분자에서 나타난다. 쌍극자를 표시하는 화살기호는 부분적인 양전하를 가진 원자로부터 시작하여 부분적인 음전하를 가진 원자를 향해 화살표의 끝이 향하도록 배열한다(그림 8.2).

쌍극자-쌍극자 힘은 전기음성도 차이에 의해 발생하는 극성 분자들, 즉 쌍극자 사이에 작용하는 정전기적 인력이다. 이 힘은 부분적으로 (−) 혹은 (+) 전하를 띠고 있는 한 분자의 면이 다른 분자의 (+) 혹은 (−) 전하를 띠고 있는 면과 상호작용할 때 발생한다.

그림 8.2의 (b), (d)처럼 모든 결합이 중심원자로부터 모두 같은 각도로 배치되어 있다면, 극성분자 전체의 전하는 모든 방향에서 동일하게 펼쳐져서 서로 상쇄된다. 이러한 경우 부분적으로 극성 공유결합을 이루고 있지만, 분자 전체는 무극성의 성질을 가지게 된다. 그림 8.2의 (a), (c)와 같이 상쇄되지 않는 전하특성을 갖는 분자는 극성을 갖게 된다.

이러한 분자들이 다수 모여 있는 경우, 부호가 반대인(즉, +/−) 전하의 인력을 최대로 하며, 부호가 동일한(즉, +/+, −/−) 전하간 반발력을 최소로 하는 분자간 배열을 이루며 상을 형성한다(그림 8.3).

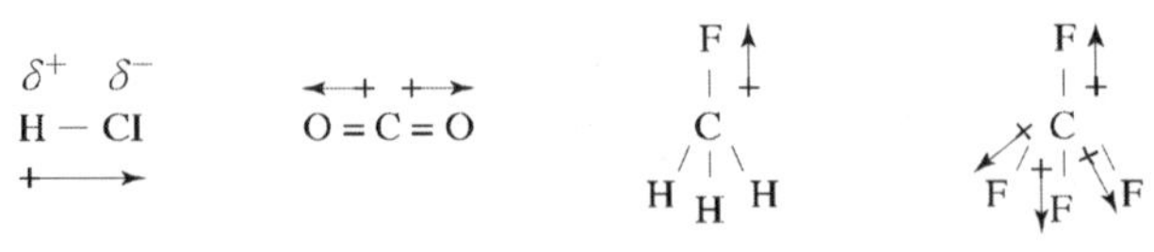

(a) 염화수소 (b) 이산화탄소 (c) 불화메테인 (d) 사불화메테인

그림 8.2 전기음성도가 큰 원소에 의한 전자의 끌림

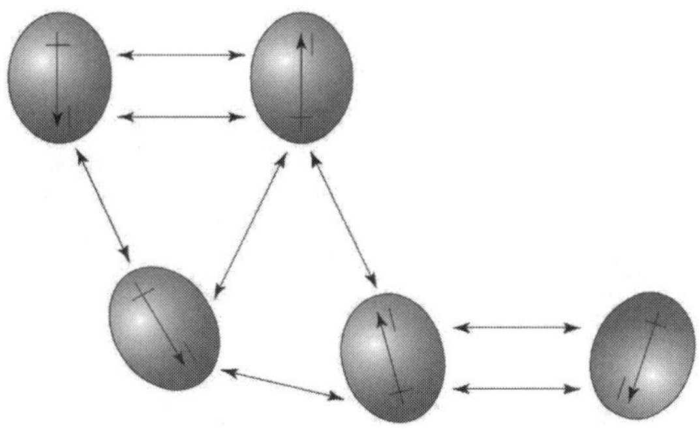

그림 8.3 극성 분자들 간 배열

쌍극자-쌍극자 힘은 여러 분자간 힘 중에서 수소결합과 함께 비교적 큰 힘으로 볼 수 있다. 하지만 공유결합 또는 이온결합의 약 1%에 불과하며, 쌍극을 가진 분자간 거리가 증가함에 따라 급격히 약해진다. 분자운동에너지가 큰 기체 상태에서는 이 힘이 상대적으로 작아서 중요하게 작용하지 않는다.

수소결합

전기음성도가 가장 큰 F, O, N 등의 원자들에 직접 결합된 수소원자는 전기음성도가 큰 원자에 전자를 빼앗기고, 부분적으로 높은 수준의 (+)전하를 갖게 된다. 이 (+)로 대전된 수소원자는 부분적으로 (−)로 대전된 다른 F, O, N 원자의 비공유 전자쌍 혹은 고립전자쌍과 강한 정전기적 인력으로 상호작용을 한다.

이때 수소원자의 크기가 다른 원소들에 비해 작기 때문에 F, O, N 등의 (−)로 대전된 쌍극자 분자들이 보다 가까이 다가올 수 있다. 분자간 거리가 멀어질수록 쌍극자-쌍극자 힘은 적어지기 때문에, 가까이 다가갈수록 쌍극자-쌍극자 힘은 더 크게 나타난다.

이처럼 분자내에 F, O, N과 같이 전기음성도가 큰 원자가 있으며, 이 원자에 직접 붙어 있는 수소원자가 있는 분자들은 특별히 큰 쌍극자간 힘과 접근성이 좋은 작은 수소원자에 기인하여, 매우 큰 극성결합을 이룰 수 있다. 이러한 분자들에서 나타나는 매우 큰 쌍극자-쌍극자 힘을 수소결합(hydrogen bond)이라 한다(그림 8.4~8.6).

수소결합은 일반적인 원자간 화학결합에 비하여 작으나, 다른 분자간 힘들에 비하면 매우 큰 편이다(그림 8.6). 수소결합은 직접적인 화학결합은 아니나 보편적으로 사용되는 용어로서 이러한 종류의 분자간 힘을 설명하기 위하여 사용된다.

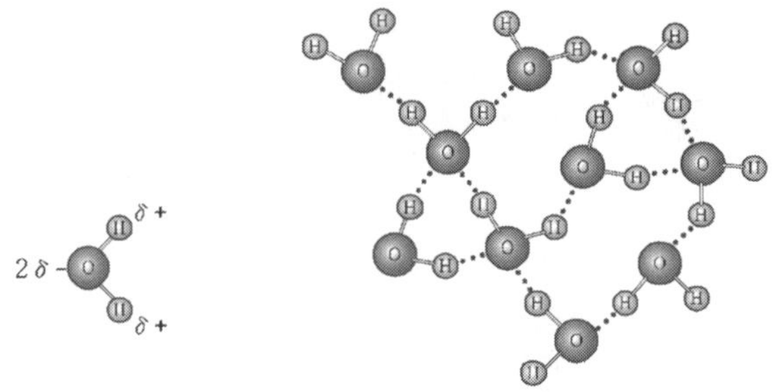

(a) 단일 물분자 (b) 물분자간 배열

그림 8.4 물분자의 극성과 수소결합

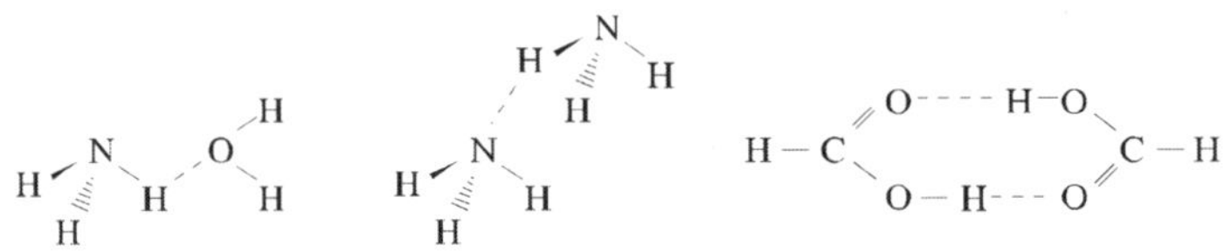

(a) 암모니아–물 (b) 암모니아–암모니아 (c) 포름산–포름산

그림 8.5 다양한 수소결합의 사례

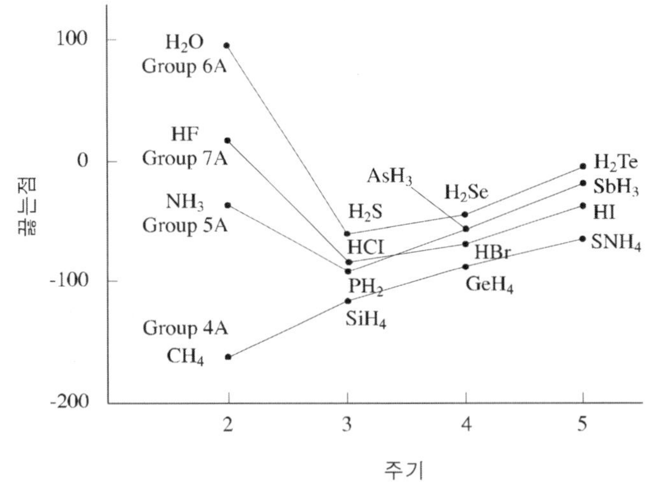

그림 8.6 H_2O, HF, NH_3 분자의 수소결합에 의한 끓는점의 변화
(수소결합이 없는 경우 족의 분자량이 커질수록 끓는점 증가)

런던분산력

극성 용매와 달리 비극성 액체 내에서도 분자간 상호작용이 존재한다. 비극성 분자들도 일시적인 요인에 의해 쌍극자가 유도될 수 있다. 이러한 일시적인 경향에 따라 다른 분자들에도 쌍극자가 유도되어 부분적인 (+) 또는 (−)전하를 갖게 된다. 유도된 쌍극자에 의한 일시적인 쌍극자간 인력에 의해 나타나는 힘을 런던분산력이라 한다(그림 8.7).

이러한 힘과 효과는 매우 일시적인데, 유도된 쌍극자를 발생시킨 요인이 사라지면 이 힘 역시 사라지기 때문이다. 이렇듯 짧은 순간 나타나는 런던분산력은 극성 분자간 상호작용에 비하여 매우 약한 힘이다.

다만 작은 분자들에 비해 큰 분자들에서 런던분산력은 더 크고 강하게 나타날 수 있다. 이는 작은 분자들에 비하여 큰 분자들에서 전자구름의 편극이 쉽게 나타날 수 있으며, 유도된 쌍극자의 면적이 작은 분자들에 비해 상대적으로 크기 때문이다. 이러한 결과로 런던분산력은 비극성 원자(또는 분자)들의 원자 번호 혹은 원자량(또는 분자량)이 커질수록 더 크게 나타난다.

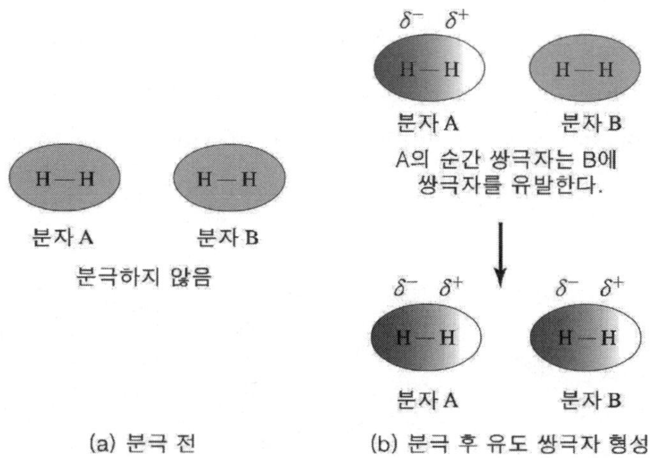

그림 8.7 런던분산력은 일시적인 쌍극자를 가진 한 원자(또는 분자)가 다른 원자 분자를 순간 혹은 일시적으로 쌍극자를 유도할 때 형성

8.2 액체 상태

액체에서 나타나는 증기압, 끓는점, 표면장력 등의 성질은 액체 내에 존재하는 분자간 힘의 종류와 크기에 따라 달라진다. 아주 강한 분자간 힘이 작용하는 액체는 약한 분자간 상호작용이 작용하는 액체에 비해 다른 특성을 나타낸다.

증기압

대기 중에 열려 있는 용기에 담겨 있는 물은 시간이 지남에 따라 수증기로 기화(vaporization)되어 모두 사라지는 현상을 보았을 것이다. 밀폐된 용기 내부에 담겨 있는 물의 경우 액체 표면에서는 수증기가 발생하며, 또한 밀폐된 용기의 기체 부분에 포함된 수증기가 다시 물로 돌아가는 액화현상이 동시에 발생한다(그림 8.8). 액체의 양과 기체의 양의 변화가 나타나지 않는 상태를 동적 평형이라 부른다. 증기압은 액체가 담겨 있는 용기의 모양이나 크기, 액체의 양에 관계없이 온도와 물질에 따라 달라지는 고유 특성이다.

액체 분자간 결합력이 약해서 쉽게 분자간 결합이 끊어지거나, 온도 증가로 분자간 결합을 끊고 달아나기에 충분한 에너지를 가진 기체 분자수가 많아지면, 증기압은 증가한다. 반면에 분자간 결합력이 크거나, 낮은 온도에 따른 기체의 분자운동에너지가 충분히 작은 경우, 기체보다는 액체로 존재하게 되어 증기압은 작아진다. 그림 8.9에서 (a)보다 더 높은 온도 상태이며, 더 큰 분자에너지를 갖는 (b)에서 증기압은 더 클 것이다.

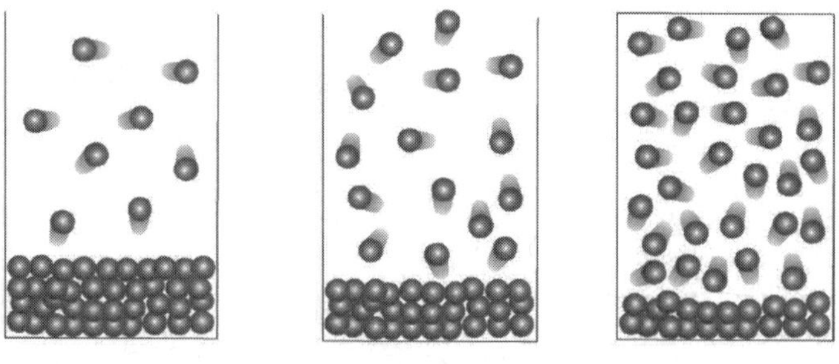

(a) 상온, 낮은 증기압 (b) 끓는점, 증기압=대기압 (c) 끓는점 이상

그림 8.8 열린계와 닫힌계에서의 증기압 비교

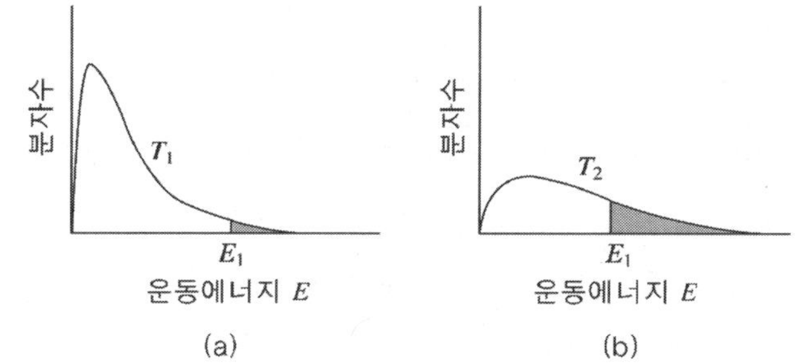

그림 8.9 온도 증가에 따른 기체분자 운동에너지의 증가($T_1 < T_2$)

상온에서 증기압이 높은 액체를 휘발성을 가졌다고 표현하며, 증기압이 낮은 액체를 비휘발성이라 한다. 석유에서 휘발유는 높은 증기압을 갖는 반면에 중유, 경유 등은 낮은 증기압을 나타낸다. 그림 8.10은 다양한 액체의 증기압을 나타낸 것으로 상온에서 다이에틸에테르는 휘발성을 보이며, 물은 상대적으로 비휘발성을 가지는 것을 볼 수 있다. 특히 증기압이 대기압과 같아질 때의 온도에서는 액체 내부에서도 기화가 발생하며 이 점을 끓는점이라 한다.

끓는점

용기 속에 들어 있는 물을 가열하면 액체의 표면에서의 기화 및 액체 내부에서 밀려나오는 공기가 먼저 빠져나온다. 일정 온도 이상이 되었을 때 액체 전체에서 기체가 발생하며, 액체를 누르고 있는 외부 압력을 이겨내고 기화하게 된다. 이렇듯 액체 내부에서 기화

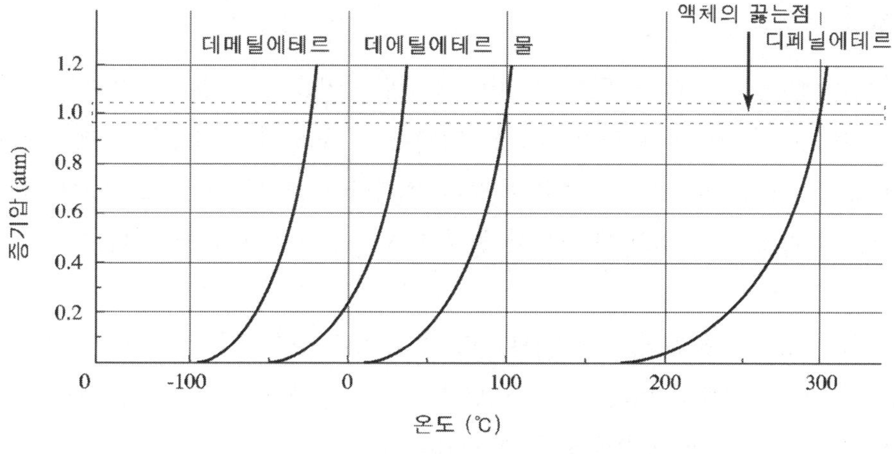

그림 8.10 다양한 액체의 증기압

가 발생하는 현상은 최소한 액체의 증기압이 외부 압력과 같은 상태에서 발생하게 된다. 일반적인 외부 압력을 대기압이라고 할 때, 이는 1기압에 해당된다고 볼 수 있다. 주변 기체 혹은 공기의 압력(대기압)이 액체의 증기압인 1기압과 같아져서 끓기 시작하는 온도를 정상 끓는점(normal boiling point)이라고 한다.

분자간 인력이 클수록 액체 외부로의 기화가 힘들어지며, 기화에 필요한 열에너지는 더 많이 필요하게 된다. 분자간 인력이 점차 커지는 액체들을 비교하면, 같은 대기압이라는 전제에서 끓는점이 높아지는 경향을 나타낸다. 같은 온도라면 분자간 인력이 큰 액체일수록 증기압이 낮아지는 현상으로 나타난다.

표 8.1은 유사한 분자량을 가진 분자들 사이에서 작용하는 다양한 분자간 힘에 따라 끓는점이 달라지는 현상을 나타내고 있다. 런던분산력이 작용하는 에테인보다는 쌍극자-쌍극자 힘이 작용하는 극성물질인 황화수소가 끓는점이 더 높음을 알 수 있다. 황화수소보다 수소결합을 할 수 있는 비슷한 분자량을 가진 메탄올의 경우가 가장 큰 끓는점을 나타내는 것을 볼 수 있다.

표 8.1 유사한 분자량을 가진 분자들 간 끓는점 비교

분자	분자량	끓는점
에테인(CH_3CH_3)	30.0	-88.0
황화수소(H_2S)	34.0	-60.3
메탄올(CH_3OH)	32.0	64.7

표면장력

표면장력(surface tension)은 단위 면적당 액체의 표면을 늘리거나 증가시키는데 필요한 에너지를 의미한다. 따라서 표면장력이 큰 액체는 그 표면적을 가능한 작게 만들려고 한다. 그림 8.11에서 볼 수 있듯이 액체 내부에 존재하는 분자는 주변의 액체분자들로부터 인력을 받는데 비해, 액체 표면에 위치한 분자는 주변을 둘러싼 액체분자들이 내부의 액체분자에 비해 작다.

약한 분자간 상호작용을 하는 액체보다 더 큰 분자간 상호작용을 하는 액체는 더 큰 표면장력을 가지려는 경향이 있다. 유리 표면에 놓여있는 물을 가정하였을 때, 물분자들은 서로 끌어당겨 하나의 큰 물방울을 형성하려고 한다.

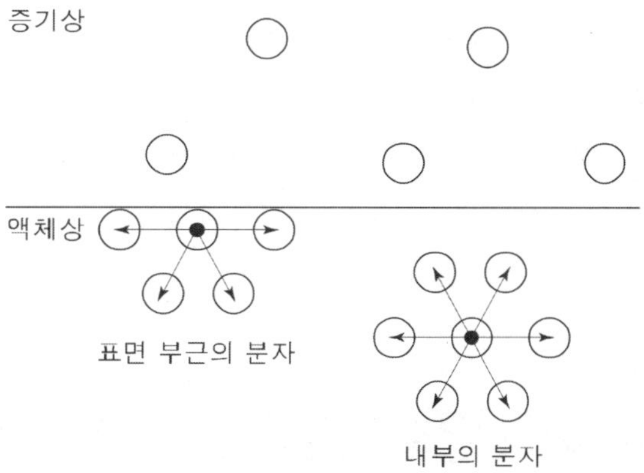

그림 8.11 액체 표면에서의 분자간 상호작용

이때 물방울의 끝부분은 퍼지지 않고 모여 있는 현상을 볼 수 있다. 반면에 사염화탄소가 유리면에 놓이게 될 경우, 물분자보다 약한 분자간 힘을 갖게 되어 유리 표면으로 넓게 퍼지는 경향을 나타낸다. 이유는 사염화탄소와 사염화탄소분자간 붙어있으려는 힘보다 사염화탄소와 유리표면의 분자간 상호작용이 크기 때문에 보다 넓은 표면적을 갖도록 펼쳐지기 때문이다. 표면장력의 다른 예는 모세관 현상이다(그림 8.12).

그림 8.12(a)는 물이 모세관을 따라 수면으로 올라가 있는 모습으로, 물분자와 물분자와의 인력보다 물분자와 모세관을 이루는 유리분자와의 상호작용이 더 강하기 때문에, 모세관면을 따라올라간 오목한 메니스커스를 가지게 된다. 유리분자들과 물분자와의 상호작용을 최대로 하기 위하여 물이 담겨있는 수면에 비해 물이 모세관을 따라 올라가게 된다.

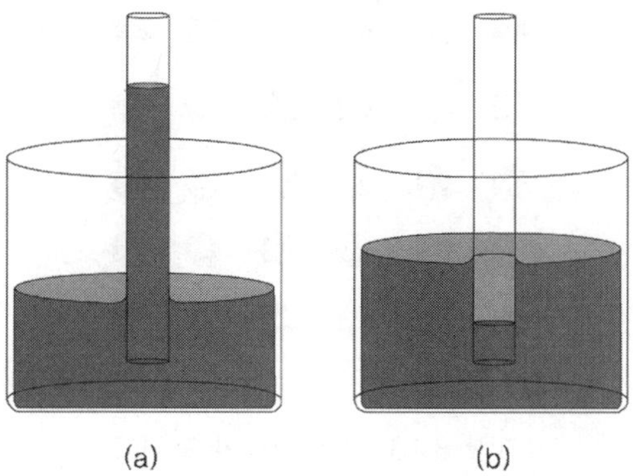

그림 8.12 액체 표면에서의 요철과 모세관현상

반면에 그림 8.12(b)는 수은이 들어있는 용기에 모세관을 두었을 때 나타나는 모습으로 수은분자간의 인력이 수은분자와 모세관의 유리분자와의 상호작용보다 크기 때문에 볼록한 메니스커스를 가진다. 유리분자들과의 상호작용이 최소가 되어야 하기 때문에 수은의 메니스커스는 수은 액체의 표면보다 아래로 내려가게 된다.

8.3 고체 상태(고체의 종류)

고체는 원자나 분자들 사이의 분자간 힘이나 화학결합과 같은 분자내 힘으로 인하여 분자들 사이의 자유로운 운동이 제한되어 고정된 위치에서 진동운동만이 가능한 물질의 상태를 의미한다(그림 8.13). 고체는 입자 사이의 인력이 커서 유동성이 거의 없으며, 일정한 모양과 부피를 갖는다. 또한 고체를 이루는 입자들 사이의 거리가 매우 가깝기 때문에 비어 있는 공간이 없으며, 액체, 기체 상태에 비해 큰 밀도를 갖는다. 고체를 이루는 원자, 분자, 이온 간의 규칙성 유무에 따라 결정성 고체와 비결정성 혹은 무정형 고체로 분류한다.

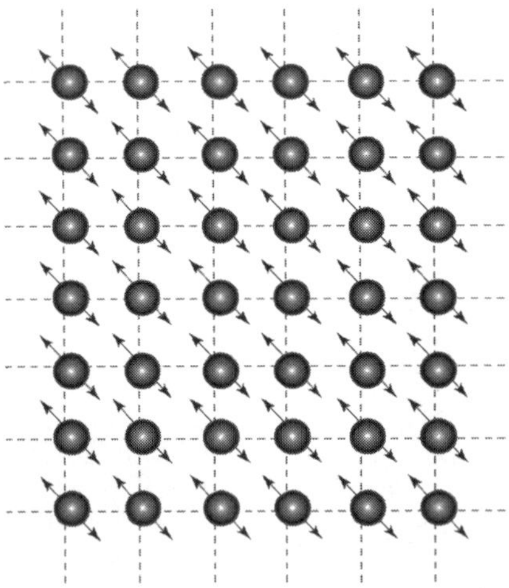

그림 8.13 결정격자의 모식도

결정

결정은 원자, 이온, 분자 등이 입체적으로 일정한 구조를 반복하여 쌓이거나 배열된 고체를 의미한다. 결정 안에는 원자, 이온, 분자들이 이온결합, 공유결합, 분자간 힘에 의해 붙들려 있으며, 이들이 이루는 결정의 3차원 입체 구조를 결정격자(crystal lattice)라 부른다. 결정격자에 놓인 입자들이 서로 쌓였을 때 동일한 결정을 만들 수 있는 최소 반복단위를 결정의 단위세포(unit cell)라 한다. 다음 그림 8.14와 8.15는 가장 보편적인 입방체의 결정구조를 보여준다.

결정 안의 원자들이 모두 같은 크기일 때 원자들은 조밀쌓기(close-packed) 구조로 밀착될 수 있다. 이러한 조밀쌓기는 결정 안의 각 원자가 이웃 원자들과 가장 가까이 위치할 수 있는 결정체를 이루는 방식이다. 단순입방체는 조밀쌓기가 아니기 때문에 하나의 격자에 들어갈 수 있는 원자수가 가장 적다. 원자가 조밀쌓기 형태로 쌓일 수 있는 방법은 다음의 두 가지가 있다(그림 8.16).

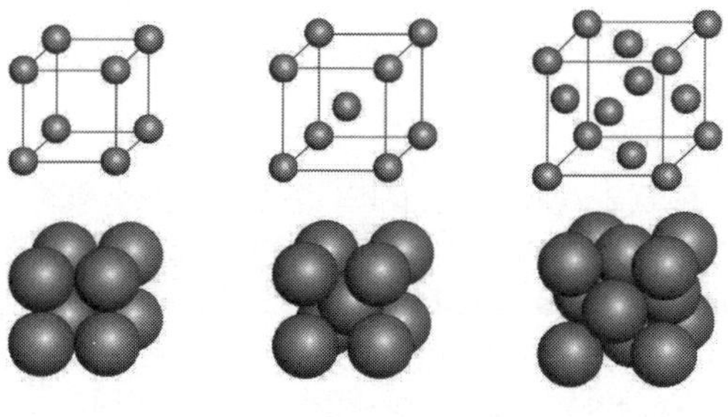

(a) 단순입방체 (b) 체심입방체 (c) 면심입방체

그림 8.14 입방체의 세 가지 형태

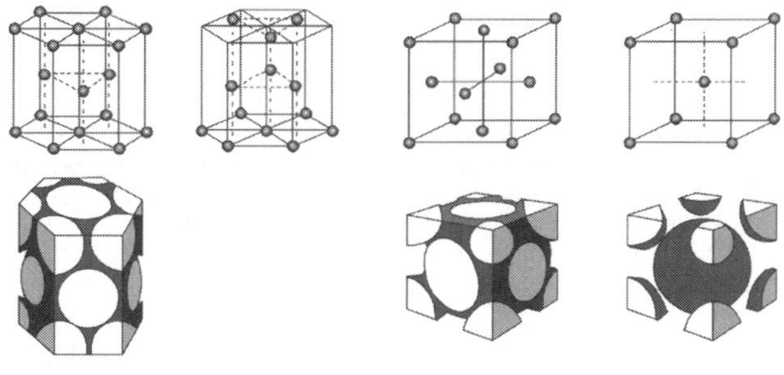

(a) 육방조밀격자 (b) 면심입방격자 (c) 체심입방격자

그림 8.15 조밀쌓기형 결정에서 각 층이 쌓이는 방향

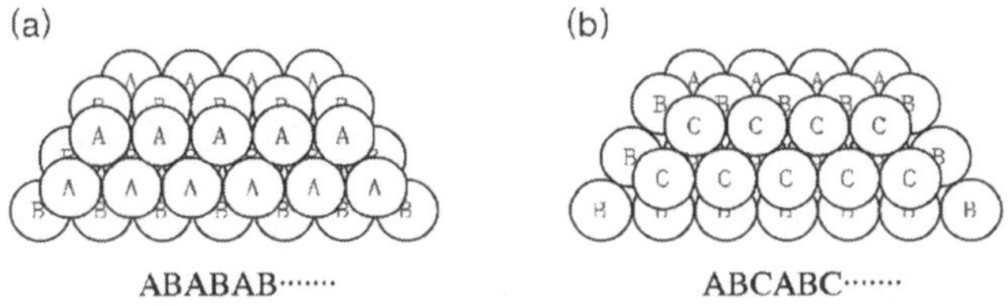

(a) ABAB형 (b) ABCABC형

그림 8.16 조밀쌓기 구조

첫째로 육방조밀쌓기(hexagonally close-packed, HCP)이며, 둘째는 입방조밀쌓기(cubic close-packed, CCP)이다. 육방조밀쌓기는 결정을 이루는 원자층의 배열이 ABAB... 순서로 세 번째 원자층이 다음 격자의 첫 번째 원자층으로 위치하는 결정 방식이다. 입방조밀쌓기에서는 원자들이 서로 ABCABC 순서로 배열된다. 이 경우 네 번째 원자층이 다음 격자의 첫 번째 원자층으로 위치한다(그림 8.16, 그림 8.17).

그림 8.17은 육방조밀쌓기와 입방조밀쌓기에 대한 모습을 위쪽과 옆쪽 면에서 나타낸 것이다. 금속원자들은 주로 육방 혹은 입방조밀쌓기로 배열되어 있다. 표 8.2는 물질에 따른 다양한 결정들을 결정 형태와 조밀격자에 따라 나타내었다.

표 8.2 결정조밀격자의 종류 및 결정 형태

결정조밀격자	결정형태	특징	예
육방조밀 격자	육각기둥	격자점과 낮은 면의 중심, 그 위의 격자내부의 3곳에 원자/이온이 위치	Be, Cd, Co, He, Mg, Sc, Ti, Zn
면심입방 격자	입방체	격자점과 각면의 중심에 원자/이온이 위치	Ag, Al, Ar, Au, Ca, Cu, Kr, Ne, Ni, Pb, Pd, Pt, Rh, Rn, Sr, Xe
체심입방 격자	입방체	격자점과 입방체의 중심에 원자/이온이 위치	Li, Na, K, Fe, Po, CsCl, CO_2

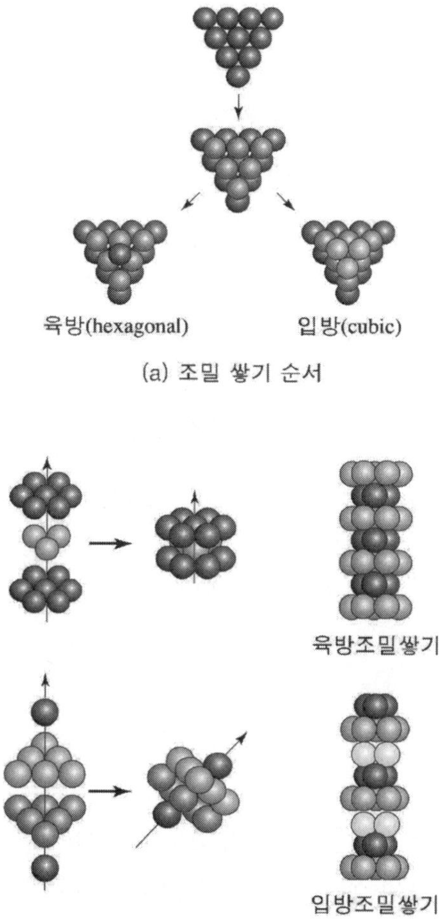

그림 8.17 조밀쌓기 순서와 형태

고체의 형태는 각각 다른 성질과 구조를 가지며, 결정 유무에 따라 결정성 고체와 비결정성 고체로 구분할 수 있다. 결정성 고체는 이온성 고체, 금속 고체, 분자성 고체, 원자성 고체로 세분화된다.

이온성 고체

이온성 고체는 양이온과 음이온의 정전기적 인력에 의하여 결합되어 있다(그림 8.18). 이온은 매우 다양한 크기로 이루어져 있다. 염화소듐 안에서 (−)전하의 염소이온은 (+)전하의 소듐이온보다 훨씬 크다. 따라서 염화소듐의 구조는 동일한 크기로 이온들을 가정하여 이루어진 앞서의 결정구조들과는 다소 다르다.

이온성 고체들은 정전기적 인력에 따라 결합이 되어 있기 때문에 녹는점이 매우 높다. 이온을 가지고 있지만, 고체 상태에서 이온 이동이 불가능하기 때문에 전기 전도성이 없다. 용융 상태이거나 극성 용매에 용해되어 있는 경우 이온의 이동성이 나타날 수 있어 전기 전도성을 띨 수 있다.

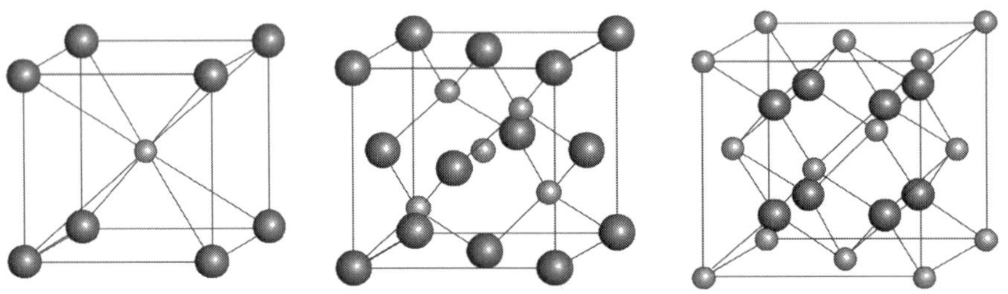

(a) CsCl　(b) NaCl　(c) CaF_2(형석)

그림 8.18 이온 결정

금속 고체

금속은 금속 양이온과 자유전자의 전기적 힘으로 결합되어 있는 고체이다. 금속결합은 자유전자가 고정된 결정체 안의 고체 양이온 사이를 자유롭게 움직이는 전자 바다의 개념으로 설명된다(그림 8.19). 전자들이 자유롭게 금속 고체 안을 움직일 수 있기 때문에 열과 전기에 대한 좋은 도체로 작용한다. 또한 금속의 양이온은 결합을 깨뜨리지 않는 범위에서 움직이도록 하는 것이 가능하므로, 실처럼 길게 늘일 수 있는 전성과 얇게 펼칠 수 있는 연성이 뛰어나다.

대부분의 금속은 은백색의 색을 띄고 있다. 이는 거의 모든 빛을 반사하기 때문으로 특유의 금속광택으로 표현된다. 금 등의 일부 금속은 빛의 일부를 흡수하기 때문에 노란색을 나타낸다. 수은을 제외한 모든 금속들이 상온에서 고체 상태이며, 낮거나 높은 녹는점을 가진 금속, 연하거나 단단한 특성을 가진 금속으로 지구상에 존재한다.

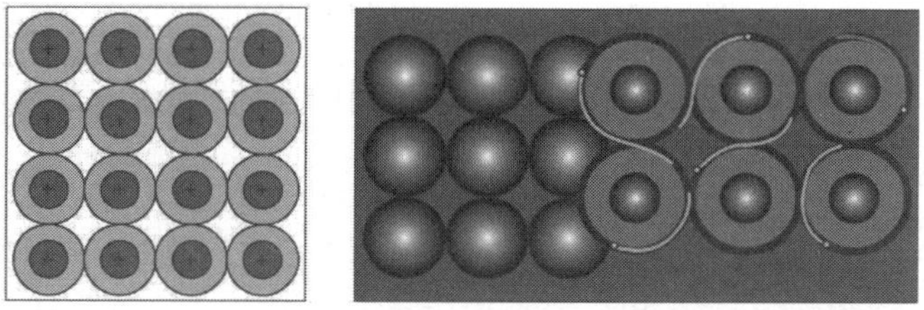

그림 8.19 고정된 금속 원자핵 사이를 자유로이 움직이는 전자

순수한 금속에 다른 원소를 첨가하여 강도, 경도, 내구성, 내후성 등의 금속 성질을 변화시키며, 이렇게 얻은 물질을 합금이라 한다. 합금은 금속의 여러 특성들을 조합하여 다양한 용도의 금속 물질을 얻는데 활용된다. 알루미늄의 전성과 연성을 유지하며 강도를 높이기 위해 구리와 마그네슘을 소량 첨가하여 만든 두랄루민, 순철에 인장강도, 경도, 항복점 등을 높이기 위해 탄소를 첨가하여 만든 탄소강 등이 합금의 사례가 되겠다.

원자성 고체

원자성 고체는 원자들 간의 강한 공유결합을 통하여 형성된 결정으로 거대한 그물구조를 형성하며(그림 8.20), 큰 구조로 성장할 수 있다. 공유결합에 기인한 특성으로 녹는점과 끓는점이 매우 높다.

흑연 및 반도체를 제외하고 대부분의 그물형 원자성 고체는 전자의 이동이 매우 어렵기 때문에 전기를 전도하지 않는다. 원자성 고체는 대부분의 용매에 용해되지 않으며, 공유결합으로 매우 단단한 구조를 가진다. 다이아몬드는 현재까지 알려진 가장 단단한 물질이다. 하지만, 결정 안에 있는 원자의 작은 움직임이 공유결합으로 둘러쌓인 그물구조를 쪼갤 수 있어 고체구조의 깨어지는 파괴현상을 나타낼 수 있다.

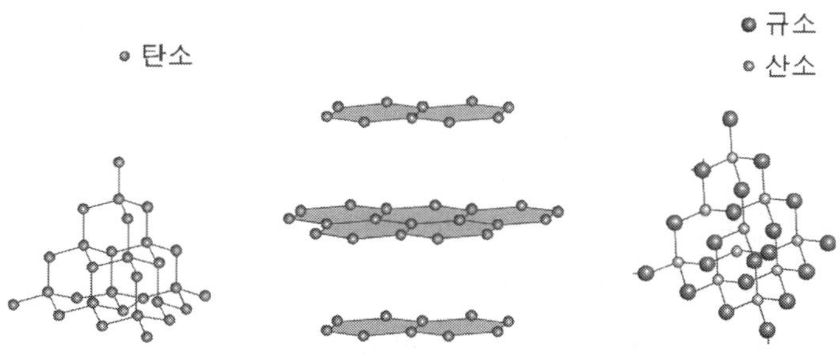

(a) 다이아몬드 (b) 흑연 (c) SiO_2

그림 8.20 원자성 고체의 종류

이 밖에 영족원소들이 어는점 이하에서 런던분산력의 약한 힘으로 결합된 고체를 이룰 수 있으며, 이는 원자성 고체의 일종으로 볼 수 있다.

분자성 고체

작은 공유결합 액체 화합물인 물이 고체인 얼음 상태로 변화를 일으키는데에는 분자간 힘인 수소결합이 큰 역할을 한다(그림 8.21). 수소결합, 쌍극자–쌍극자 힘, 분산력 등 분자간 힘에 의해 결합되어 있는 고체를 분자성 고체라 부른다.

분자간 힘은 이온결합이나 공유결합보다 매우 약한 힘이나, 특정한 상태에서 분자들을 고체형태로 결합시키기에는 충분히 강할 수 있다. 분자성 고체의 결합은 화학결합보다 약하기 때문에, 낮은 녹는점과 끓는점을 가지며, 쉽게 부서진다. 또한 전기전도성 및 열전도성이 매우 낮은 부도체이다. 이러한 고체의 종류로는 얼음, 드라이아이스, 나프탈렌, 설탕, 황, 인, 이산화황 등이 있다.

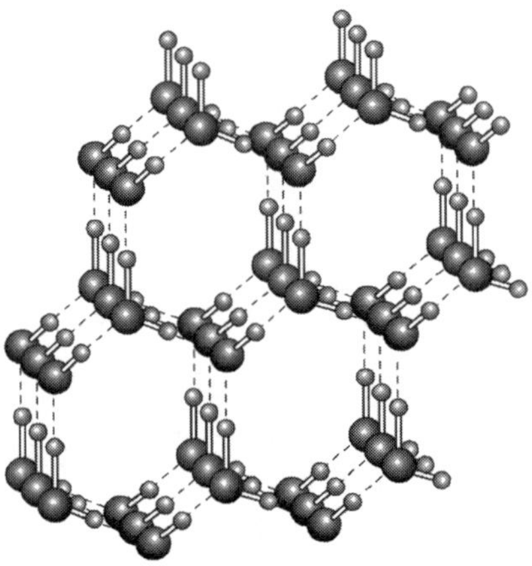

그림 8.21　얼음의 결정구조

비결정성 고체

어떤 고체는 위에 언급한 규칙적인 결정구조를 갖지 않는다. 예측가능하지 않는 불규칙한 형태로 결합하는 물질들을 비결정성 고체 혹은 무정형 고체라 한다. 결정화된 경우와 비교하여(그림 8.22(a)) 물질이 결정화 없이 딱딱한 상태로 냉각되었을 때 나타나는 투명한 용융화합물을 유리라고 한다(그림 8.22(b)). 예를 들어 결정성 고분자를 녹인 후 급냉시키는 경우, 투명한 비결정성 고분자를 얻을 수 있다. 비결정성 고체는 단단하나 깨지기

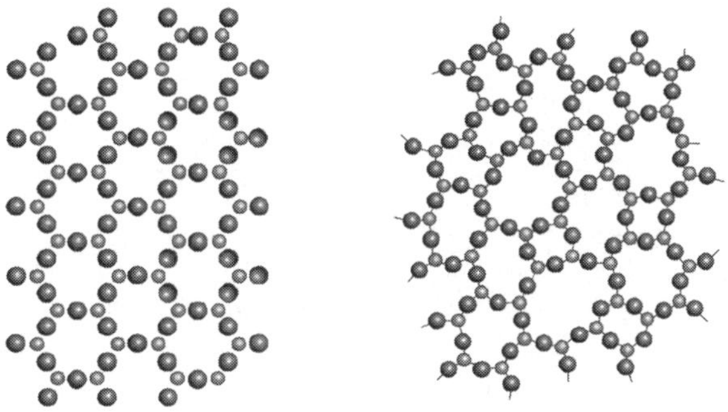

(a) SiO_2 쿼츠 결정　　(b) SiO_2 쿼츠 유리

그림 8.22　결정과 비결정

쉽다. 반면에 고무, 플라스틱, 엿 등의 비결정성 고체는 부드럽고 낮은 녹는점 혹은 연화점을 갖는다.

8.4 상전이와 상평형(끓는점, 녹는점)

앞서 물질은 고체, 액체, 기체의 세 가지 상태가 있다고 하였다. 이러한 물질에 대해 온도와 압력을 변화시켜 물질의 상태를 변화시킬 수 있다. 고체가 에너지를 얻어 액체 혹은 기체가 되며, 기체가 에너지를 잃어 액체 혹은 고체가 된다(그림 8.23~8.25).

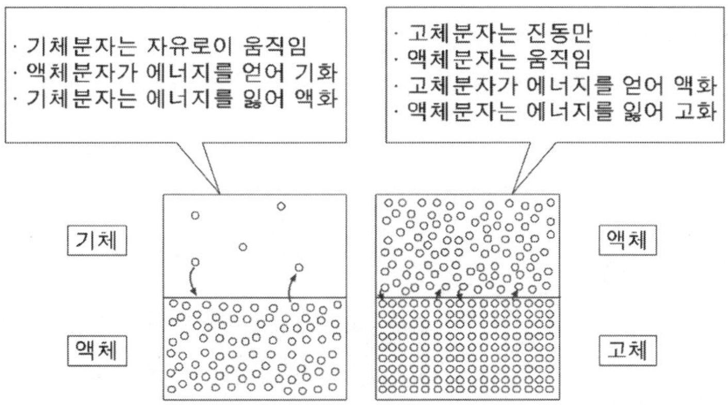

그림 8.23　기체, 액체, 고체의 에너지 상태

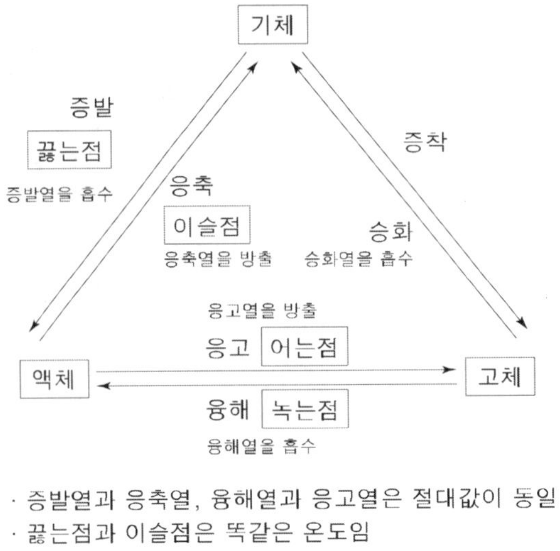

그림 8.24 기체, 액체, 고체의 상태도

그림 8.25는 물에 에너지, 즉 열을 가할 때 나타나는 물질의 상태 변화를 보여준다. 0℃보다 낮은 상태에서 물은 얼음으로 존재한다. -10℃의 얼음이 있다고 가정해 보자. 열을 가할 경우, 얼음은 0℃가 될 때까지 온도가 상승한다. 0℃에서 얼음은 가해지는 열에너지를 온도를 올리는데 사용하지 못하고, 상태를 물로 바꾸기 위해 소모하게 된다. 따라서 온도 변화는 나타나지 않는다. 0℃의 얼음이 0℃의 물로 바뀌는 이 지점이 녹는점이 된다. 이제 모든 얼음이 물로 바뀌게 되면, 가해지는 열에너지는 물의 온도를 올리는데 사용되며, 이 현상은 100℃까지 지속된다. 100℃의 물에 열에너지를 가하게되면, 물의 온도를 올리는데 열에너지가 쓰이지 못하고 수증기의 형태로 변화시키는데 소모된다. 100℃의 물이 100℃의 수증기로 모두 바뀌게 되면, 이후로 가해지는 열에너지는 수증기의 온도를 올리

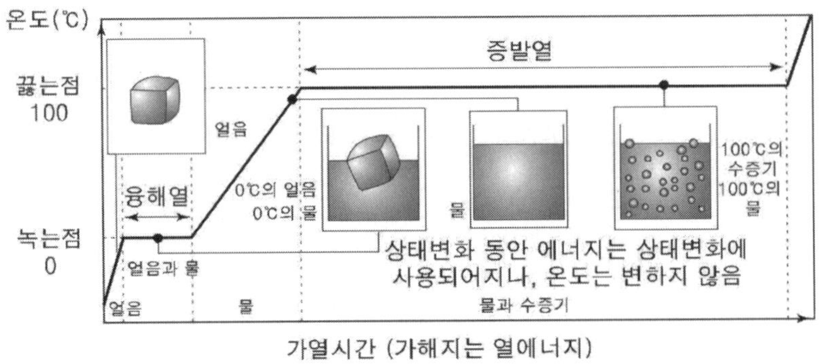

그림 8.25 상태변화와 열

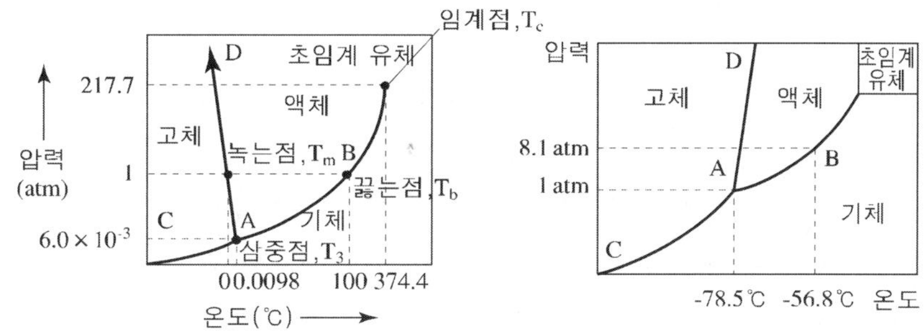

(a) 물 (b) 이산화탄소

그림 8.26 물질의 상평형도

는데 사용하게 된다.

온도와 압력에 따른 고체, 액체, 기체의 물질의 상태를 나타낸 그래프를 상평형도라 한다. 그림 8.26은 물과 이산화탄소의 상평형을 나타낸 그래프이다. A-D선은 고체-액체의 동적 평형이 이루어진 온도, 압력을 이어 그린 것이다. A-B선은 액체-기체가 공존하는 영역, A-C선은 고체-기체가 공존하는 상평형이 이루어지는 온도, 압력에 대한 지점을 점들을 이어 그린 그래프이다.

물과 이산화탄소의 예로 나타난 그림 8.26(a), (b)에서 차이점은 물의 상평형도에서 A-D선의 기울기가 (−)인 점이다. 대부분의 물질들은 A-D선의 기울기가 (+)이며, 이 경우 액체로 존재하는 온도에서 압력을 상승시키면 액체에서 고체로 상이 변화한다. 물의 경우, A-D선이 (−)기울기를 가지므로 압력을 상승시켜도 물이 얼음으로 바뀌지 않는다.

대부분의 물질에서 액체보다 고체에서의 분자간 상호작용이 더 크며, 밀도와 같은 물리적 특성도 더 높아지기 때문에, 액체에 압력이 가해지면 고체로 상변화가 발생한다. 물에서는 고체인 얼음의 밀도가 액체인 물의 밀도보다 낮으므로, 얼음에 압력이 가해지는 경우 얼음이 녹아 물로 변할 수 있다. 겨울철 스케이트장에서 스케이트가 미끌어질 수 있는 현상도 스케이트 날에 가해지는 압력으로 얼음이 녹아 물로 바뀌었기 때문이다.

그림 8.26에서 임계점이라 표시된 부분에서부터는 상평형을 나타내는 선이 존재하지 않는 것을 볼 수 있다. 이 지점의 온도와 압력을 지나면, 물 또는 이산화탄소는 액체와 기체 상태가 서로 구별되지 않고 초임계유체라 부르는 특이한 상태로 존재한다. 이러한 유체는 분자들이 서로 강하게 상호작용할 수 있을 정도로 밀착한 기체로 생각할 수 있다. 이 유체는 액체와 기체의 특성을 모두 갖고 있는 특이한 상으로 간주한다. 상평형 그림은 온도, 압력 변화에 따라 물질의 상태가 어떻게 달라질지 알려주는 매우 유용한 도구이다.

끓는점

액체에서 증발된 기체들은 보관 용기의 외벽에 끊임없는 충돌을 일으킨다. 이러한 기체 분자들의 충돌은 압력으로 측정될 수 있으며, 기체가 나타내는 이러한 압력을 증기압이라 한다. 액체의 온도가 증가함에 따라 액체분자의 기화현상에 의한 분자수는 증가하여 주변 기체의 증기압과 동일해지면, 액체의 표면뿐만 아니라 액체의 내부에서도 기화가 발생하게 된다. 앞서의 액체의 특성에서 언급되었듯이 보통의 대기압, 즉 1기압 상태에서 액체의 증기압이 1기압이 되는 온도를 정상 끓는점(normal boiling point)이라 부른다.

끓는점은 물질이 기체에서 액체로 변화되는 액화점과 동일하다. 끓는 현상은 고체를 이루고 있는 화학결합이 끊어지는 것이 아니라, 고체를 이루고 있는 분자간 힘이 외부로부터의 열에너지에 의해 약해지거나 끊어져서 발생하는 현상이다. 따라서, 물질의 화학적인 특성이 바뀌는 본질적인 변화가 아니라, 온도, 압력 등 외부로부터의 요소 변화에 의해 다시 되돌릴 수 있는 물리적 변화현상이다.

예를 들어 수소결합에 의해 액체와 상태를 이루는 물을 생각해 보자. 외부에서 열을 가할 경우, 액체분자들을 붙들고 있는 수소결합이 흔들리며, 결국 깨어지게 된다. 이런 상태에서는 물분자간 인력을 이기고 대기 중으로 흩어지는 무질서한 상태로 바뀌게 된다. 만약, 이러한 흩어지는 수증기를 담아둘 수 있어서 다시 기체의 열에너지를 빼앗을 수 있다면 원래의 액체상태로 되돌릴 수 있다.

녹는점

녹는점은 고체가 액체로 바뀌는 온도, 압력에 해당되는 점이다. 이는 액체가 고체로 바뀌는 점과 동일하며, 이를 어는점이라고도 한다. 이산화탄소를 비롯한 대부분의 물질들은 압력을 증가시키면 액체에서 고체로 바뀌는 상변화가 나타나지만, 물의 고체상태인 얼음에 압력을 가하면, 얼음 결정이 깨어지며 밀도가 더 높은 액체상태인 물로 변화된다. 이러한 현상은 우리 주변의 하천에서 겨울에 흔히 목격할 수 있다. 온도가 내려가면 밀도가 낮은 얼음은 하천의 윗부분에 나타나고, 밀도가 높은 물은 아래에 존재하며 흐름을 지속하게 된다. 물론, 하천의 물고기들은 액체 상태인 물이 있는 아래 부분에서 그 생명을 계속 유지하게 된다.

핵심 용어(key words)

분자내 힘	분자간 힘	쌍극자-쌍극자힘
분산력	수소결합	액체
증기압	표면장력	끓는점
고체	결정	조밀쌓기
비결정	이온성 결정	금속성 결정
원자성 결정	분자성 결정	상평형도
어는점		

연습문제

1. 다음 분자간에 수소결합을 이루는 물질을 찾아보시오.
   (1) 메탄올(CH_3-OH)　　(2) 다이메틸에터(CH_3-O-CH_3)
   (3) 암모니아(NH_3)　　(4) 불화수소(HF)

2. 다음 물질에는 어떤 종류의 분자간힘이 존재하겠는가?
   (1) 메테인(CH_4)　　(2) 클로로포름($CHCl_3$)　　(c) 메탄올(CH_3OH)

3. 다음 0족 원소들의 어는점이 증가하는 순서로 나열하시오.
   He, Ne, Ar, Kr, Xe, Rn

4. 다음 각 분자간에 끓는점이 높은 물질을 고르시오.
   (1) SiO_2, CO_2　　(2) H_2S, H_2O　　(3) CH_4, C_2H_6

5. 결정성 고체와 비결정성 고체를 비교하시오.

6. 다음 결정성 고체분자들에 대해 각각 원자성 고체, 분자성 고체, 이온성 고체, 금속성 고체로 분류해 보시오.
   (1) SiO_2　　(2) K
   (3) NaCl　　(4) $C_{10}H_8$

CHAPTER 09

용 액

용액(solution)은 균일혼합물의 일종이다(그림 9.1). 한 물질이 다른 물질에 완전히 섞일 때 용액이 된다. 이러한 용액은 기체, 액체, 고체 어떤 상태로도 존재 가능하다. 물질의 상태와 물질양의 다소에 따라 주성분과 부성분 물질의 구분이 달라지기도 한다.

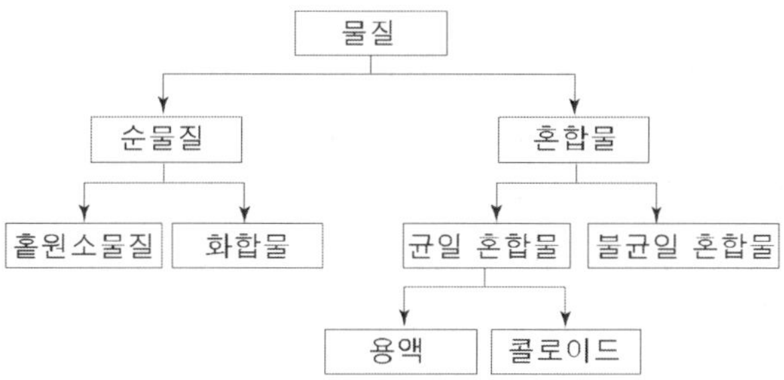

그림 9.1 물질의 분류

9.1 용액의 형태

용액의 의미와 종류, 형태를 다음의 용어를 통해 알아보자.

용액의 정의

부성분 물질의 분자나 이온이 주성분 물질의 분자들에 의해 둘러 싸여 주성분 물질 속으로 균일하게 녹아 들어가는 현상을 **용해**라 하며, 균일하게 섞여 있는 혼합물을 **용액**이라 한다. 2개 이상의 순물질로 이루어진 용액에서 용해시키는 주성분 물질 혹은 용액 내에서의 다수 성분 물질을 **용매(solvent)**라 하며, 용해가 되거나 용액 내에서의 소수가 되는 순물질을 **용질(solute)**이라 한다.

용액의 종류

용액은 용질이 용매 속으로 녹아들어가는 양에 따라 포화용액, 불포화용액, 과포화용액으로 분류할 수 있다. 포화용액(saturated solution)은 용해 평형 상태에 있는 용액을 의미하며, 용질이 용매에 녹을 수 있는 최대량만큼 녹아있는 용액을 나타낸다.

불포화용액(unsaturated solution)과 과포화용액(supersaturated solution)은 포화용액에 비해 용질이 적게 녹아 있는 용액이거나 혹은 더 많이 녹아 있는 용액을 각각 의미한다. 이러한 분류는 용액의 특성에서 용매에 녹아들어 가는 용질의 용해성을 나타내는 상대적 척도인 용해도(solubility)에서 특히 중요하다.

용액은 기체, 액체, 고체의 어떤 상태로도 존재할 수 있다. 기체로 이루어진 용액의 예로는 질소, 산소 등의 기체가 혼합되어 있는 공기가 있으며, 고체로 이루어진 용액은 모래, 시멘트, 자갈 등이 혼합되어 있는 콘크리트, 혹은 서로 다른 금속의 혼합물인 합금 등이 있다. 액체 용액은 우리 주변에서 가장 흔히 볼 수 있는 용액으로 그 사례가 가장 많으며, 여러 가지 형태로 존재할 수 있다.

대표적인 액체 용매-액체 용질로 이루어진 용액의 예로는 물과 에탄올이 혼합되어 있는 술이 있다. 액체 용매-기체 용질로 이루어진 용액의 예는 액체에 이산화탄소가 용해되어 있는 탄산음료가 있다. 액체 용매-고체 용질로 이루어진 용액의 예는 설탕물, 소금물 등이 있다.

또한 물속에 녹아 있는 용질에 의해 용액이 전기전도도를 나타내는지를 살펴볼 수 있으며 이때 전기전도도를 나타내는 전해질 용액과 전기전도도를 나타내지 않는 비전해질 용액으로 구분할 수 있다.

9.2 용해도(전해질, 비전해질)

용액을 제조할 때 위에 언급한 다양한 용매, 용질이 용해되는지를 미리 알 수 있다면 편리할 것이다. 용매가 용질을 용해하는지 미리 판단할 수 방법 중의 하나는 용매와 용질의 극성을 살펴보는 것이다. 극성인 물질은 극성인 물질과 분자간 상호작용을 하여 서로 둘러쌓을 수 있으며, 용액에서 용해현상이 나타날 수 있다. 수소결합을 하거나 이온결합을 하는 물질들이 극성 물질인 물에 잘 용해되는 현상을 나타낸 것이 그림 9.2이다.

반면 극성 물질인 물은 비극성 물질인 석유를 잘 용해시키지 못한다. 극성인 물질이 비극성인 물질을 용해하지 못하는 이유는 극성 물질 사이에 작용하는 분자간 힘이 극성-비극성 물질 사이의 분자간 힘보다 월등히 커서 서로 섞여 들어가지 못하기 때문이다. 비극성 물질인 헥산에 석유를 혼합하면 비교적 잘 용해된다. 이런 비극성 용질과 비극성 용매간에 발생하는 용해현상은 극성 물질 사이에 발생하는 용해현상과는 다소 차이가 있다.

분자간 힘이 미약한 비극성 용질-비극성 용매간 용해현상은 비극성 용질-비극성 용질간 서로 작용하는 분자간 힘, 비극성 용매-비극성 용매간 작용하는 분자간 힘, 그리고 비극성 용질-비극성 용매간 작용하는 분자간 힘들이 서로 비슷한 크기로 작용하기 때문에 나타난다. 이러한 힘은 런던분산력으로서 매우 작은 크기의 힘이지만, 약한 비극성 용질 사이의 결합을 끊기에 충분하다. 또한 보다 무질서한 상태로 변화하려는 물질의 열역학적 특성으

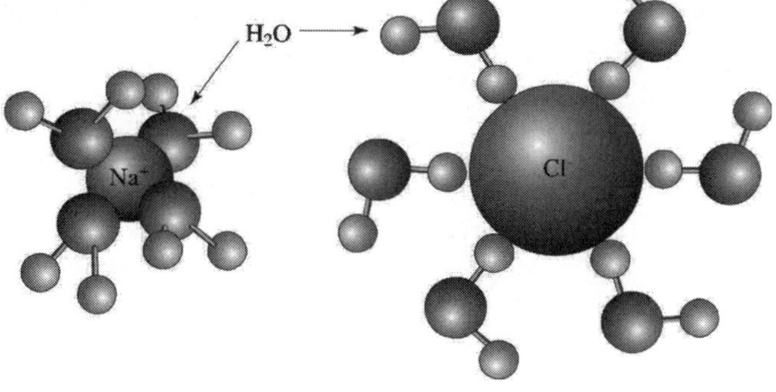

그림 9.2 소듐과 염소이온의 수화

로 인해 용해현상이 발생한다. 극성 용매-극성 용질, 혹은 비극성 용매-비극성 용질의 용액 사례들로부터 서로 유사한 구조와 특성의 물질(용매)은 유사한 구조와 특성의 물질(용질)을 녹인다는 예상이 가능하다.

전해질의 용해

전해질 수용액은 용매인 물에 녹아 이온으로 해리되어 전류를 흐르게 하는 용질을 가진 용액으로 많은 이온성 화합물이 이에 해당된다. 이온은 전하를 띤 입자이기 때문에 전기장에서 이동할 수 있으며, 전류를 운반할 수 있다. 다음은 소금이 물속에서 이온으로 해리되는 용해과정을 나타낸 것이다. 물속에서 이온으로 해리된 용액인 소금물은 대표적 전해질 용액이다.

$$NaCl(s) \rightarrow Na^{+}(aq) + Cl^{-}(aq)$$

염화수소(HCl)는 액체 상태일 때 전기가 흐르지 못하는 공유결합 물질이다. 하지만 수용액 상태에서는 다음과 같이 용해되어 전기를 통하게 된다. 우리가 흔히 부르는 염산은 보통 수용액 상태의 염화수소 또는 염화수소산을 의미한다.

$$HCl(l) \rightarrow H^{+}(aq) + Cl^{-}(aq)$$

비전해질의 용해

비전해질 용액은 용질이 물에 녹아 이온으로 해리되지 않아 전기를 통하지 못하는 용액으로 포도당, 알코올 및 $CaCO_3$, $BaSO_4$ 등 물에 녹지 않는 일부 이온성 화합물이 이에 해당된다(표 9.1). 다음 반응은 포도당이 물에 용해되는 과정을 나타낸 것으로 용해는 가능하나 전하를 가진 물질로 해리되지 않는 것을 볼 수 있다.

$$C_6H_{12}O_6(s) \rightarrow C_6H_{12}O_6(aq)$$

표 9.1 25℃ 물에 이온화합물의 용해

수용성(전해질)	불용성(비전해질)
알칼리 금속 이온 함유 화합물	카보네이트(CO_3^{2-}), 포스페이트(PO_4^{3-}), 황(S^{2-}) 이온 화합물 중 알칼리 금속 및 암모니아 이온 미함유 화합물
암모니아 이온(NH^{4+}) 함유 화합물	
할로겐 이온 함유 화합물	Ag^+, Pb^{2+}의 할로겐 화합물
설페이트 이온 함유 화합물	Ag^+, Ca^{2+}, Ba^{2+}의 설페이트 이온 화합물

용해도의 정의

특정 온도에서 주어진 용매의 양에 용해되는 용질의 양을 용해도라 한다. 이러한 용질 입자는 용매 입자와의 탈착과 부착을 반복하며, 용해와 석출을 되풀이하고 있으나, 거시적인 면에서 용해-석출의 차이를 찾을 수가 없는 상태로 존재한다. 이러한 상태를 동적평형 상태에 있다고 표현한다.

용액에 들어 있는 용질의 양에 따라 용해도에 대한 구분은 달라진다. 앞서의 정의를 다시 짚어보자. 불포화용액은 용매에 비해 용질이 적게 녹아 있는 상태로 추가적으로 용질을 더 녹일 수 있는 상태를 의미한다(그림 9.3(a)). 포화용액은 용매에 녹을 수 있는 용질이 최대한으로 녹아 있는 용액 상태를 의미한다. 여기에 용질을 더 녹이려 할 경우, 용질은 용매 속으로 녹아들어가지 않고, 용액과는 별개로 용질의 처음 상태로 남아있게 된다. 예를 들어 포화된 설탕물에 설탕을 더 넣어도 설탕이 그대로 용액 중에 남아있게 된다. 과포화 용액은 용매에 녹일 수 있는 용질의 최대량보다 이미 많이 녹아있는 용액 상태이다.

과포화용액은 포화용액에 용질을 더 넣어서 용해시킨 상태가 아니라, 온도 등의 요인을 변화시켜 같은 용매, 용질량에 대해서 용해도가 달라질 수 있는 상태로 만든 것이다. 예를 들어 설탕을 높은 온도에서 물에 녹인 후 온도를 낮추면, 일시적으로 낮은 해당 온도에서

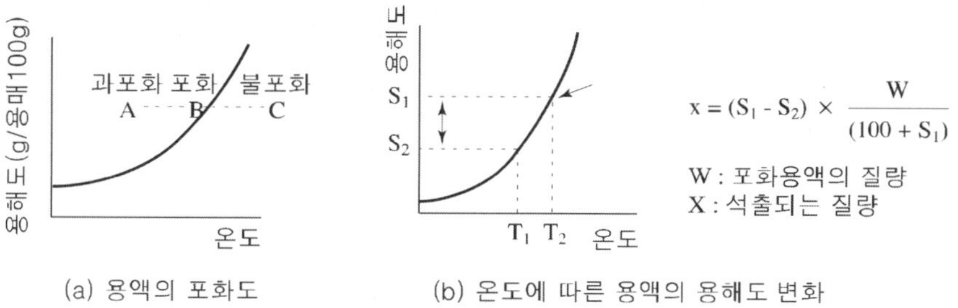

(a) 용액의 포화도 (b) 온도에 따른 용액의 용해도 변화

그림 9.3 용해도 곡선

의 용해도보다 많은 설탕을 녹인 설탕물 과포화용액을 얻을 수 있다. 하지만 이러한 과포화용액 상태는 안정적이지 않으며, 일시적으로 존재한다. 액체 용매와 고체 용질의 과포화용액을 어떤 요인에 의해 그 일시적인 안정성을 깨뜨릴 경우, 용질의 고체 결정이 자라면서 과포화에 해당되는 여분의 용질이 용액으로부터 석출된다(그림 9.3(b)).

고체의 용해도

고체의 용해도는 용매 및 용질 종류, 용액의 온도, 압력 등에 따라 달라질 수 있다. 온도가 높을수록 고체의 용해과정이 흡열반응을 보이기 때문에 대부분의 고체의 용해도는 증가한다(그림 9.4).

반면 기체의 용해도와 비교하여 압력의 변화가 용해도에 미치는 영향은 크지 않다. 고체의 용해도는 용매와 용질의 종류에 따라 크게 달라질 수 있다. 용해도 곡선에서 곡선 위에 위치한 점들은 주어진 온도에서 주어진 용매량에 대해 녹아들어갈 수 있는 최대 용질의 양을 나타낸다. 이러한 용액을 일컬어 포화용액이라 부른다. 이 곡선의 아래 점은 용

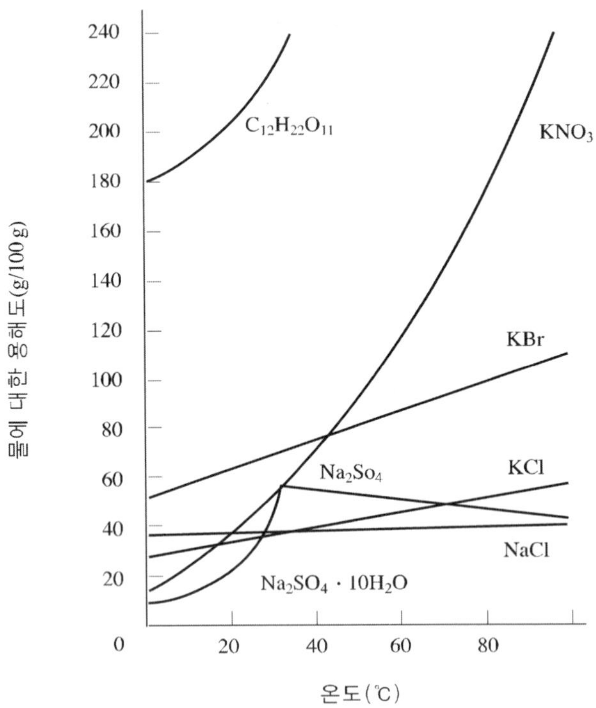

그림 9.4 고체의 용해도

해 가능한 최대 용질보다 작으므로 불포화용액이라 부른다. 이 곡선 위에 위치한 점은 과포화 상태를 나타내는 것으로 용해 가능한 최대 용질보다 많이 녹아 있다. 약간의 변화에도 용해 가능한 최대 용질 양만큼을 용해된 채로 용액 중에 남기고 나머지 차이만큼 용액으로부터 석출되어 나온다.

고체 용해도를 이용한 유용한 산업적 응용예를 살펴보자. 온도에 따른 용해도 차이가 큰 물질에 일부 불순물이 섞여 있다면, 과포화 방법을 사용하여 순수한 물질들로 분리할 수 있다. 예를 들어 일부 불순물을 함유한 고체를 고온에서 용해시킬 경우, 주성분 물질은 포화 상태로 존재하며, 일부 불순물은 그 적은 양으로 인해 불포화 상태로 존재하는 용액을 얻을 수 있다.

순도가 떨어지는 물질의 용해가 이루어진 다음에 용액을 천천히 냉각시키면, 주성분 물질이 온도 감소에 따른 용해도 감소에 의하여 과포화 상태로 바뀐다. 이후 용액으로부터 결정을 형성하며 과포화된 양에 해당되는 만큼 석출되어 나온다. 제거 혹은 분리의 대상인 불순물은 작은 양으로 인해 낮은 온도에서도 여전히 용액 중에 불포화 상태로 존재하며 용액에 용해되어 있는 상태로 남아있게 된다.

이러한 용액을 거름종이나 필터를 통해 걸러내면, 액체 상태인 불순물을 용액과 함께 제거할 수 있으며, 순도가 높아진 물질의 고체 결정을 얻을 수 있다. 그러나 이 방법이 효과적이려면 용질과 용질에 포함된 불순물간의 온도에 따른 용해도 차이가 커야만 한다. 이처럼 불순물을 포함한 용질의 과포화용액 상태를 이용하여 순수한 고체 용질의 결정을 얻는 방법을 재결정법이라 부르며, 산업에서 순도 높은 물질을 얻어내는 대표적 정제 방법 중에 하나이다.

고체에서 용질의 입자 크기가 작아서 표면적이 큰 경우, 용매분자에 의한 용해 반응이 보다 쉽게 발생한다. 이처럼 표면적이 큰 용질을 용해시키는 경우, 용해 속도의 증가 현상을 나타난다. 주의할 점은 표면적이 큰 용질을 용해시킬 때 용해되는 총량, 즉 용해도가 달라지는 것은 아니며, 용해 속도에만 영향을 미친다는 점을 명심하자.

기체의 용해도

기체의 용해도는 용매의 종류, 기체 용질의 종류와 기체의 온도, 압력에 따라 달라진다. 암모니아(NH_3), 염화수소(HCl) 등의 극성 기체는 극성 용매인 물에 잘 녹는다. 반면에 비극성이며 대칭인 분자구조를 가진 기체인 수소(H_2), 산소(O_2), 이산화탄소(CO_2) 등은 물에 잘 녹지 않는다.

기체 용해도에 미치는 온도의 영향은 고체의 용해도에서와는 다르게 나타난다. 온도가 증가할수록 용액 속의 용질인 기체분자가 가지는 운동에너지가 커지게 되며, 용매 분자와의 인력보다 큰 에너지를 가진 기체분자수가 증가한다. 결국 용액으로부터 공기 중으로 달아나는 기체분자가 늘어난다. 이는 액체 용매에 대한 기체 용질의 용해도 감소로 나타난다.

고체와 비교하여 기체는 압력의 변화에 따라 그 특성이 크게 달라지기 때문에 용해도에 미치는 압력의 영향도 고체의 경우보다 매우 크게 나타난다. 기체를 용해시키기 위해 압력을 증가시킬수록 용질기체와 용매분자간 상호작용이 증가하게 된다. 이는 용액 내에서의 기체분자의 함량을 증가시키게 되며, 용매에 대한 기체 용질의 용해도 증가로 나타나게 된다.

압력 변화에 따라 용해되는 기체의 질량과 부피의 변화를 나타내는 헨리의 법칙에 따르면 일정 온도, 일정량의 용매에 용해되는 기체의 질량 혹은 몰수는 그 기체의 압력에 비례한다(그림 9.5). 또한 용해되는 기체의 부피는 압력에 관계없이 일정하다. 이러한 헨리의 법칙은 낮은 압력에서 용해도가 크지 않은 기체의 용해도에서 특히 잘 맞는다. 예를 들면 극성 용매인 물과 비극성 용질인 수소, 산소, 헬륨 등의 기체 혼합물에 대해 잘 적용된다.

사이다병을 열어 압력을 낮추면, 사이다 용액 내에 녹아 있던 이산화탄소의 용해도가 감소되어 공기 중으로 배출되는 이산화탄소 거품을 볼 수 있다. 또한 바다 속에서 작업 중이던 잠수부가 수면위로 갑자기 떠오르면 혈액 내에 녹아 있던 질소 기체의 용해도가 감소되어 기체가 버블의 형태로 나타나게 된다. 이렇게 발생한 버블은 모세혈관 내의 혈액 순환과 흐름을 방해하여 잠수부를 쇼크에 빠지게 하는 잠수병의 원인이 된다.

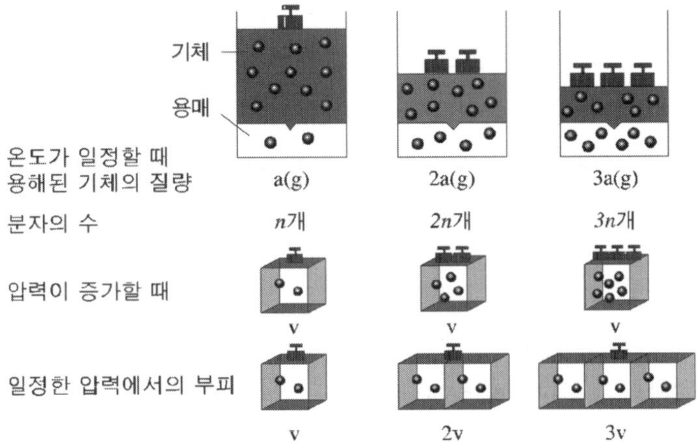

그림 9.5 헨리의 법칙

9.3 농도

용액에 녹아 있는 용질의 양을 나타내는 방법은 다양하다. 그 이유는 화학 분야 혹은 화학을 다루는 현장에서의 용액 사용 목적에 따라 용액 농도의 개념 및 정의에 차이가 발생하기 때문이다.

퍼센트 농도는 용액의 질량 혹은 용액의 부피에 녹아 있는 용질의 질량 혹은 용질의 부피로 정의된다. 질량퍼센트 농도(wt/wt%, 혹은 wt%)는 용액 100 g 속에 녹아 있는 용질의 g수를 의미한다. 질량이 온도, 압력이 달라짐에도 변하지 않으므로 퍼센트 농도는 온도, 압력 변화에 영향을 받지 않는다. 계산이 간단하고 쉽다는 장점이 있으나, 용질의 개수 혹은 몰수에 대한 정보는 나타나 있지 않다. 비록 많은 질량의 용질이 용해되었어도, 용질의 분자량이 크다면 용해된 용질의 개수 혹은 몰수는 작을 수 있다.

$$\text{질량퍼센트 농도} = \frac{\text{용질의 질량(g)}}{\text{용액의 질량(g)}} \times 100$$

$$= \frac{\text{용질의 질량(g)}}{\text{용매의 질량(g)} + \text{용질의 질량(g)}} \times 100$$

부피퍼센트 농도(vol/vol% 혹은 vol%)는 용액 부피 중에 녹아 있는 용질의 부피를 의미한다. 이는 술 등의 액체 용액에서 많이 사용하는 농도 형태이다.

$$\text{부피퍼센트 농도} = \frac{\text{용질의 부피(ml)}}{\text{용액의 부피(ml)}} \times 100$$

$$= \frac{\text{용질의 부피(ml)}}{\text{용매의 부피(ml)} + \text{용질의 부피(ml)}} \times 100$$

퍼센트농도를 나타낼 때 질량퍼센트 혹은 부피퍼센트에 대한 언급이 별도로 없는 경우, 질량퍼센트 농도로 간주한다. 단, 명확한 개념 전달을 위해서는 %농도를 나타낼 때 이에 대한 명기가 필요하다.

백만분율(ppm)과 십억분율(ppb)은 미세 농도 용액에서 자주 사용되는 농도이다. 백만분율은 용매 1 ℓ에 용해되어 있는 용질 mg(0.001 g)을 의미하며, 십억분율은 용매 1 ℓ에 용해되어 있는 용질 μg(0.00100 g)을 의미한다.

$$백만분율(ppm) = \frac{용질의\ 질량(mg)}{용액의\ 부피(\ell)}$$

$$십억분율(ppb) = \frac{용질의\ 질량(\mu g)}{용액의\ 부피(\ell)}$$

몰분율은 균일한 혼합물에서 전체 성분의 몰수로 특정 성분의 몰수를 나눈 값을 의미한다.

$$몰분율 = \frac{특정\ 용질의\ 몰수}{용액내의\ 모든\ 성분의\ 몰수의\ 총합}$$

하나의 용질과 용매로만 이루어진 용액이라면, 용매와 용질에 대하여 몰분율은 각각 다음과 같이 나타낼 수 있다.

$$x_{용매} = \frac{n_{용매}}{n_{용매} + n_{용질}} \qquad x_{용질} = \frac{n_{용질}}{n_{용매} + n_{용질}}$$

몰농도(M, mol/ℓ)는 용액 1ℓ(1000 mℓ) 속에 녹아 있는 용질의 몰수(mol)를 의미한다.

$$몰농도(M) = \frac{용질의\ 몰수(mol)}{용액의\ 부피(\ell)}$$

NaOH 40 g(1 mol)에 용액의 부피가 1ℓ가 되도록 물을 넣어 용해시켜 용액을 만들었다면, NaOH의 물에 대한 몰농도는 1M이 된다. 몰농도의 정의를 잘 살펴보면, 몰농도와 용액의 부피를 곱하면 용질의 몰수를 얻을 수 있는 것을 알 수 있다. 예를 들어 1 mol이 녹아 있는 NaOH 0.1M 용액을 얻으려면 필요한 용액의 부피는 얼마가 필요할지 생각해 보자. 0.1M에 10 ℓ의 용액을 곱하면 1 mol이 나오므로, 10 ℓ 유리용기에 용매를 채우면 된다. 1M NaOH 용액이 1ℓ가 있었다면, 10 ℓ 유리용기에 넣고 물을 10 ℓ 채우면 0.1M의 NaOH 용액을 얻을 수 있는 것이다. 이것은 용액을 희석시킬 때 많이 사용되는 이론적, 실험적 방법이다.

몰랄농도(m, mol/kg)는 용매 1 kg(1000 g) 속에 녹아 있는 용질의 몰수(mol)를 의미한다.

$$몰랄농도(m) = \frac{용질의\ 몰수(mol)}{용매의\ 질량(kg)}$$

물 1 kg에 설탕 1 mol을 녹인다면 몰랄농도는 1m이 된다. 주의할 점은 여러 분자들로 용해되는 전해질의 경우, 처음의 용매에 투입되었던 몰수에 비해 달라지게 됨으로 이 경우 몰랄농도가 달라질 수 있다. 위의 NaOH 1 mol을 물 1 kg에 녹이는 경우를 다시 살펴보자. NaOH가 물에 용해될 경우 Na^+ 1몰과 OH^- 1몰이 용해되게 되므로, 각각의 물질은 1 몰랄농도(1m) 용액이 된다. 따라서 용매에 대한 전체 용질의 기준으로는 2몰랄농도를 의미하는 2m이 된다. 이러한 차이는 이 장의 후반에 다루게 될 용액의 총괄성에서 전해질 수용액과 비전해질 수용액간의 차이를 나타내는 원인이 된다.

이 밖의 농도의 종류로 노르말 농도(N)가 있다. 이는 용액 1ℓ에 녹아있는 용질의 g당량 수를 의미하며, 산염기, 산화환원 등의 화학 분야에서 많이 사용되어 왔다. 보통 몰농도에 일정량의 가수를 곱하여 계산하는데, 황산 1몰농도(M)는 2몰의 수소이온을 배출한다고 가정하였을 때, 황산 2N으로 가정할 수 있다.

그러면 위에서 언급한 농도간 변환관계를 살펴보자. 대표적인 퍼센트 농도인 질량% 농도를 화학에서 가장 많이 사용하는 몰농도로 환산하면 다음과 같이 나타낼 수 있다(그림 9.6).

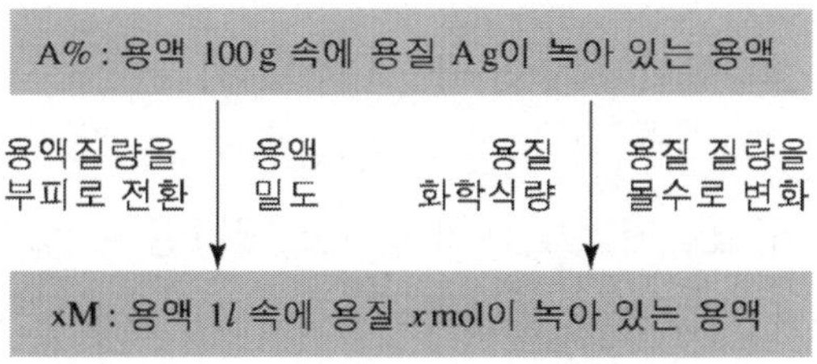

그림 9.6 질량% 농도와 몰농도와의 관계

주어진 조건이 위와 같고, 용액의 밀도(d, g/mℓ)와 용질의 화학식량이 주어진다면

$$용액부피(\ell) = \frac{용액질량(g)}{용액밀도(g/\ell)} = \frac{100}{1000d} = \frac{1}{10d}$$

여기서 g/ℓ 단위의 밀도가 필요하므로, $1000d$로 변환하여 나누어준 것에 유의해야한다.

$$용질몰수(mol) = \frac{용질질량(g)}{용질화학식량(g/mol)} = \frac{a}{M_w}$$

$$몰농도(M,\ mol/\ell) = \frac{\frac{a}{M_w}}{\frac{1}{10d}} = \frac{10ad}{M_w}$$

9.4 총괄성

용질의 종류에 관계없이 용매의 종류와 용액 속에 존재하는 용질의 입자수에 비례하는 성질을 총괄성이라 한다. 이러한 총괄성은 묽은 용액 내에서 증기압력 내림, 끓는점 오름, 어는점 내림, 삼투압 등의 현상으로 나타난다.

라울의 법칙(증기압 내림)

같은 온도에서 용질이 녹아 있는 용액의 증기 압력은 순수한 용매의 증기 압력보다 낮다. 그림 9.7에서 볼 수 있듯이 용기에 담겨 있는 순수한 용매의 표면에서는 기화와 액화의 동적 평형이 이루어지며, 일정한 양의 기체가 대기 중으로 날아가게 된다. 외부에서 이를 측정할 경우 용매의 증기압이라는 인자로 나타난다.

반면에 비휘발성 용질이 용해되어 있는 용액 표면에서는 용매분자 이외에 용질분자가 존재하게 되며, 용매분자가 효율적으로 대기 중으로 날아갈 수 있는 유효 표면적을 줄이게 된다. 또한 순수한 용매와 비교하여 용액에서는 용매와 용질 입자 사이의 상호작용으로 표면까지 도달하는 용매분자 수가 감소한다. 이러한 이유로 용액에서 증발되는 용매분자가 순수한 용매에서 증발되는 용매분자 수에 비하여 감소하며, 이는 증기압의 감소 현상으로 관찰된다.

순수한 용매에 비해 용액의 증기압이 감소하면, 1기압 하에서의 증기압, 즉 끓는점이 상평형 곡선 상에서 오른쪽으로 이동하게 되며, 이는 용액에서 끓는점 오름현상으로 나타난다(그림 9.8). 이 영향은 어는점에서도 유사하게 나타난다. 용액은 용매에 비해 상평형 곡선에서 고체-액체 평형 곡선의 왼쪽 이동으로 나타나며, 어는점 내림현상으로 관찰된다. 이에 대한 자세한 설명은 이 장의 후반에 기술하였다.

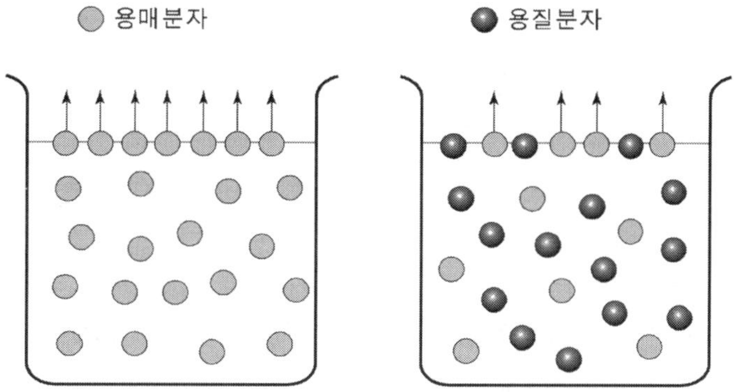

그림 9.7 용매의 증발

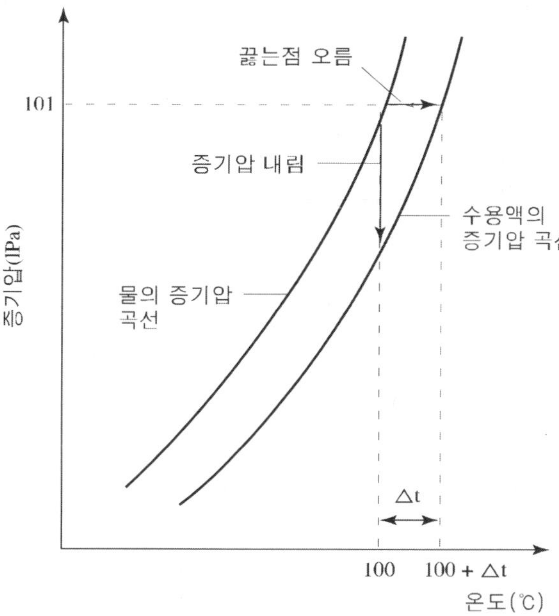

그림 9.8 증기압 내림과 끓는점 오름현상

비휘발성, 비전해질 용질이 녹아 있는 묽은 용액의 증기 압력 내림은 용매의 종류에 따라 다르며, 용해가 가능한 범위에서 용질의 종류에 관계없고, 용질의 몰분율에 비례한다. 몰분율은 혼합물의 전체 몰수 중 특정 물질이 차지하는 몰수의 비율을 의미한다. 용액 중 성분의 몰분율을 모두 더하면 1이 된다.

용액의 증기압력 내림을 용매의 증기압과 용매의 농도로부터 살펴보면

$$\Delta P = P_1^{\circ} - P_1$$

$$P_1 = X_{용매} P_1^{\circ}$$

이 된다.

ΔP= 순수한 용매와 용액에서의 증기압 내림

P_1° = 순수한 용매의 증기압

P_1 = 용액 중 용매의 증기압

$X_{용매}$ = 용액 중 용매의 몰분율

증기압력 내림을 다시 정리하면

$$\Delta P = P_1^{\circ} - P_1 = (1 - X_{용매}) P_1^{\circ} = X_{용질} P_1^{\circ}$$

이 되며, 순수한 용매의 증기압 용매에 들어있는 용질의 몰분율의 곱의 형태로 나타난다. 용액 농도가 진할수록 용질의 몰분율이 커지므로 용액의 증기압 내림은 커진다(그림 9.9).

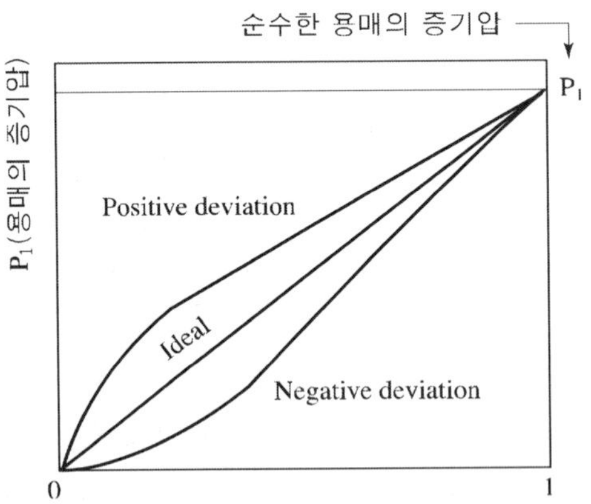

그림 9.9 용매와 용액의 증기압 비교

$$\Delta P = P_1^\circ - P_1 = (1 - X_{용매})P_1^\circ = X_{용질}P_1^\circ$$

$$\Delta P = X_{용질}P_1^\circ = \frac{n_{용질}}{n_{용질} + n_{용매}}P_1^\circ$$

묽은 용액에서는 용질의 몰수가 용매의 몰수에 비해 무시할 수 있을 정도로 작기 때문에 용액 중 총 분자수는 다음의 식으로 변환시킬 수 있다.

$$n_{용질} + n_{용매} \approx n_{용매}$$

묽은 용액에서 용매가 W kg이 있다면

$$n_{용매} = \frac{1000\,W}{M_w}$$

이므로

$$\Delta P \approx \frac{n_{용질}}{n_{용매}}P_1^\circ = n_{용질} \cdot P_1^\circ \cdot \frac{M_w}{1000\,W} = \frac{P_1^\circ M_w}{1000} \cdot \frac{n_{용질}}{W}$$

위 식은 몰랄농도와 상수의 곱으로 다음과 같이 나타낼 수 있다.

$$\Delta P = K_{vp} \times m$$

용질이 전해질인 경우 용액 내에서의 용해에 뒤이은 이온 해리에 따른 용질 입자수의 증가로 같은 농도의 비전해질 용액보다 몰랄농도가 증가한다. 이러한 이유로 같은 농도의 비전해질 용액보다 전해질 용액에서 끓는점 오름과 어는점 내림 현상이 더 크게 나타난다.

어는점 내림

그림의 상평형도를 살펴보면 용액의 증기압력 내림으로 인하여 묽은 용액의 끓는점은 순수한 용매의 끓는점보다 높아지고, 순수한 용매에서의 어는점보다 낮아진다. 이러한 현상을 각각 끓는점 오름, 어는점 내림이라 한다(그림 9.10~9.11).

어는점 내림의 정도는 다음과 같이 나타낼 수 있다.

$$\Delta T_f = T_f - T_f'$$

T_f' = 용액의 어는점(℃)

T_f = 용매의 어는점(℃)

ΔT_f = 용매와 용액의 어는점 차이(℃)

이는 용액 중의 용질이 몰랄농도에 비례하는 양에 따라 영향을 받는다.

$$\Delta T_f = K_f \times m$$

K_f = 어는점 내림 상수(℃ · kg/mol = K · kg/mol = ℃/m)

m = 용액의 몰랄농도

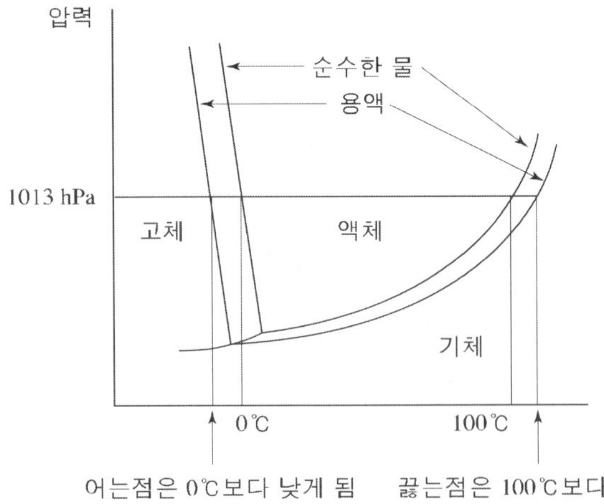

그림 9.10 순수한 물과 수용액에서의 증기압 내림, 어는점 내림, 끓는점 오름

용액의 끓는점 오름과 어는점 내림 현상은 용질에 기인한 용액의 증기압력 내림 때문에 나타나는 현상이므로 용매의 종류와 용질의 입자 수에만 연관된다. 아래 표는 몇 가지 용매의 어는점 및 어는점 내림상수를 나타낸 것이다.

표 9.2 어는점 내림 상수, K_f

용매	어는점(℃)	K_f(℃/m)
물	0	1.85
벤젠	5.53	5.12
나프탈렌	80.3	6.94
장뇌($C_{10}H_{16}O$)	178.8	37.7

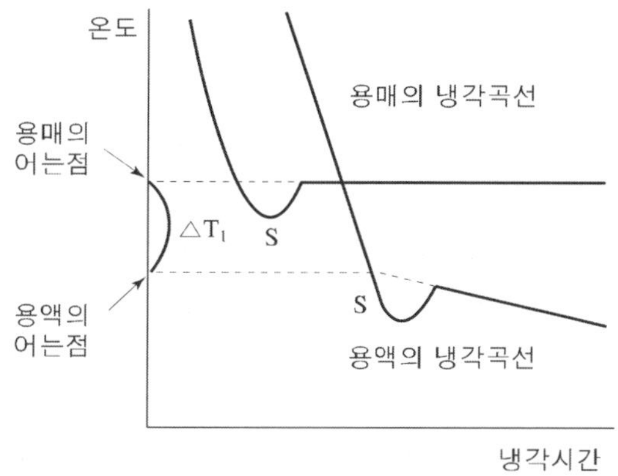

그림 9.11 순수한 용매와 용액에서의 냉각곡선

예제

물 100 g에 포도당 9 g을 녹인 수용액의 어는점이 −0.93℃이었다면 포도당의 분자량은 얼마인가? (물의 어는점은 0℃이고 내림 상수는 1.85℃/mol이다.)

$$\Delta T_f = T_f - T_f' = 0 - (-0.93) = 0.93$$

$$\Delta T_f = K_f \times m$$

$$= 1.85 \times ((9/x)/0.1\text{kg}) = 0.93$$

$$x = 180\text{g/mol}$$

겨울철에 도로에 얼음이 어는 것을 방지하기 위하여 염화칼슘을 뿌리는 이유도 순수한 물에 비해 용액 중의 물의 어는점을 낮추는데 있다. 즉, 얼음이 형성되는 온도가 낮아지면, 얼음이 아닌 액체의 물로 존재할 수 있으며, 따라서 겨울철 도로 교통사고 발생의 주요 원인인 얼음에 의한 자동차 미끄러짐을 방지할 수 있다.

끓는점 오름

용액의 증기압력 내림으로 인하여 묽은 용액의 끓는점은 순수한 용매의 끓는점보다 높아진다. 이러한 관계는 어는점 내림의 경우와 유사하다.

$$\Delta T_b = T_b' - T_b$$

T_b' = 용액의 끓는점(℃)

T_b = 용매의 끓는점(℃)

ΔT_b = 용액과 용매의 끓는점 차이(℃)

이는 용액 중의 용질이 몰랄농도에 비례하는 양에 따라 영향을 받는다.

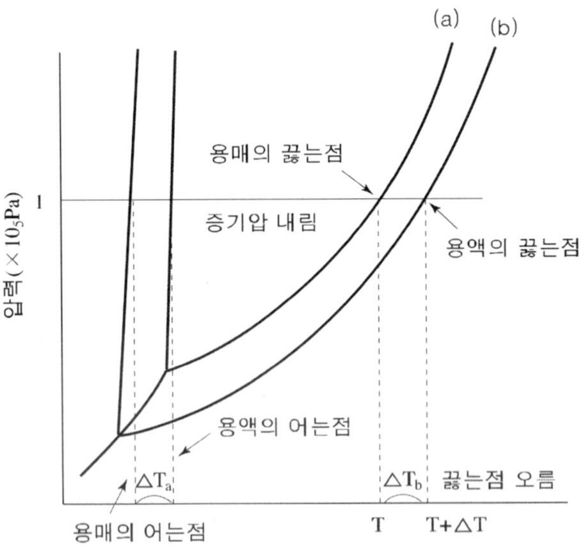

그림 9.12 순수한 용매와 용액에서의 증기압 내림, 어는점 내림, 끓는점 오름
(그림 9.10의 수용액에서의 총괄성 경향과 비교)

표 9.3 대표적인 용매의 끓는점 오름 상수, K_b

용매	끓는점 (℃)	끓는점 오름 상수 K_b(℃/m)
아세톤	56.0	1.71
벤젠	80.2	2.53
클로로포름	60.2	3.63
에탄올	78.3	1.22
에테르	34.4	2.02
메탄올	64.7	0.83
물	100.0	0.51

$$\Delta T_b = K_b \times m$$

K_b = 끓는점 오름 상수(℃ · kg/mol = K · kg/mol = ℃/m)

m = 용액의 몰랄농도

그림 9.12와 같이 어는점 내림과 끓는점 오름에 대한 시료의 총괄성 특성으로 인하여 어는점 내림 상수와 끓는점 오름 상수에 대한 값을 알고 있는 용매를 사용하여 용해되어 있는 미지 시료의 분자량 혹은 밀도 등의 특성을 유추할 수 있다.

삼투압

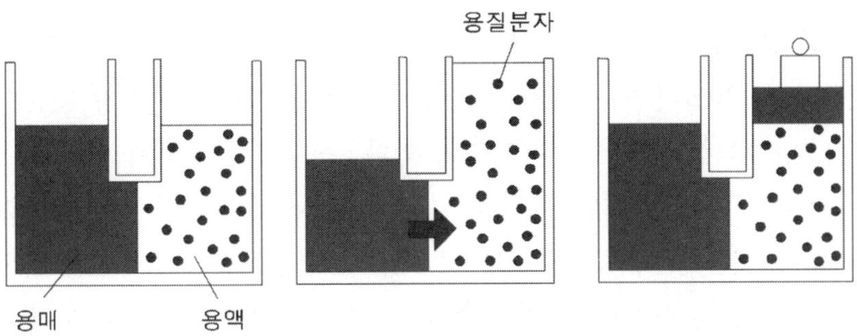

(a) 용매와 용액을 접촉　(b) 용매 이동　(c) 압력을 가해 삼투압 수준 측정

그림 9.13 삼투압의 원리

진핵세포의 세포막은 물과 같이 크기가 작은 용매입자는 통과시키지만, 입자가 큰 용질은 통과시키지 않는 선택적 투과성 혹은 반투과성의 특성이 있다. 반투과성막을 경계로 서로 다른 쪽으로 용매와 용액을 넣거나 혹은 농도가 서로 다른 용액을 넣으면, 반투과성막을 통하여 농도가 묽은 용액의 용매분자가 농도가 진한 용액으로 이동한다. 이러한 현상을 삼투현상이라 하며, 삼투현상으로 생긴 용액의 높이 차이를 다시 맞추기 위하여 수면이 높아진 농도가 진한 곳의 용액에 가해주는 압력이 삼투압이다(그림 9.13).

비휘발성, 비전해질 용질이 녹아 있는 묽은 용액의 삼투압은 용액의 몰농도와 절대 온도에 비례하며, 다음과 같은 식의 형태로 나타낼 수 있다.

$$\pi = MRT = \frac{n}{V}RT$$

π = 삼투압, M = 몰농도, T = 용액온도, V = 용액부피

이 식을 다음과 같이 변형하면 삼투압의 특성을 이용하여 용질의 분자량을 측정할 수 있다.

$$n = \frac{\pi V}{RT} = \frac{w}{M_w}$$

$$M_w = \frac{wRT}{\pi V}$$

w = 용질의 질량, M_w = 용질의 분자량

삼투압을 통한 분자량 측정은 어는점 내림 혹은 끓는점 오름현상을 통한 분자량 측정과 차이가 있다. 고분자 물질이 녹아 있는 묽은 용액은 같은 질량의 저분자 용질이 녹아 있는 용액의 경우에 비해서 적은 몰수가 용해되어 있다. 몰수가 증가함에 따라 커지는 총괄성의 특징에서 증기압 내림, 어는점 내림 혹은 끓는점 오름의 정도가 상대적으로 작게 나타나게 된다. 따라서 어는점 내림 혹은 끓는점 오름의 측정값으로부터 고분자의 분자량 측정이 저분자의 분자량 측정에 비해 어렵다. 이에 비하여 삼투압을 통한 분자량 측정은 묽은 용액에서도 비교적 큰 값을 얻을 수 있기 때문에 고분자 물질의 분자량 측정에 많이 이용된다.

핵심 용어(key words)

용해	용액	용질
용매	포화	불포화
과포화	용해도	농도
%농도	몰농도	몰랄농도
총괄성	라울의 법칙	증기압 내림
끓는점 오름	어는점 내림	삼투압

연습문제

1. 메탄올(CH_3-OH)와 다이메틸에터(CH_3-O-CH_3)에 대하여 어느 것이 물에 더 잘 녹을지 서술하시오.

2. 0.1M 탄산나트륨(Na_2CO_3) 수용액 500 ml를 만드는 방법을 서술하시오.

3. 밀도가 0.973 g/cc인 메탄올 수용액 10 ml가 있다. 용액의 농도가 10 M일 때 용액의 질량%, 몰분율, 몰농도를 구하시오.

4. 25℃에서 어떤 포화용액 100 g 속에 용질이 25 g 용해되어 있다. 이 온도에서의 물질의 용해도를 구하시오.

5. 질산칼륨은 37℃에서 물 100 g에 56.25 g이 녹으며, 15℃에서 25 g이 녹는다. 37℃에서 포화용액 100 g을 취하여 15℃로 냉각시키면 몇 g의 질산칼륨이 석출되는가?

6. 30% 황산구리 용액 50 g이 있다. 이것을 15 wt%로 희석하려면 물 몇 g을 가하여야 하는가?

7. 포도당(분자량 180 g/mol) 18 g을 물 200 g에 녹인 수용액의 끓는점이 100.26℃이라 한다. 요소(분자량 60 g/mol) 12 g을 물 200 g에 녹인 수용액의 끓는점이 100.52℃라 한다. 물 100 g에 비휘발성, 비전해질인 미지시료 34.2 g을 녹인 수용액의 끓는점이 100.52℃라면 이 미지시료의 분자량은 얼마인가?

CHAPTER 10

에너지와 화학

10.1 에너지의 정의

에너지(energy, E)에는 여러 가지 종류가 있다. 우리가 일상생활에서 사용하는 에너지라는 의미는 인간 생활에 미치는 활력소, 난방용 연료, 기차나 자동차를 움직이게 하는 동력원 등 우리 피부에 와 닿는 직관적이고 감각적인 의미이다. 이것이 과학적 의미의 에너지와 다르다는 말은 아니다. 보는 관점이 하나는 거시적(포괄적)이고 다른 하나는 미시적인 측면을 다루는 것에 차이가 있을 뿐이다. 일상적으로 사용하는 '에너지' 라는 용어는 에너지와 관련되지만 과학적으로 보면 엄밀하게 그 정의를 알 필요가 있다.

에너지는 크게 위치에너지(potential energy)와 운동에너지(kinetic energy)의 두 가지로 분류할 수 있다. 에너지가 온도와 관계될 때에는 그 에너지를 특히 열 또는 열에너지라 부른다. 그 명칭과 종류가 사용되는 목적과 탐구하는 과학적 분야에 따라 다양하기 때문에 꼭 체계적으로 분류하기는 어렵다.

상대성이론에 의하면 에너지는 질량(m)으로 변환이 가능하고, 광속(빛의 속도)을 c라 할 때 다음과 같다.

$$E = mc^2$$

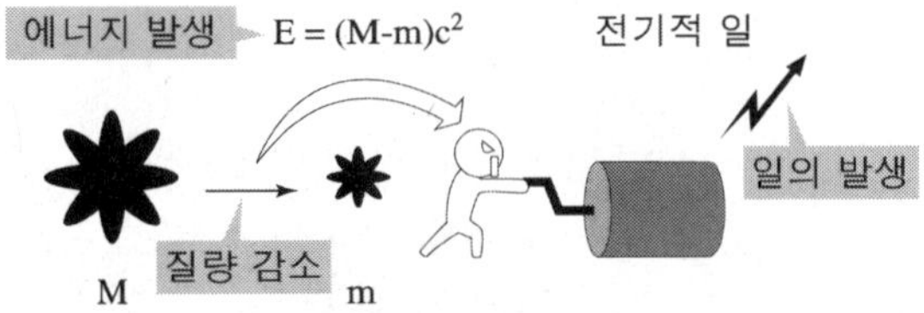

그림 10.1 원자력 발전에 의한 에너지 변환의 예

원자핵 반응은 이 식에 따라 원자핵의 질량이 감소하게 되어 그 만큼의 에너지가 나오게 된다. 이것이 원자핵 반응에 수반되는 엄청난 에너지를 설명할 수 있다. 이것은 대표적인 에너지 변환의 예라 할 수 있다. 이를 활용한 것이 원자력 발전이다(그림 10.1). 원자핵에 대하여는 뒤에 오는 장에서 상세히 설명한다.

에너지는 그리스어로 "일의 원천"이라는 의미에서 유래한 말이다. 곧 일을 하는 원동력이 바로 에너지이다. 따라서 에너지는 일(work, W)(의 양)과 같은 것이 된다. 일에는 여러 종류가 있다. 일반적으로 에너지를 사용하여 움직이는 동작은 모두 일이다. 풍선에 공기를 넣어 팽창시키는 것도 일의 아주 훌륭한 예라 할 수 있다. 풍선을 팽창시킨다는 것은 풍선의 고무막을 사용하여 공기를 압축시키는 것이므로 분명한 일이다.

물질이 갖는 에너지에는 여러 가지 형태가 있다. 운동하고 있는 물질이 갖는 운동에너지, 중력이나 분자 간 인력(Coulomb의 힘)이 작용하는 경우에 생기는 위치에너지, 화학결합에서의 화학에너지(chemical energy), 열운동에 기인하는 열에너지 등이 대표적인 예가 될 수 있다.

이들은 그림 10.2에 나타낸 바와 같이 역학적 에너지와 열에너지로 분류된다. 이들 에너지의 합으로부터 물질 전체로서의 운동에 의한 에너지와 물질 전체로서의 위치에 기인하는 에너지를 끌어낸 것이 물질이 갖는 내부에너지(internal energy)이다.

화학에너지와 열에너지 모두 본질적으로는 위치에너지와 운동에너지의 합으로 구성되어 있다고 이해하여야 한다. 우리의 일상생활 및 공학 분야에서는 보다 다양한 형태들의 에너지 용어가 사용되고 있다.

복사에너지는 빛이나 전자기파 복사와 관련된 에너지이다. 태양의 복사에너지는 지구의 에너지원(식량, 전기 등)과 관련이 있다. 역학적 에너지는 거시적(복합적) 물체의 운동과 관계가 있다. 열에너지는 물체의 온도차에 의해 발생하지만, 미시적으로는 원자 및 분자 수준의 운동과 연관지을 수 있다.

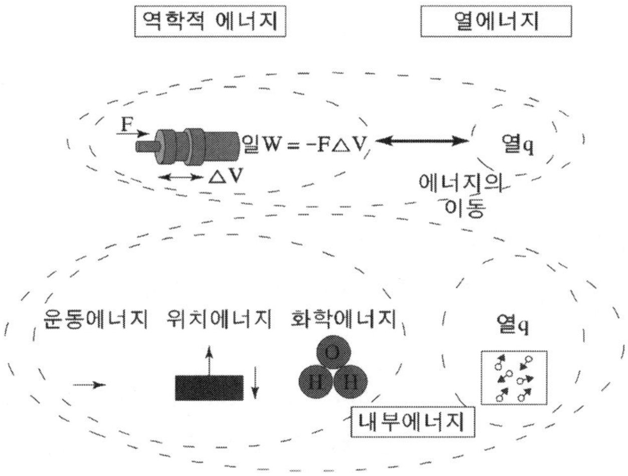

그림 10.2 에너지의 종류(위치에너지를 나타내기 위해 대표적인 중력에 의한 위치에너지를 나타냈다. 내부에너지에 포함되는 위치에너지는 주로 쿨롱힘에 의한 위치에너지이다)

또한 전기에너지는 전하의 움직임(특히 금속에서의 전자 움직임)의 결과이다. 핵에너지는 핵융합이나 핵분열 과정에서 방출된다. 이는 원자핵 속의 양성자와 중성자의 배열과 관련이 있는 위치에너지의 변환 형태이다. 이처럼 다양한 형태의 에너지에 대하여 혼란스러워 말고 그 원리와 배경을 이해하는 것이 중요하다.

에너지 그리고 열과 일

고려의 대상이 되고 있는 물질에 역학적 에너지가 들어갈 때 들어간 에너지는 '일'(Work)이라 부르고 'w'라 표시한다. 또한 고려 대상 물질에 열에너지가 들어갈 때 들어간 에너지를 '열'이라 부르고 'q'로 표시한다.

열과 일은 모두 에너지임에 틀림없다. 줄(Joule)은 일정량의 일이 항상 일정량의 열로 변하는 것을 확인하고, 일과 열은 모두 에너지임을 밝혀냈다. 줄의 실험 이전에는 1 g의 물의 온도를 1℃ 올리는데 필요한 열을 1 cal로 하여 열의 기본 단위로 정하였다. 줄의 실험에 의해 일을 열로 변환하면 4.184 J의 일이 1 cal의 열로 변하는 것이 확인되었다. 따라서 열이 일과 같은 에너지라는 것이 확인되었기 때문에 현재는 열의 단위로서 J을 사용하는 경우가 많게 되었다.

우리는 아주 다양한 종류의 에너지 형태를 이용할 수 있다. 에너지의 흐름은 열과 일이다. 인간은 이것을 이용하여 현대의 문명을 이룩했다 하여도 과언이 아니다.

에너지와 '일과 열'에 관련해서 뒤에 나오는 엔탈피(enthalpy)와 열역학을 다루는 절에서 다시 상세히 언급한다.

계(System)

항아리 속 금붕어의 세상(세계)은 금붕어 항아리 속뿐이라 해도 과언이 아니다. 어린아이의 세계는 집 안이라고 할 수 있다. 인류에 있어서의 세계는 현재 어디까지라고 말할 수 있을까?

이와 같은 세계를 화학에서는 '계(system)'라고 부른다. 계는 취급하고 있는 대상 물질에 따라 크기와 범위가 다르다. 취급하는 사물과 현상이 필요로 하는 공간을 충분하게 포함하는 영역을 계라고 부르고 있다. 계와 외부(surroundings) 사이에 에너지나 물질의 교환이나 변화가 없는 계를 '고립계'라 부른다.

에너지의 다양한 형태를 명확하게 설명하기 위해서는 많은 용어에 대하여 신중하게 정의된 의미를 이해할 수 있어야 한다. 계는 다른 말로 표현하면 연구 대상 또는 관심을 받고 있는 우주의 일부분으로 정의된다. 따라서 계와 외부의 합은 우주(universe)와 같아야 한다. 계와 외부는 경계(boundary)로 구분된다. 어떤 경우에는 이 경계가 어항이나 반응기 등의 물리적 용기가 될 수 있고, 다른 경우에는 지구, 태양계 등 추상적인 구분이 될 수도 있다.

계(system)는 자신의 의식이 미치는 범위이다.
어항은 금붕어의 계이고, 지구는 인간의 계이다.
젊을 때 계를 넓히는 일은 중요하다.

그림 10.3 화학의 계(system)와 외부에 대한 개념도

에너지 단위와 환산

열역학에서는 에너지를 나타내는 '일과 열이라고 하는 용어'가 자주 사용된다. 그러나 일상적으로 사용되는 '열이나 일이라는 단어'와는 구별을 할 필요가 있다. 열역학에서의 일과 열에 대한 용어의 개념을 살펴본다.

자연과학의 발달 과정에서 열과 일의 관계가 밝혀졌다. "열과 일은 에너지적으로 같다"는 것이 확인되었다. 이전에는 열과 일은 별도의 다른 개념이었다. 열량의 단위로는 칼로리(cal)가, 일의 단위로는 줄(joule, J)이 사용되어 왔다.

그러나 현재에는 에너지의 흐름(이동)에 있어서 형태가 달라졌을 뿐 열과 일은 같은 에너지 단위로 표현하게 되었다. 그 관계는 다음의 식으로 나타낸다.

$$1\ \text{cal} = 4.184\ \text{J}$$

여기에서 4.184를 '열의 일 당량'이라고도 부른다. 현재 에너지의 단위는 열의 경우도 포함하여 줄(J)로 통일하여 사용되고 있다.

에너지의 국제적 과학 단위(SI)는 줄(joule, J)이다. 1 J은 $1(\text{kgm}^2)/\text{s}^2$로 정의된다. 일이 곧 에너지 단위를 갖는지 살펴본다. 일은 힘과 거리의 곱이다. 즉, 물체가 특정 거리를 움직일 때 필요한 에너지가 곧 일이다. 힘은 질량과 가속도의 곱이다. 따라서 일은 다음과 같다.

$$\text{일} = \text{질량} \times \text{가속도} \times \text{거리}$$

즉, 단위를 kms 단위계로 정리하면 다음과 같다. 일의 단위는 에너지의 단위인 J와 동일함을 확인할 수 있다.

$$\text{일의 단위} = \text{kg} \times (\text{m/s}^2) \times \text{m} = (\text{kgm}^2)/\text{s}^2$$

전통적인 에너지(특히 열량)의 단위로는 칼로리(calorie)와 Btu(British thermal unit)가 있다.

칼로리는 1 g의 물을 14.5℃에서 15.5℃로 가열하는데 필요한 열량(에너지 양)으로 정의되었다. 현재에도 식품, 영양학 등에서 보편적으로 사용되고 있다. 식품에서 사용되는

Cal(식품 칼로리는 대문자 C를 사용한다)는 Kcal를 의미한다.

Btu는 1lb의 물을 1°F 올리는데 필요한 열량(에너지 양)으로 정의된다. 주로 영국과 미국에서 많이 활용되고, 원유, 석유 등의 에너지 분야에서는 지금도 널리 사용되고 있다.

에너지에 관련된 각 단위의 환산에는 1 cal는 4.184 J, 1 Btu는 1054 J로 변환시킬 수 있다.

10.2 에너지 변환과 열역학

열역학은 양자역학과 함께 물리화학의 큰 기둥의 하나이다. 열역학 제1법칙은 넓은 의미에서 에너지가 변환되어도 에너지는 보존된다는 것이다. 이는 열화학에서 중심적인 역할을 하고 있다. 본 절에서의 에너지 변환과 에너지 보존에 대하여 설명한다.

우리는 다양한 형태의 에너지가 있음을 알았다. 그러나 다양한 형태의 에너지들이 모두 똑같이 유용하지는 않다. 인류가 유용하게 활용하기 위해서는 에너지를 한 형태에서 다른 형태로 변환할 필요가 있다.

대표적으로 전기의 발생에서 조명에 이르는 에너지 변환이 손쉬운 예의 하나일 것이다. 화력발전의 경우 석탄을 연소시켜 얻은 화학에너지로부터 전기적 에너지가 얻어질 것이고, 수력발전의 경우에는 위치에너지(물의 높이 차)로부터 역학적 에너지를 통하여 전기에너지가 얻어질 것이다.

발전소에서 출발한 전기에너지는 송전, 변전을 통해 각 가정으로 이동되고 전구를 통해 빛이라는 복사에너지로 변환되어 방을 밝히게 되는 것이다. 이 과정을 통해 출발된 100%의 에너지가 완벽하게 이동된 것이 아니고 과정에서 열 등으로의 손실이 있기 때문에 변환의 효율은 감소된다. 그러나 우리가 사는 지구 전체(대기권 포함)를 '계'로 가정하면 다른 형태의 에너지로 변환되어 지구 내에 존재하는 것이다.

내부 에너지

계가 가지고 있는 에너지의 합을 내부에너지라 한다. 내부에너지의 종류는 다양하다. 계가 열을 내면 열에너지를 갖고 있다. 운동하고 있으면 운동에너지를 갖고 있다. 운동에너지에는 계가 돌아다님에 따른 이동에너지 외에도 진동, 회전 등 많은 종류가 있다.

운동에너지에 대하여 위치에너지도 있다. 분자의 위치에너지는 전자에너지나 결합에너

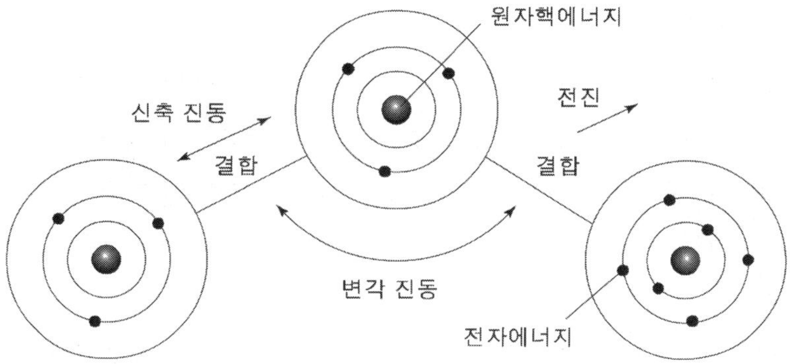

그림 10.4 계의 내부에너지와 구성에너지의 종류

지라고도 한다. 결합에너지에는 원자를 결합하는 것과 양자와 중성자를 결합하는 것도 있다. 그러나 계의 내부에너지의 전체를 측정하는 것은 불가능하다. 계가 가지고 있는 에너지의 절대값을 결정하는 것은 불가능하다. 다만 변화량 등은 측정할 수 있다. 따라서 화학에서는 절대량은 문제시 하지 않고, 변화량만을 문제로 삼는다.

압력-부피에 의한 일(PV-work)

에너지의 변환(흐름) 중에 가장 쉽게 이해할 수 있는 것은 열이다. 또 다른 형태의 에너지 전달이 바로 일(work)이다. 일은 어떤 질량을 저항에 대항하여 일정 거리만큼 움직이는 힘에 의해 얻어지는 에너지 전달이다. 기계적인 에너지를 연상할 수 있지만 훨씬 더 넓은 범위의 현상들이 포함된다. 화학 공정(반응)에서 접하게 되는 가장 일반적인 형태는 '압력-부피에 의한 일' (PV-일)[pressure-volume work(PV-work)]이다.

기체가 팽창을 하면 일을 할 수 있다. 부풀어 오른 풍선을 쥐고 있다가 놓으면 안에 있던 기체가 분출되면서 날아간다. 팽창된 기체(부피)가 풍선(질량을 가진 물질)에 일을 한 것이다. 이것이 바로 압력-부피에 의한 일이다.

또 다른 예로서 자동차 엔진에서의 가솔린 연소를 들 수 있다. 에너지 변환의 형태는 탄화수소(가솔린)의 화학에너지를 연소 반응을 통해 열과 기체($CO_2(g)$와 $H_2O(g)$)로 생성하는 것이다. 이때 발생하는 기체에 의한 부피 팽창으로 피스톤을 작동시키는 PV-일이 된다. 이 에너지가 자동차를 구동시키기 위해 동력 전달 부분으로 전달되는 것이다.

에너지 변환과 에너지 보존

한 형태의 에너지가 다른 형태의 에너지로 변환될 때 적용되는 자연법칙에 대하여 살펴본다. 에너지 변환 과정에서 가장 중요하게 다뤄지는 것은 '전체 에너지는 보존된다'는 것이다. 보존 되는 범위의 개념이 앞에서 설명한 '계'에 대한 정의이다. 먼저 무엇이 연구대상인지 혹은 범위인지를 명시해야만 한다. 이는 화학반응에서의 질량불변의 법칙과 같은 자연법칙이다.

일단 계가 적절하게 선정되었으면 에너지 보존 개념이 아주 유용하게 적용된다. 열과 일은 모든 가능한 에너지의 전달 형태이고, 계의 전체 에너지(E)의 변화량(ΔE)은 이 두 가지 요소로 구성된다.

$$\Delta E = q + w \qquad (10.1)$$

여기서 열은 q로 일은 w를 나타낸다. Δ(델타)는 "변화량"의 의미로 도입되었다. 이 기호는 열역학에서 자주 사용되는데, 항상 최종상태와 초기상태의 차이로 정의된다.

$$\Delta E = E_{최종} - E_{초기} \qquad (10.2)$$

식 (10.1)에서 계로 들어가는 에너지는 양(+)의 부호를 붙이며, 계를 빠져나오는(곧 외부로 들어가는) 에너지는 음(−)의 부호를 사용한다. 열이 외부로부터 계로 들어가면 q의 값은 양이 된다. 마찬가지로 계가 일을 받으면 w값은 양이 된다. 반대로 열이 계로부터 빠져나오거나 계가 외부에 일을 하면 q와 w는 음이 된다.

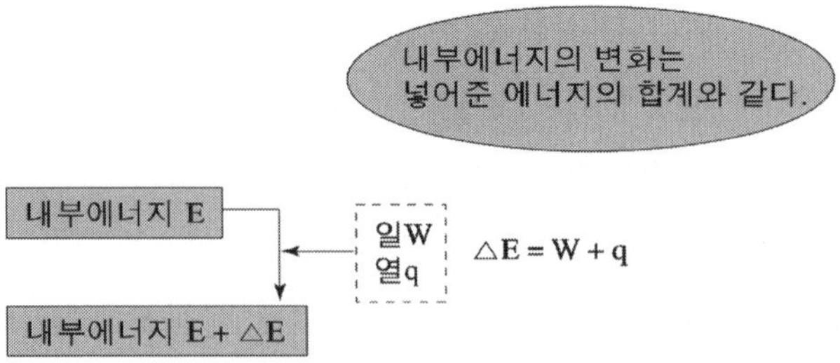

그림 10.5 일과 열에 의한 내부(계)에너지 변화

ΔE 값은 계의 내부에너지 변화이다. 따라서 양일수도 있고 음일 수도 있다. 계의 내부에너지 변화는 외부의 에너지 변화와 정확히 상쇄된다. 즉, $\Delta E_{주위} = -\Delta E_{계}$ 이다. 일반적으로 $\Delta E_{계}$보다는 그냥 ΔE라 쓴다. 그 이유는 우리의 관심사는 '계' 이기 때문이다. 따라서 계와 외부를 모두 포함하는 '우주' 의 에너지는 일정하게 보존된다.

$$\Delta E_{우주} = E_{외부} + E_{계} = 0$$

에너지는 한 형태에서 다른 형태로 변환될 수는 있지만 생성되거나 소멸되지 않는다. 이것이 **열역학 제1법칙**(First law of thermodynamics)이다.

10.3 열용량과 열 계량법

내부에너지의 지식이 있으면 비열을 계산할 수 있다. 비열은 어느 조건에서 열을 가하느냐에 따라서 여러 가지 종류가 있다. 흔히 사용되는 것은 '일정 부피 비열' 과 '일정 압력 비열' 이다.

비열과 열용량

일반적인 비열의 정의는 1 g의 물체에 열을 가하여 온도가 상승할 때 가해진 열량(q)을 온도 상승(ΔT)로 나눈 값을 비열(specific heat capacity, c)이라 한다. 바꾸어 말하면 어느 '물질 1 g을 1℃ 올리는데 필요한 열량' 을 그 물질의 '비열' 이라 한다. 비열은 그 물질의 데워지기 쉬운 정도를 나타내는 척도이다. 비열의 단위는 cal/(g · ℃) 또는 kcal/(kg · ℃) 등이 주로 사용된다.

물 1 g을 1℃ 올리는데 필요한 열량은 1 cal이다. 이것은 칼로리(cal)의 정의이다. 철의 경우 1 g을 1℃ 올리는데 필요한 열량은 약 0.1 cal이다. 따라서 철의 비열은 0.1 cal/(g·℃) 라고 표시한다. 다른 물질의 비열, 예를 들면 구리(고체) 0.09 cal/(g·℃), 에탄올(C_2H_5OH)(액체) 0.6 cal/(g · ℃), 암모니아(NH_3)(액체) 1.1 cal/(g·℃) 등이다.

철의 비열은 물의 비열의 10분의 1이므로 철과 물 각각 1 g에 1 cal씩 열을 가하면 철의 온도는 10℃ 올라가나, 물의 온도는 1℃밖에 올라가지 않는다. 따라서 물과 같이 비열이 큰 물

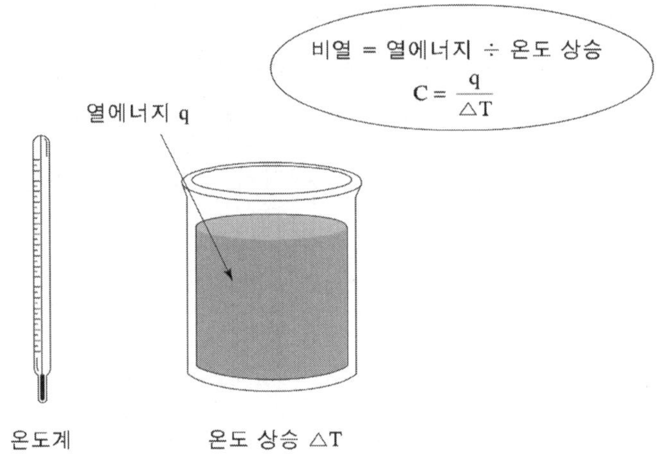

그림 10.6 비열의 정의

질은 데우기도 어렵고 식히기도 어렵다. 그러나 물은 둘레에 풍부하게 존재하고 독성이 없으며 식힐 때 상대적으로 많은 열을 방출하기 때문에 난방용 매개체로 많이 사용된다.

비열에 대하여 열용량은 '어떤 물체의 온도를 1℃ 올리는데 필요한 열량'을 의미한다. 열용량의 경우에는 양이 지정되어 있지 않은 점에 차이가 있다(비열은 1 g의 물질을 대상으로 하고 있다). 따라서 물의 비열은 1 cal/(g·℃)이고 물 100 g의 열용량은 100 g의 물을 1℃ 올리는데 필요한 열량이므로 100 cal가 된다.

비열을 표시하는 데는 두 가지 방식이 있다. 질량 기준과 몰 기준이 있는 데 어느 기준이든 유용한 식으로 활용할 수 있다. 질량을 기준으로 할 경우 위에서 언급한 비열(c)을 사용한다.

$$q = mc\Delta T \tag{10.3}$$

비열은 어떤 물질 1 g의 온도를 1℃ 올리는데 얼마나 많은 열이 필요한지를 나타내는 그 물질의 물리적인 성질이다. 마찬가지로 몰열용량(molar heat capacity, C)은 어떤 물질 1몰의 온도를 1℃ 올리는데 필요한 열량이다. 따라서 물질의 양을 질량이 아닌 몰 기준으로 바꾼 것뿐이다.

$$q = nC_p\Delta T \tag{10.4}$$

표 10.1 여러 물질의 비열용량과 몰열용량

물질	비열용량, c(J g^{-1} K^{-1})	몰열용량, C_p(J mol^{-1} K^{-1})
Al(s)	0.900	24.3
Cu(s)	0.385	24.5
H_2O(s)	2.09	37.7
H_2O(l)	4.18	75.3
H_2O(g)	2.03	36.4

여기에서 n은 몰수이다. C_p에서 아래첨자 p는 일정 압력 하에서의 몰열용량을 나타낸다. 일정 부피에서의 몰열용량은 그 값이 약간 달라진다. 일반적으로 물질의 변화는 대기압(1기압)에서 일어나는 현상을 대상으로 하므로 주로 C_p가 활용된다.

위의 두 식은 주어진 온도만큼 변하려면 얼마만큼의 열량이 필요한지를 쉽게 계산할 수 있게 한다. 물질의 몰 질량을 알기만 하면 비열(비열용량)과 몰열용량 간의 환산은 간단하다. 표 10.1에는 몇 가지 물질의 비열용량과 몰열용량을 보여준다. 물질의 종류뿐만 아니라 물질의 상태(기체, 액체, 고체)에 따라서 열용량이 다름을 알 수 있다.

열 계량법

열 계량법(calorimetry)은 열 흐름을 측정하는 방법이다. 흔히 이를 측정하는 기기(설비)를 열량계라 부른다. 계가 방출하거나 흡수하는 열은 외부와의 온도 변화를 측정하여 계산한다. 모든 측정은 열량계를 열적으로 고립시켜 계에 인접한 외부와 더 밖의 외부(우주)와의 열 흐름을 차단해야 한다. 열량계가 다른 외부와 열적으로 고립되어 있으면 열 흐름은 계와 바로 인접한 외부 간의 열 흐름이 유일하다. 따라서 이들의 온도를 측정할 수 있다.

열 계량법은 두 단계의 과정으로 구성된다. 1단계는 검정(calibration)으로 열량계 내에서 이미 알고 있는 물질 양의 열을 발생시키는 것이다. 2단계는 실제 측정 단계이다. 정해진 양의 물질이 반응하면서 흡수하거나 방출하는 열의 양을 측정하여 결정한다.

검정은 특성을 아는 물질의 정해진 양을 태우거나 정해진 양의 전류를 전선에 통과시켜 전기저항에 의해 열을 발생시킨다. 전체 열량계의 열용량은 정해진 양의 열이 유입되면서 생긴 온도 변화를 측정하여 계산할 수 있다.

$$\text{알고 있는 열의 양} = \text{열량계 상수} \times \Delta T$$

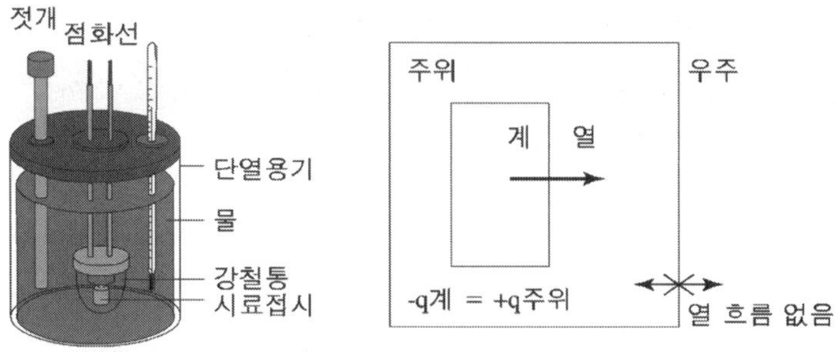

그림 10.7 통 열량계 장치(일정 부피 하에서 반응을 진행시키며 열량계와 외부 사이에 열 흐름이 없다)

즉,

$$q = C_{\text{열량계}} \times \Delta T \qquad (10.5)$$

열량계 상수는 한 물질이 아니라 특정 여러 물체들의 열용량이다. 열량계를 구성하는 통 주변의 물뿐만 아니라 온도계, 교반장치, 통 자체 등의 열용량을 모두 포함하는 열량계 상수이다. 실험장치가 정해지면 일정한 값을 갖는 것으로 간주된다. 이를 통해 열량을 측정한다.

10.4 엔탈피와 물리적 및 화학적 변화

엔탈피(H)

일정 부피 비열과 일정 압력 비열은 그 값이 다르다. 일정 압력 변화에서는 자동적으로 외부 환경과 일의 주고받음(흐름)이 발생하기 때문이다. 이 영향을 포함시키기 위해 도입된 열역학 함수가 '엔탈피(enthalpy, H)' 이다. enthalpy는 그리스어 enthalpo(따뜻해지다)에서 유래한 것이다. 기호로는 H라 표시하는 데 이것은 heat의 머리문자 h에서 따온 것이다. 다른 용어로 열 함량(heat content)이라 하기도 한다.

반응열을 다룰 때 엔탈피라는 새로운 개념은 매우 유용하다. 엔탈피는 계가 함유하고 있는 열량이다. 반응이 진행됨에 따라 반응계와 생성계의 엔탈피 차(enthalpy change, ΔH)가 대기압 하에서 반응열 q로서 계 외부로 방출된다. 엔탈피는 물질의 변화를 에너지 입장에서 다룰 때 아주 중요한 개념이다.

변화와 에너지는 어떤 관계인가? 열과 에너지와 일은 같은 것이다. 열역학 제1법칙에 의하면 계에 열을 가하면 에너지가 증가하고 그에 따라 일을 할 수 있게 된다. 그러면 계의 에너지는 어떤 것을 말하는가? 또한 계가 행하는 일이란 무엇인가. 여기에서는 열과 에너지와 일의 관계를 살펴본다.

일반적으로 변화는 어떤 조건 하에서 변화가 일어나느냐에 따라 두 가지로 분류할 수 있다. 일정 부피 변화와 일정 압력 변화이다.

일정 부피 변화

일정 부피 변화는 변화가 일어나는 동안 부피의 변화가 없는 변화를 말한다. 구체적으로는 강철로 된 일정 부피 가운데 일어나는 것과 같은 변화이다.

내부에너지 E_1의 기체 계에 일정 부피 변화의 조건 하에서 열량 q를 가해보자. 일정 부피 변화에서는 계는 부피 변화가 없다. 따라서 외부에 대하여 일을 하는 것이 아니기 때문에 계에 가해진 열량은 모두 내부에너지로 축적(비축)된다. 따라서 변화 후의 계의 내부에너지 E_2는 식 (10.6)로 나타낼 수 있다.

$$E_2 = E_1 + q \tag{10.6}$$

그러나 가해진 열에 의해 계는 뜨거워지기 때문에 그만큼 용기 중 기체의 압력은 높아지게 된다.

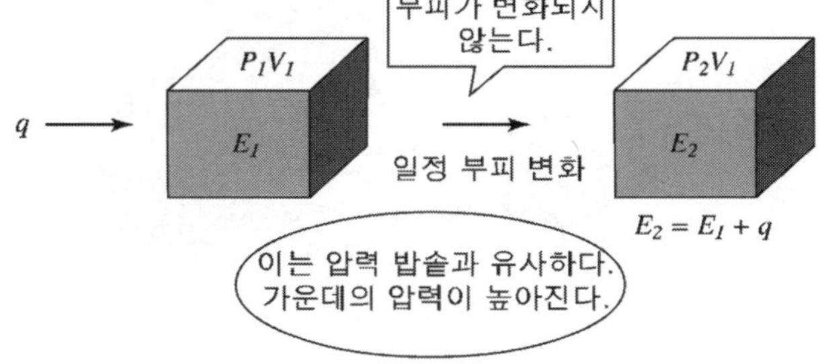

그림 10.8 일정 부피 변화의 도해

일정 압력 변화

일정 압력 변화는 압력이 일정한 조건 하에서 일어나는 변화를 말한다. 보통의 화학반응은 실험실에서 행하여지기 때문에 그곳의 기압은 1기압이다. 따라서 보통의 화학반응은 모두 일정 압력 변화이다.

일정 압력 하에서 기체에 열 q를 가하면 계의 내부에너지 E가 변화되는 것과 함께 기체는 따뜻해져 부피가 팽창한다. 이것은 기체가 외부에 대하여 일 w를 하게 되는 것이다. 즉, 계에 가해진 열량 q의 일부는 일 w로서 소비되기 때문에 내부에너지 E로 되지 못한다.

기체가 외부에 대하여 행하는 일은 부피 변화량을 ΔV, 압력을 P로 하면 식 (10.7)으로 나타낼 수 있다.

$$w = P\Delta V \tag{10.7}$$

따라서 계의 새로운 내부에너지 E_2는 식 (10.8)로 주어진다.

$$E_2 = E_1 + q - w = E_1 + q - P\Delta V \quad (10..8)$$

식 (10.8)로부터 q를 구하면 다음과 같이 된다.

$$q = E_2 - E_1 + P\Delta V = \Delta E + P\Delta V = \Delta H \tag{10.9}$$

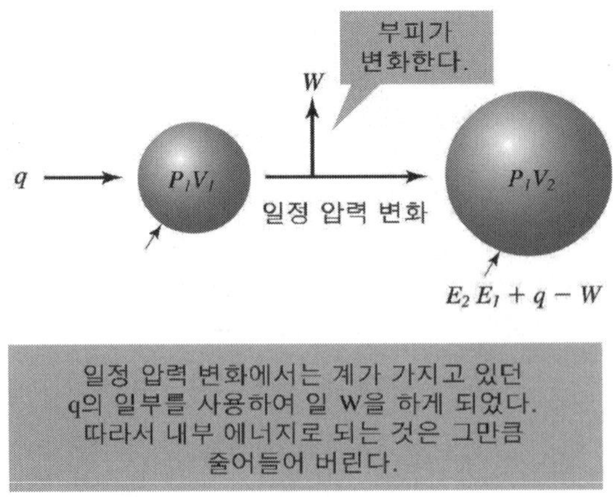

그림 10.9 일정 압력 변화의 도해

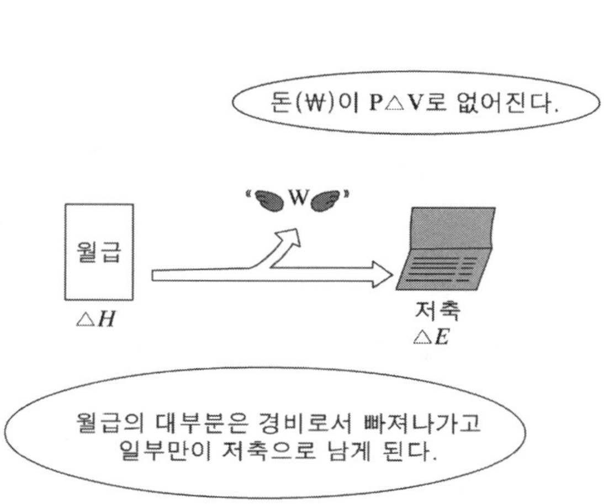

그림 10.10 엔탈피 차와 저축과 소비의 비교

화학에서는 식 (10.9)의 q를 ΔH라 고쳐 쓰고 이것을 엔탈피 변화(차)라 부른다. **엔탈피 변화량은 내부에너지의 변화량에 일량을 더한 것이다.** 즉, 일정 압력 변화에서는 내부에너지가 변화할 때에는 동시에 부피 변화가 일어날 가능성이 있다. 부피 변화는 일이고, 그것은 내부에너지 변화량을 소비하는 것이다.

화학 변화는 특별한 경우를 제외하고는 모두 일정 압력 변화이다. 따라서 화학반응의 에너지 변화량은 내부에너지가 아니라 엔탈피로 나타내지 않으면 안된다.

상변화의 ΔH

한 물체로 유입되는 열은 항상 온도를 올라가게 하지는 않는다. 예를 들어 0℃ 얼음에 열을 가하면 얼음은 녹아서 0℃의 물이 된다. 녹은 물에 열이 계속 전달되면 당연히 온도는 증가하기 시작한다. 열의 유입에도 불구하고 어떻게 온도가 일정하게 유지될 수 있을까? 이를 이해하려면 분자 간의 힘이 액체일 때보다 고체일 때 더 크다는 것을 기억할 필요가 있다. 따라서 얼음이 녹을 때 에너지가 분자 간 인력의 일부분을 절단하는데 사용되었다. 같은 온도라고 할지라도 물의 내부에너지는 얼음의 내부에너지보다 더 크다.

물질이 열을 받아 고체로부터 액체, 더 나아가 액체로부터 기체로 변할 때의 온도 변화는 일반적으로 그림 10.12와 같다. 녹는점에서는 고체와 액체, 끓는점에서는 액체와 기체가 공존하고 있고, 물질이 받은 에너지는 각각의 상태 변화에만 사용된다. 열에너지를 가하여도 온도 상승에는 사용되지 않고 온도는 일정하게 유지된다. 일정량 물질의 녹음이나 증발 등의 상태 변화에는 각각의 물질에 의해 결정되는 큰 열량이 필요하다.

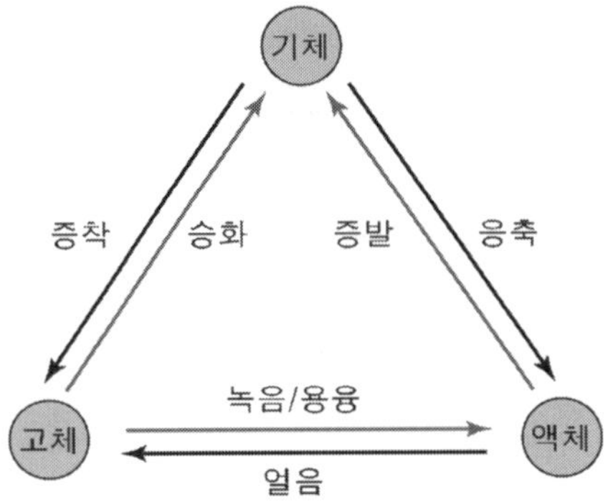

그림 10.11 고체, 액체, 기체상들의 일반적으로 일어날 수 있는 상변화에 사용되는 용어

여기서 상변화와 온도 변화의 열 흐름에 대해 공부했던 것을 종합하여 얼음에서 물을 거쳐 증기가 될 때 엔탈피 변화를 계산할 수 있다. 그림 10.12는 이 과정을 온도 대 열 흐름으로 도시한 것이다. 이 그림에서 (1), (3), (5) 구간들의 열전달은 온도 변화에 대한 것이고, (2)와 (4) 구간에서는 상변화를 나타낸다.

화학반응뿐만 아니라 물질의 상태 변화에서도 열의 방출과 흡수가 발생한다. 이와 같은 경우에도 열화학 방정식을 사용하여 그 현상을 나타낼 수 있다. 물의 상태변화의 예를 들어보자. 고체인 물(얼음)이 액체인 물로 상태가 변화될 때 6.0 kJ/mol의 에너지가 흡수된다(융해열). 이때의 열화학 방정식은 다음과 같다.

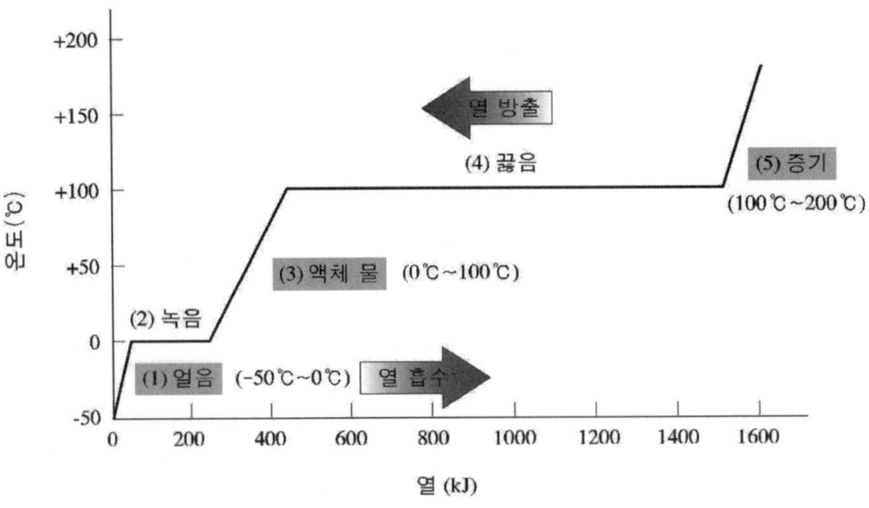

그림 10.12 500 g의 H_2O 시료가 열을 흡수할 때 온도가 어떻게 변하는지 보여주는 그림이다.

$$H_2O(s) = H_2O(l) - 6.0\,kJ$$

또한 액체의 물이 기체의 물로 상태가 변화할 때 44 kJ/mol의 에너지가 흡수된다(증발열).

$$H_2O(l) = H_2O(g) - 44\,kJ$$

이것과 반대의 변화가 일어날 때에는 융해열이나 증발열에 상당하는 열에너지가 방출된다.

$$H_2O(l) = H_2O(s) + 6.0\,kJ$$
$$H_2O(g) = H_2O(l) + 44\,kJ$$

드라이아이스는 대기압 하에서 직접 기체인 이산화탄소로 변화한다. -78℃에서 고체인 이산화탄소가 기체로 될 때 25 kJ/mol의 에너지가 흡수되므로(승화열) 열화학 방정식은 다음과 같다.

$$CO_2(s) = CO_2(g) - 25\,kJ$$

반응열

석탄을 태우면 열로 변한다. 이것은 탄소가 산화되어 열을 발생시켰기 때문이다. 이와 같이 화학 반응에 수반되는 열을 반응열이라 한다. 화학반응과 함께 일어나는 에너지 변화를 나타내면 다음의 그림 10.13과 같이 표시할 수 있다. 그래프의 종축(Y축)의 단위는 엔탈피 H이다.

출발계와 생성계를 비교할 때 출발계 쪽이 에너지가 높으면 이것은 반응이 진행될 때 양쪽 계의 에너지 차 ΔH가 방출되는 것을 의미한다. 이 ΔH를 반응열이라 한다. 이와 같이 반응과 관련하여 에너지를 방출하는 반응을 발열반응이라 한다. 반대로 생성계의 에너지가 높을 경우에는 계에 에너지가 공급되지 않으면 반응은 정지된다. 이와 같은 반응을 흡열반응이라 한다.

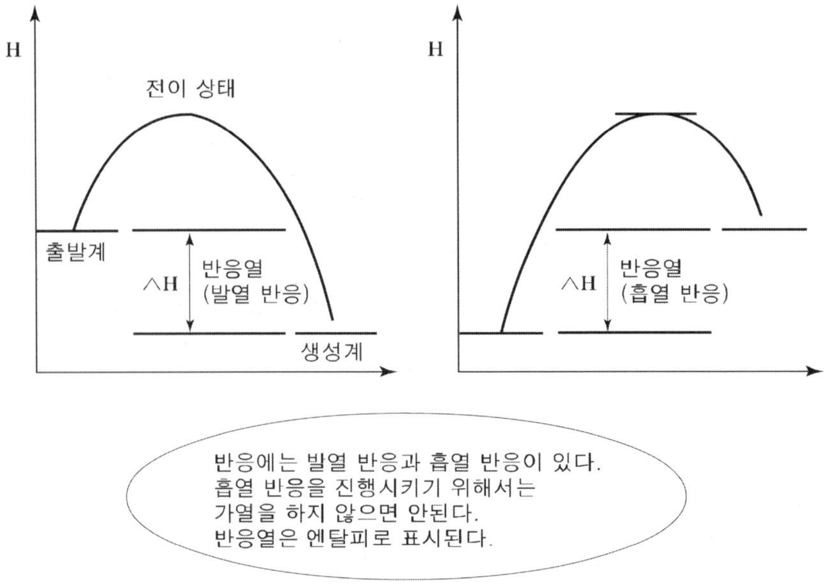

그림 10.13 화학 반응과 엔탈피와의 관계 그래프

결합 에너지

반응열의 일종으로 결합해리에너지가 있다. 이것은 결합에너지라고도 부른다. 이는 화학결합을 절단하는데 필요한 에너지(엔탈피)이다. 결합에너지의 크기는 결합의 강약을 나타내는 것으로 생각할 수 있다. 즉, 결합에너지가 큰 결합은 강한 결합이고, 결합에너지가

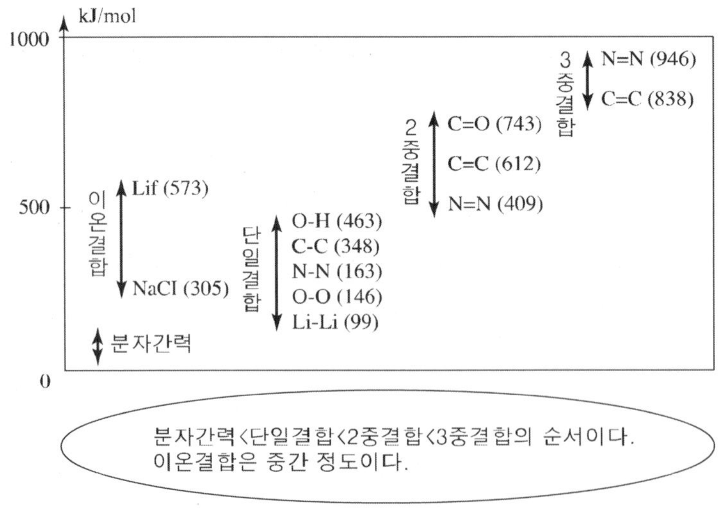

그림 10.14 여러 가지 결합의 형태와 결합에너지의 예

작은 결합은 약한 결합이다. 결합에너지의 예를 다음 그림 10.14에 나타냈다.

화학반응은 반응물이 생성물로 변할 때 화학결합이 절단되었다가 생성되기 때문에 에너지 변화가 수반된다. 메테인의 연소반응을 살펴보자.

$$CH_4(g) + 2O_2(g) \rightarrow CO_2(g) + 2H_2O(l)$$

위 식의 반응물 쪽에는 4개의 C-H 단일결합과 2개의 O=O 2중 결합이 있다. 생성물 쪽에는 2개의 C=O 이중결합과 4개의 O-H 단일결합이 있다. 이 반응 과정을 거치면서 모든 결합은 절단되어야 하며, 이는 에너지 유입을 필요로 한다. 반대로 생성물의 모든 결합은 생성되어야 하는데, 이는 에너지를 방출하게 된다. 결합 형성은 항상 발열 반응이고 결합 절단은 항상 흡열이기 때문이다.

만일 새로운 결합을 생성하면서 방출되는 에너지가 처음 결합들을 절단하는데 필요한 에너지보다 크면 전체 반응은 발열이다. 반대로 결합을 절단하는데 필요한 에너지가 결합 생성에 의한 방출에너지보다 크면 그 반응은 흡열이다.

메테인은 천연가스의 주요 성분이다. 이를 태우면 에너지가 방출된다. 따라서 위의 반응은 발열 반응임을 예상할 수 있다. 열 계량법 측정 결과 메탄 1몰의 연소에 대한 ΔH는 -890.4 kJ이다.

한 화학반응의 전체 에너지론은 열화학 방정식에 요약될 수 있다. 메테인의 연소에서 열화학반응식(thermochemical equation)은 다음과 같다.

$$CH_4(g) + 2O_2(g) \rightarrow CO_2(g) + 2H_2O(l) \qquad \Delta H = -890.4\ kJ$$

위 식은 두 가지 중요한 점이 있다. 먼저 반응이 발열인지 흡열인지 ΔH의 부호로 쉽게 알 수 있다. 메탄의 연소가 발열이라는 것을 이야기하였는데 ΔH의 음의 부호는 이를 증명한다. 두 번째로 열화학반응식은 ΔH의 값을 숫자로 나타낸다. 얼마나 많은 열이 방출되는지 정확히 알 수 있다. 즉, 메탄 1몰이 산소 2몰과 반응하면 890.4 kJ이 방출된다.

10.5 Hess의 법칙과 반응열

반응의 경로와 열

Hess는 많은 실험을 통해 다음의 결론을 유도해냈다. 물질이 변화할 때의 반응열의 크기는 변화하기 전의 상태와 변화한 후의 상태만으로 결정되고, 그 변화 과정의 경로와는 관계가 없다는 것이다. 이것이 Hess의 법칙이고, 총열량 보존의 법칙이라고도 불린다.

Hess의 법칙

반응열을 연구하고 다루는 경우에 아주 강력한 도구가 되는 법칙이 있다. 바로 Hess의 법칙이다.

이것은 말로만 설명하는 것보다 그림으로 설명하는 것이 이해하기 쉽다. 그림 10.16과 같이 반응의 엔탈피 변화는 위와 아래 선의 간격으로 선택한 경로가 어떤지는 관계없다는 것이다. 따라서 그림의 경로 I에서 III은 모두 동일한 엔탈피 변화를 가져다주게 되는 것이다.

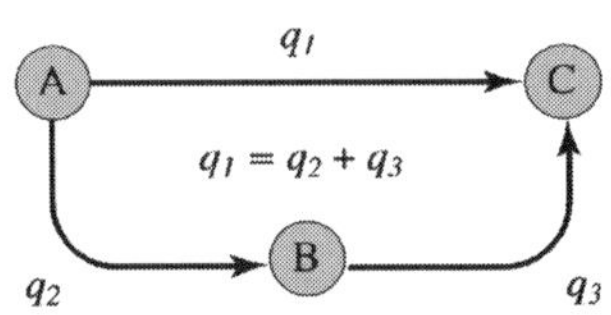

그림 10.15 Hess 법칙의 개략도
(A→C의 반응열 q_1와 A→B→C를 거치는 경우의 반응열 $q_2 + q_3$는 같다.)

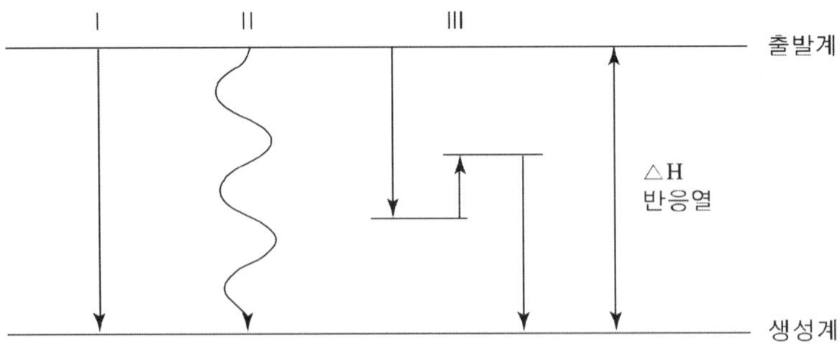

그림 10.16 Hess 법칙 도해 설명

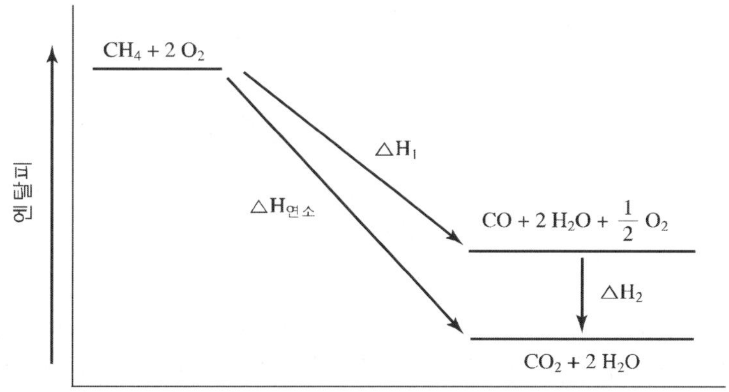

그림 10.17 메탄의 연소 엔탈피 개념도(1몰의 CH_4가 먼저 CO로 전환되고(1단계), CO가 더 반응하여 CO_2가 생성된다(2단계)고 가정하였다. 만일 $\triangle H_1$과 $\triangle H_2$를 안다면 $\triangle H_{연소}$를 계산하는데 이 값들을 이용할 수 있다.)

이와 같이 계의 상태만으로 결정되고 중간의 경로에 관계되지 않는 양을 특히 상태 梁이라 말한다. 상태 양으로는 온도(T), 압력(P), 내부에너지(E) 등이 있다. 이것에 대하여 계에 가해지는 열량(q)나 일량(w)은 경로에 의해 변화되기 때문에 상태 양이 아니다.

반응 최초의 상태(출발 물질)와 최후의 상태(생성 물질)가 같으면 도중 반응이 어떻든지 간에(도중 어떤 경로를 통과할지라도) 생성되는 반응열의 합, 총열량은 일정하다(같다). 이것을 Hess의 법칙(총열량 보존의 법칙)이라 한다. 따라서 식품을 연소하여 CO_2, H_2O가 되는 것과 식품이 몸속에서 생화학적으로 CO_2와 H_2O로 되는 것 모두 생기는 열량은 같게 되는 것이다.

이 Hess의 법칙으로부터 실제로는 열 함량(heat content)의 개념이 생겨났다. Hess의 법칙은 "열함량은 최초의 상태와 최종의 상태가 정해지면 정해지는 양(상태 양)이다"와 같은 말이다.

생성반응과 Hess의 법칙

많은 물질에 대한 생성열이 광범위하게 데이터화 되어 있다. 이들 값을 이용하여 Hess의 법칙을 적용하면 어떠한 화학반응에 대해서도 가상적으로 엔탈피 변화를 계산할 수 있다. 그림 10.18은 이 개념을 설명하고 있다.

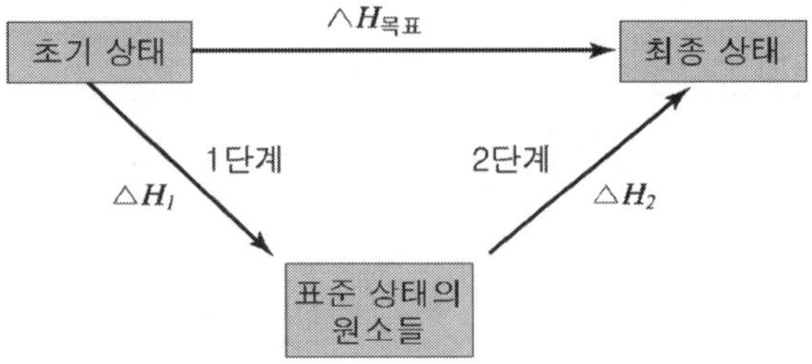

그림 10.18 문헌 값에서 얻은 생성 엔탈피 값을 어떻게 화학반응의 엔탈피 변화를 계산하는데 이용하는지 보여주는 개념도. 먼저 반응물이 표준 상태의 원소로 바뀐 다음에 이 원소가 생성물로 재결합된다고 가정한다. 엔탈피는 상태함수이므로 반응이 진행되는 실제 경로에 대해 아무것도 알 필요가 없다.

1단계는 반응물이 표준 상태의 원소로 분해되는 것이다. 이것은 단순히 반응물 생성반응의 반대이다. 따라서 이 과정의 엔탈피 변화는 $-\triangle H_f^o$(반응물의 표준 생성 엔탈피 변화)이다.

2단계의 과정은 생성물이 표준 상태의 원소로부터 생성되는 엔탈피 변화($\triangle H_f^o$)가 일어난다. 문헌의 생성열을 이용하려면 소비되는 반응물과 생성되는 생성물의 몰수를 감안하여 균형 화학반응식에서 나온 화학량론 계수를 고려해야 한다.

$$\triangle H^o = \text{생성물 } \triangle H_f^o \text{의 합 - 반응물 } \triangle H_f^o \text{의 합} \qquad (10.11)$$

핵심 용어(key words)

Hess의 법칙	결합에너지	계(system)
내부에너지	반응 경로	반응열
비열	상변화	압력-부피 일
엔탈피(H)	열역학	열용량
화학에너지		

연습문제

1. 내부에너지를 정의하시오.

2. 압력, 부피의 단위를 분석하여 PV일의 개념과 부합하는 에너지 단위임을 증명하시오.

3. 515 J의 열이 기체에 가해져 그 결과로 218 J의 일을 하였다면 계의 에너지 변화는 얼마인가?

4. 24.0 g의 알루미늄 캔을 가열하여 온도가 15.0℃ 상승하였다. 캔에 대하여 q를 계산하시오.

5. 물의 몰열용량은 75.3 J/mol K이다. 37.5 g의 물이 42.0에서 7.0℃로 냉각되었다면 물의 q는?

6. 발열과 흡열을 정의하시오.

7. 어떤 반응이 발열이라면 생성물의 결합에너지 합과 반응물의 결합에너지 합 중 어느 것이 더 큰가?

8. 다음의 반응에 대하여 (1)과 (2)의 질문에 답하시오.

$$C_3H_8 + 5O_2 = 3CO_2 + 4H_2O + 2220\ kJ$$

(1) 프로페인 100 g을 연소시키면 몇 kJ의 열이 발생하는가?

(2) 발열량이 444 kJ일 때 반응한 산소는 표준상태에서 몇 ℓ인가?

9. 어떤 기체가 7.31×10^4 kJ의 열을 받고 4.8×10^3 kJ의 일을 한다면, 이 기체의 내부에너지 변화는 얼마인가?

10. 수소 기체는 아세틸렌이나 에틸렌 기체와 반응한다. 이 반응에 대한 열화학반응식이 다음과 같이 주어졌다. 아세틸렌이 수소와 반응하여 에틸렌으로 변환되는 열화학반응식을 써라.

$$C_2H_2(g) + 2H_2(g) \rightarrow C_2H_6 \quad \triangle H^{\circ} = -311\ kJ$$
$$C_2H_4(g) + H_2(g) \rightarrow C_2H_6 \quad \triangle H^{\circ} = -136\ kJ$$

CHAPTER 11

화학평형

11.1 평형의 개념

화학반응은 일반적으로 반응물이 생성물로 완전히 변환되는 것을 가정한다. 그러나 많은 반응은 완전히 진행되지 않는다. 한쪽 방향으로만 진행하는 화학반응은 거의 없다.

대부분이 어느 정도는 가역적으로 발생한다. 가역과정의 초기에는 반응이 생성물을 생성하는 방향으로 진행한다. 약간의 생성물 분자가 생성되자마자 역반응 과정(생성물 분자로부터 반응물 분자의 생성)이 일어나기 시작한다. 정반응과 역반응의 속도가 같고, 반응물과 생성물의 농도가 시간에 따라 더 이상 변화가 없을 때 이 반응은 화학평형(chemical equilibrium)에 도달된 것이다.

예를 들어 무색의 사산화이질소(N_2O_4) 기체가 암갈색 이산화질소(NO_2)로 분해되는 경우를 보자.

$$N_2O_4(g) \rightleftarrows 2NO_2(g)$$

반응이 정반응과 역반응 양쪽으로 진행할 수 있는 것을 나타내기 위하여 양쪽 화살표를 이용하여 균형식을 쓰고 한 화살표는 반응물에서 생성물을 향하고 다른 화살표는 생성물에서 반응물을 향한다(혼란을 피하기 위하여 반응물이라는 용어는 화학반응식의 왼쪽 물질들로 한정하고 생성물이라는 용어는 화학반응식의 오른쪽 물질들로 한정한다).

엄밀하게 말해서 모든 화학 반응은 가역적이다. 때때로 비가역 반응이라고 부르는 것은 단순히 그 반응이 거의 완전하게 진행되므로 평형 혼합물은 거의 모든 생성물만을 함유하고 반응물은 거의 함유하지 않는 경우이다. 그러한 반응에서 역반응은 검출하기에는 너무 느리다.

N_2O_4와 NO_2의 반응은 그 평형값에 도달한 다음 왜 정지하는 것으로 나타나는가? 예를 들어 N_2O_4가 NO_2와 N_2O_4의 평형 혼합물로 변화하는 실험에 대하여 생각해 보자. 반응 속도는 농도에 의존하므로 정반응($N_2O_4 \rightarrow NO_2$) 속도는 N_2O_4 농도가 감소함에 따라 감소한다. 한편 역반응($N_2O_4 \leftarrow NO_2$) 속도는 NO_2 농도가 증가함에 따라 증가한다.

결과적으로 정반응의 감소 속도와 역반응의 증가 속도는 같게 된다. 그 시점에서 더 이상 농도변화는 없게 된다. 왜냐하면 N_2O_4와 NO_2 모두 그들이 생성되는 속도만큼 빠르게 소멸되기 때문이다. 그리하여 화학평형은 정반응과 역반응이 동일한 속도로 계속되는 동적 상태(dynamic state)가 되어 반응물의 생성물로의 알짜 변환은 없게 된다(그림 11.1). 이 때 이 반응은 화학 평형에 도달된 것이다.

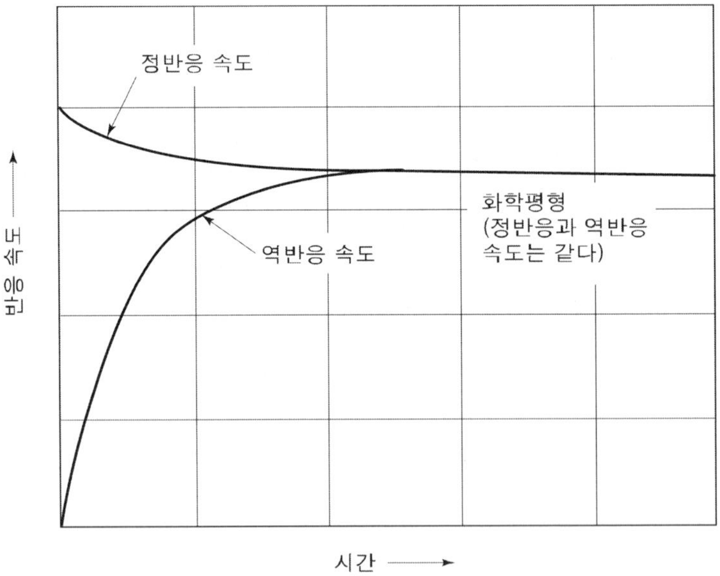

그림 11.1 $N_2O_4(g)$ − $NO_2(g)$ 반응계에서의 시간에 따른 정반응, 역반응의 속도

11.2 평형상수

평형상수

25℃에서 다음의 균형반응식에서 나타낸 사산화이질소(N_2O_4)와 이산화질소(NO_2)의 가역반응에 대한 몇 가지 실험 자료를 표 11.1에 나타내었다.

$$N_2O_4(g) \rightleftarrows 2NO_2(g)$$

기체의 농도는 몰농도로 표현하였으며, 이 몰농도는 초기와 평형상태에서 존재하는 기체의 몰수와 플라스크의 부피(L)로부터 계산할 수 있다. 자료를 분석하면 평형에서 비록 $[NO_2]/[N_2O_4]$ 값이 서로 다른 값을 주지만 $[NO_2]^2/[N_2O_4]$ 값은 4.63×10^{-3}으로 거의 일정한 값을 보여준다. 이 값을 25℃에서 위의 반응에 대한 평형상수(K)라 부른다. 수학적으로 표현하면 NO_2-N_2O_4 평형에 대한 평형상수는 다음과 같다.

$$K = [NO_2]^2/[N_2O_4] = 4.63\times10^{-3}$$

이 식에서 $[NO_2]$에 나타난 지수 2는 가역반응에서 NO_2에 대한 화학량론계수와 같다는 것에 유의하기 바란다.

$[NO_2]^2/[N_2O_4]$ 식은 $N_2O_4(g) \rightleftharpoons 2NO_2(g)$ 반응의 균형식과 관련이 있다. 즉, 생성물 농도를 균형식의 계수로 거듭제곱한 것이 분자이고 반응물 농도가 분모이다.

표 11.1 25℃에서 $N_2O_4(g)$ – $NO_2(g)$ 반응계

초기농도(M)		평형농도(M)		평형에서 농도비	
$[NO_2]$	$[N_2O_4]$	$[NO_2]$	$[N_2O_4]$	$\frac{[NO_2]}{[N_2O_4]}$	$\frac{[NO_2]^2}{[N_2O_4]}$
0.000	0.670	0.0547	0.643	0.0851	4.65×10^{-3}
0.0500	0.446	0.0457	0.448	0.102	4.66×10^{-3}
0.0300	0.500	0.0475	0.491	0.0967	4.60×10^{-3}
0.0400	0.600	0.0523	0.594	0.0880	4.60×10^{-3}
0.200	0.000	0.0204	0.0898	0.227	4.63×10^{-3}

다음과 같은 가역반응을 고려함으로써 이런 논의를 일반화할 수 있다.

$$a\mathrm{A} + b\mathrm{B} \rightleftharpoons c\mathrm{C} + d\mathrm{D}$$

여기서 a, b, c, d는 균형화학식의 화학량론적 계수다. 특정 온도에서 반응의 평형상수는 다음과 같다.

$$\mathrm{K} = [\mathrm{C}]^c[\mathrm{D}]^d/[\mathrm{A}]^a[\mathrm{B}]^b \qquad (11.1)$$

노르웨이 화학자 Guldberg와 Waage는 1864년에 여러 가역 반응의 실험적 연구결과를 바탕으로 하여 평형 혼합물 농도값이 평형식(equilibrium equation)과 관련이 있다고 제안했다. 여기에서 K는 평형상수(equilibrium constant)이며 오른쪽 식을 평형상수식(equilibrium equation expression)이라 한다.

평형상수식 내의 큰 괄호는 그 괄호 물질의 몰농도를 나타낸다. 평형상수식의 물질은 기체 또는 용액의 분자 또는 이온일 수 있다. 평형식은 질량작용법칙(law of mass action)이라고도 알려져 있다. 이는 초기의 화학에서 농도를 "활성 질량(active mass)"이라고 불렀기 때문이다.

평형상수(equilibrium equation) K는 모든 생성물의 평형 농도의 곱을 모든 반응물의 평형 농도 곱으로 나누어 구한 값이다. 각 물질의 농도에 균형화학식의 계수로 거듭제곱하여 준다. 특히 어떠한 실험에서 각 평형 농도값이 얼마든지 상관없이 특정한 온도에서의 한 반응의 평형상수는 항상 일정한 값이다.

평형상수의 표현

평형상수를 이용하기 위해서는 평형상수를 반응물과 생성물 농도로 나타내어야 한다. 유일한 지침은 질량작용의 법칙(식 (11.1))이다. 그러나 반응물과 생성물의 농도가 다른 단위로 표시될 수 있고, 반응화학종들이 항상 동일한 상으로 존재하는 것이 아니기 때문에, 같은 반응에 대한 평형상수 표현 방법에는 여러 가지가 있다. 이를 위해 반응물과 생성물이 동일한 상으로 된 반응을 고려하기로 하자.

(1) 균일 평형(Homogeneous Equilibrium)

균일 평형(homogeneous equilibrium)이란 용어는 반응화학종 모두가 같은 상인 반응에 적용된다. N_2O_4의 분해반응은 균일 기체 상 평형의 한 예이다. 식 (11.1)에 주어진 것처럼 평형상수는 다음과 같다.

$$K_c = \frac{[NO_2]^2}{[N_2O_4]}$$

K_c의 첨자 c는 반응 화학종의 농도를 mol/ℓ로 표시한다는 것을 나타낸다.

기체 반응에서는 반응물과 생성물의 농도를 부분압력으로 나타낼 수 있다. 식 $P=(n/V)RT$로부터 일정한 온도조건에서 기체의 압력 P는 mol/ℓ로 표시되는 기체의 농도와 직접 관계된다는 것을 알 수 있다. 따라서 평형과정에 대한 평형상수를 다음과 같이 쓸 수 있다.

$$N_2O_4(g) \rightleftharpoons 2NO_2(g)$$

$$K_p = \frac{P_{NO_2}^2}{P_{N_2O_4}}$$

여기서 P_{NO_2}, $P_{N_2O_4}$는 각각 NO_2와 N_2O_4의 평형 부분압력(atm 단위)이다. K_p의 아래첨자 P는 평형 농도를 압력단위로 나타냈다는 것을 표시한 것이다.

일반적으로 반응물과 생성물의 부분압력이 mol/ℓ로 표시된 농도와 같지 않지 때문에 K_c는 K_p와 같지 않다. K_c와 K_p 사이의 관계는 다음과 같이 유도할 수 있다. 다음과 같은 기체 상 평형을 생각해 보자.

$$aA(g) \rightleftharpoons bB(g)$$

여기서 a와 b는 화학량론계수이다. 평형상수 K_c는 다음과 같다.

$$K_c = \frac{[B]^b}{[A]^a}$$

그리고 K_P에 대한 표현은 다음과 같다.

$$K_P = \frac{P_B^b}{P_A^a}$$

P_A와 P_B는 A와 B의 부분압력이다. 이 기체들이 이상 기체와 같이 행동한다고 가정하면,

$$P_A V = n_A RT$$

$$P_A = \frac{n_A RT}{V},$$

$$P_B V = n_B RT$$

$$P_B = \frac{n_B RT}{V}$$

여기서 V는 리터(ℓ)로 표시되는 용기의 부피이다.

이들 관계를 K_P에 대한 표현식에 대입하면 다음을 얻을 수 있다

$$K_P = \frac{\left(\frac{n_B RT}{V}\right)^b}{\left(\frac{n_A RT}{V}\right)^a} = \frac{\left(\frac{n_B}{V}\right)^b}{\left(\frac{n_A}{V}\right)^a}(RT)^{b-a}$$

n_A/V와 n_B/V 모두 mol/ℓ 단위를 가지므로 A와 B로 바꾸어 줄 수 있다. 따라서

$$K_P = \frac{[B]^b}{[A]^a}(RT)^{\Delta n}$$

$$= K_c(RT)^{\Delta n} \qquad (11.2)$$

여기서

$$\Delta n = b - a$$

= 기체상 생성물의 몰수 − 기체상 반응물의 몰수

압력은 보통 atm 단위로 나타내므로 기체상수 R은 0.0821 L·atm/K·mol로 주어지고, K_P와 K_C 사이의 관계는 다음과 같이 쓸 수 있다.

$$K_P = K_c(0.0821 \cdot T)^{\Delta n} \tag{11.3}$$

일반적으로 $\Delta n=0$인 특별한 경우를 제외하고는 $K_P \neq K_c$이다.
$\Delta n=0$인 경우 식 (11.3)을 다음과 같이 쓸 수 있다.

$$\begin{aligned} K_P &= K_c(0.0821 \cdot T)^0 \\ &= K_c \end{aligned}$$

균일 평형에 대한 또 다른 예로서 물에서의 아세트산(CH_3COOH)의 이온화를 생각해 보자.

$$CHCOOH(aq) + H_2O(l) \rightleftharpoons CH_3COO^-(aq) + H_3O^+(aq)$$

평형상수는 다음과 같다.

$$K_c' = \frac{[CH_3COO^-][H_3O^+]}{[CH_3COOH][H_2O]}$$

여기서 K_c'를 사용하는 것은 다음에 유도할 평형상수의 최종 형태로부터 이를 구별하기 위해서이다. 그러나 물 1ℓ, 즉 물 1000 g은 1000 g/(18.02 g/mol), 즉 55.5 mol이다. 따라서 물의 농도 $[H_2O]$는 55.5 mol/L, 즉 55.5 M이다. 이는 용액 내 다른 화학종의 농도(보통 1 M 이하)와 비교해서 매우 큰 양이므로, 반응과정 동안 물의 농도변화가 없다고 가정할 수 있다. 따라서 $[H_2O]$를 상수라고 취급할 수 있고, 평형상수를 다시 쓰면 다음과 같다.

$$K_c = \frac{[CH_3COO^-][H_3O^+]}{[CH_3COOH]}$$

여기서,

$$K_c = K_c' [H_2O]$$

평형상수에는 일반적으로 단위가 없다. 열역학에서도 모든 농도(몰농도) 또는 압력(기압) 항이 실질적으로 1 M 또는 1 atm이란 표준값에 대한 비이기 때문에 K는 단위가 없는 것으로 정의된다. 이런 절차로 인해 모든 단위는 제거되지만 농도나 압력의 수치부분은 변화하지 않는다. 결국 K는 단위가 없다.

(2) 불균일 평형

서로 다른 상(phase)인 반응물과 생성물을 포함한 가역반응을 불균일평형(heterogeneous equilibrium)이라 한다. 예를 들면 탄산칼슘을 밀폐된 용기 내에서 가열하면 다음과 같은 평형에 도달한다.

$$CaCO_3(s) \rightleftharpoons CaO(s) + CO_2(g)$$

이 반응계는 2개의 고체 상과 1개의 기체 상으로 구성되어 있다. 평형에서 평형상수를 다음과 같이 쓸 수 있다.

$$K_c' = \frac{[CaO][CO_2]}{[CaCO_3]} \tag{11.4}$$

그러나 고체의 농도는 밀도처럼 세기성질이므로 존재하는 물질의 양에 의존하지 않는다[농도의 단위(mol/L)는 밀도의 단위(g/cm^3)로 전환할 수 있고 그 역도 성립한다]. 이런 이유 때문에 $[CaCO_3]$와 $[CaO]$ 항은 자체가 일정한 상수이므로 평형상수와 결합시킬 수 있다. 따라서 위의 평형식의 표현을 다음과 같이 단순화시킬 수 있다.

$$\frac{[CaCO_3]}{[CaO]} K_C' = K_C = [CO_2] \tag{11.5}$$

여기서 K_c는 새로운 평형상수로, 단일 성분 CO_2의 농도항으로 간단하게 표현된다. 평형에서 $CaCO_3$과 CaO가 어느 정도 존재하는 한, K_c값은 이들이 얼마나 존재하는가에 의존하지 않는다.

다른 방식으로는 평형상수를 다음과 같이 쓸 수 있다.

$$K_P = P_{CO_2} \tag{11.6}$$

이 경우에 대한 평형상수는 쉽게 측정할 수 있는 양인 CO_2 기체의 압력과 수치적으로 똑같은 값이다.

지금까지 고체에 적용시켰던 논의를 액체에도 적용할 수 있다. 따라서 반응물이나 생성물이 액체라면, 이들의 농도를 상수로 처리하여 평형상수 표현식으로부터 이를 생략할 수 있다.

11.3 평형상수의 이용

반응 방향의 예측

다음 반응에 대한 평형상수 K_c는 375℃에서 1.2이다.

$$N_2(g) + 3H_2(g) \rightleftharpoons 2NH_3(g)$$

어떤 실험에서 N_2 0.2493 mol, H_2 3.21×10^{-2} mol, NH_3 6.42×10^{-4} mol을 375℃에서 1.00 ℓ들이 용기에 넣었다고 가정하자. 이 온도에서 반응이 평형에 있는지, 만일 평형에 도달되어 있지 않다면, 알짜 반응이 어느 방향으로 진행할 것인지 알아보자. 이를 알기 위해 평형상수식에 초기 농도값을 대입하면 다음과 같다.

$$\frac{[NH_3]_o^2}{[N_2]_o[H_2]_o^3} = \frac{[6.42\times10^{-4}]^2}{[0.2493][3.21\times10^{-2}]^3} = 0.050$$

여기서 첨자 o는 초기 농도를 나타낸다. 계산된 반응지수(quotient) $\frac{[NH_3]_o^2}{[N_2]_o[H_2]_o^3}$가 K_c보다 작기 때문에 이 반응계는 평형에 있지 않는다. 결론적으로 N_2, H_2 일부는 더 많은 NH_3를 생성(반응지수의 값을 증가시킴)하기 위해 반응할 것이다. 따라서 알짜 반응은 평형에 도달할 때까지 왼쪽에서 오른쪽으로 진행한다.

평형상수식에 초기 농도를 대입하여 얻은 양을 반응지수(reaction quotient; Q_c)라 한다. 평형에 도달하기 위해 진행하는 알짜 반응의 방향을 결정하기 위해서는 Q_c와 K_c값을 비교한다. 여기에는 다음과 같이 세 가지 가능성이 있다.

- $Q_c > K_c$: 반응물에 대한 생성물의 초기 농도비가 매우 크다. 평형에 도달하기 위해서 생성물은 반응물로 전환되어야 한다. 평형에 도달하기 위해서 이 반응계는 오른쪽에서 왼쪽(생성물의 소모, 반응물의 생성)으로 진행한다.
- $Q_c = K_c$: 초기 농도가 평형 농도이다. 이 반응계는 평형에 있다.
- $Q_c < K_c$: 반응물에 대한 생성물의 초기 농도비가 매우 작다. 평형에 도달하기 위해서 반응물은 생성물로 전환되어야 한다. 이 반응계는 평형에 도달하기 위해서 왼쪽에서 오른쪽(반응물의 소모, 생성물의 생성)으로 진행한다.

평형 농도의 계산

만일 어떤 특정 반응에 대한 평형상수를 알고 있다면, 초기 농도값으로부터 평형혼합물의 농도를 계산할 수 있다. 대부분의 일반적인 경우, 단지 초기 반응물의 농도만이 주어진다. 427℃에서 평형상수값이 57.0인 다음 반응계를 고려해 보자.

$$H_2(g) + I_2(g) \rightleftharpoons 2HI(g) \quad 700K\text{에서 } K_c = 57.0$$

초기에 H_2 1.00 mol과 I_2 1.00 mol이 1.00 ℓ 용기에서 반응하여 평형에 도달된다고 하자. 평형상태에서 H_2, I_2, HI의 농도를 어떻게 계산할 수 있는가?

반응한 H_2의 농도를 x mol/ℓ라 놓으면, 균형식에 따라 I_2는 x mol/ℓ 반응하고, HI는 $2x$ mol/ℓ 생성된다. 따라서 평형에 도달하면 H_2와 I_2 농도가 초기 1.000 mol/ℓ로부터 $(1.00 - x)$ mol/ℓ로 감소하게 된다. 이러한 결과를 균형식 밑에 표로 요약하면 다음과 같다.

	$H_2(g)$	+	$I_2(g)$	$\rightleftarrows$	$2HI(g)$
초기 농도(M)	1.00		1.00		
변화(M)	x		x		$2x$
평형 농도(M)	$1.00-x$		$1.00-x$		$2x$

평형 농도를 평형식에 대입하자.

$$K_c = 57.0 = \frac{[HI]^2}{[H_2][I_2]} = \frac{(2x)^2}{(1.00-x)(1.00-x)} = \frac{(2x)^2}{(1.00-x)^2}$$

이 식의 우변은 완전제곱형이므로 양변에 제곱근을 취할 수 있다.

$$\sqrt{57.0} = \pm 7.55 = \frac{(2x)}{(1.00-x)}$$

x에 대하여 풀면 $x=0.791$과 $x=1.36$의 2개의 답을 얻는다. H_2와 I_2의 초기 농도가 1.00 M이므로 x는 1.00 M을 초과할 수 없다. 그러므로 $x=0.791$ M을 선택한다.

x의 계산값으로부터 평형 농도를 계산한다.

$$[H_2] = [I_2] = 1.00-x = 1.00-0.791 = 0.209\text{ M}$$
$$[HI] = 2x = (2)(0.791) = 1.580\text{ M}$$

11.4 화학평형에 영향을 주는 인자

화학적 합성의 주요한 목적 중 하나는 에너지 소비를 최소화하면서 반응물의 생성물로의 변환을 최대화하는 것이다. 이러한 목적은 반응이 평형에서 반응물이 많고 생성물이 적은 평형 혼합물을 갖게 된다면 그 실험조건을 조절해야 한다. 평형 혼합물의 조성을 변화시키기 위하여 몇 가지 인자들을 활용할 수 있다.

- 반응물과 생성물의 농도
- 압력과 부피
- 온도

열거한 인자들의 변화가 평형혼합물의 조성에 미치는 효과는 프랑스 화학자 르 샤틀리에(Henri-Louis Le Chatelier)에 의하여 처음으로 설명된 원리를 이용하여 예측할 수 있다. 르 샤틀리에의 원리로 알려진 이 규칙은 평형상태에 있는 반응 혼합물에 변위를 주면 알짜 반응은 이 변위를 상쇄시키는 방향으로 일어난다는 것이다.

여기에서 "변위"라는 용어는 본래의 평형을 방해하는 농도, 압력, 부피의 변화를 의미한다. 새로운 평형에 도달할 때까지 그 반응에서는 조성의 변화가 일어난다. 그러한 방향(반응물이 생성물로 또는 그와 반대로)으로의 반응의 진행은 변위를 상쇄시킨다. 다음에서 평형 혼합물의 조성을 변화할 수 있는 서로 다른 종류의 변위를 살펴보도록 하겠다.

농도의 변화

티오시안산 철(III) [$Fe(SCN)_3$]은 물에 쉽게 용해되어 붉은색 용액이 된다. 이 붉은색은 수화된 $FeSCN^{2+}$이온이 존재하기 때문이다. $FeSCN^{2+}$과 Fe^{3+}, SCN^- 이온 사이의 평형은 다음과 같은 식으로 주어진다.

$$\underset{\text{붉은색}}{FeSCN^{2+}(aq)} \rightleftharpoons \underset{\text{옅은노란색}}{Fe^{3+}(aq)} + \underset{\text{무색}}{SCN^-(aq)}$$

만일 이 용액에 약간의 티오시안산 소듐(NaSCN)을 가한다면 어떤 일이 발생할까? 이 경우 평형계에 가해진 변위는 SCN^-농도의 증가이다. 이 변위를 감소시키기 위해서 Fe^{3+}이온은 첨가된 SCN^-이온과 반응을 하여 평형은 다음과 같이 오른쪽에서 왼쪽으로 이동한다.

$$FeSCN^{2+}(aq) \leftarrow Fe^{3+}(aq) + SCN^-(aq)$$

결론적으로 용액의 붉은색은 더 진해진다. 한편 원래 용액에 질산철(III) 〔$Fe(NO_3)_3$〕 을 가하면, 첨가된 Fe^{3+}이온이 평형을 오른쪽으로부터 왼쪽으로 이동시키기 때문에 용액의 붉은색이 진해진다.

이번에는 원래 용액에 약간의 옥살산을 가했다고 가정하자. 옥살산 이온($H_2C_2O_4$)은 물속에서 이온화하여 Fe^{3+}이온과 강하게 결합할 수 있는 옥살산 이온($C_2O_4^{2-}$)을 생성한다. 안정한 노란색 $Fe(C_2O_4)_3^{3-}$ 이온이 생성되는 것은 용액으로부터 자유 Fe^{3+}이온을 제거하는 것이다. 결론적으로, 좀 더 많은 $FeSCN^{2+}$이온이 용해하여 다음과 같이 평형이 왼쪽에서 오른쪽으로 이동한다.

$$FeSCN^{2+}(aq) \rightarrow Fe^{3+}(aq) + SCN^{-}(aq)$$

$Fe(C_2O_4)_3^{3-}$ 이온의 생성으로 붉은색 용액은 노란색으로 변화한다.

이 실험은 평형에서는 반응물과 생성물 모두가 반응계 내에 존재한다는 것을 보여준다. 둘째로, 생성물(Fe^{3+} 또는 SCN^-)의 농도가 증가하면 평형이 왼쪽으로 이동하고, 생성물 Fe^{3+}의 농도가 감소하면 평형은 오른쪽으로 이동한다는 것을 보여준다. 이런 결과는 르 샤틀리에의 원리에 의해 예측한 것과 같다.

르 샤틀리에 원리는 평형 혼합물의 조성변화를 예측 가능하게 하는 다루기 쉬운 법칙이다. 그러나 왜 이러한 변화가 일어나는가는 설명하지 못한다. 르 샤틀리에 원리가 왜 유용한가를 알기 위하여 다시 반응지수 Q_c를 살펴보자. 700K에서 N_2 0.50M, H_2 3.00M, NH_3 1.98M 평형 혼합물에 대한 Q_c는 그 계가 평형에 있기 때문에 평형상수 K_c와 같다.

$$Q_c = \frac{[NH_3]_t^2}{[N_2]_t[H_2]_t^3} = \frac{(1.98)^2}{(0.50)(3.00)^3} = 0.29 = K_c$$

N_2 농도를 1.50M로 증가시켜 그 평형을 방해할 때 그 평형상수 식의 분모는 증가하고 따라서 Q_c는 K_c보다 적은 값으로 감소한다.

$$Q_c = \frac{[NH_3]_t^2}{[N_2]_t[H_2]_t^3} = \frac{(1.98)^2}{(1.50)(3.00)^3} = 0.0968 < K_c$$

그 계가 새로운 평형상태로 이동하려면 Q_c가 증가해야 한다. 즉, 평형상수식의 분자는 증가해야 하고 분모는 감소해야 한다. 이것은 N_2와 H_2의 NH_3로의 알짜 변환을 르 샤틀리에 원리에 따라 예측하는 것과 같다는 것을 의미한다. 새로운 평형이 성립하면 그 농도는

N_2 1.31M, H_2 2.43M, NH_3 2.36M이 되고 Q_c는 K_c와 같아진다.

$$Q_c = \frac{[NH_3]_t^2}{[N_2]_t[H_2]_t^3} = \frac{(2.36)^2}{(1.31)(2.43)^3} = 0.296 = K_c$$

압력과 부피의 변화

액체와 고체는 실질적으로 압축되지 않기 때문에 압력의 변화는 응축된 상(수용액) 내의 반응 화학종의 농도에 영향을 주지 않는다. 반면에 기체의 농도는 압력 변화에 의해 크게 영향을 받는다. 다음 식을 살펴보자.

$$PV = nRT$$

$$P = (\frac{n}{V})RT$$

위 식으로부터 P와 V는 서로 반비례함을 알 수 있다. 압력이 클수록 부피는 작아지고, 그 역도 성립한다. 여기서 (n/V)항은 mol/ℓ로 표시되는 기체의 농도이고, 이는 압력에 따라 직접 변화한다.

움직일 수 있는 피스톤이 부착된 실린더 안에 다음과 같은 평형계가 있다고 가정하자.

$$N_2O_4(g) \rightleftharpoons 2NO_2(g)$$

만일 일정한 온도 하에서 피스톤을 밀어 압축시켜 실린더 내에 존재하는 기체의 압력을 증가시키면 어떤 일이 일어날까? 부피가 감소하기 때문에, NO_2와 N_2O_4의 농도(n/V)는 증가한다. 반응지수식에서 NO_2의 농도가 제곱항이기 때문에 압력이 증가하면 분모항보다 분자항이 더 증가한다.

$$Q_c = \frac{[NO_2]_0^2}{[N_2O_4]_0}$$

따라서 이 반응계는 더 이상 평형에 있지 않게 되어 반응지수 $Q_c > K_c$이므로 알짜 반응은 $Q_c = K_c$일 때까지 왼쪽으로 이동할 것이다. 반대로 압력이 감소(부피가 증가)하면

$Q_c < K_c$가 되고, 알짜 반응은 $Q_c = K_c$일 때까지 오른쪽으로 이동한다.

일반적으로 압력이 증가(부피가 감소)하면 기체의 총 몰수가 감소하는 알짜 반응이 유리하고, 압력이 감소하면 기체의 총 몰수가 증가하는 알짜 반응이 유리하다. 기체의 몰수가 변하지 않는 반응에 대해서 압력(또는 부피)변화는 평형의 위치에 영향을 주지 않는다.

부피를 변화시키지 않고, 반응계의 압력을 변화시킬 수 있다. 일정한 부피의 스테인리스 용기에 들어 있는 NO_2-N_2O_4 반응계를 생각해 보자. 일정 부피 하에서 평형 혼합물에 헬륨을 가하면 전체 기체압력은 증가하고, NO_2와 N_2O_4의 몰분율은 감소한다. 그러나 그들의 몰분율과 전체 압력의 곱으로 표시되는 각 기체의 부분압력은 변함이 없다. 따라서 비활성 기체의 존재는 평형에 영향을 주지 않는다.

온도의 변화

어떤 평형이 농도, 압력, 또는 부피의 변화에 의하여 방해를 받을 때 반응지수 Q_c는 더 이상 평형상수 K_c와 같지 않으므로 평형 혼합물 조성이 변한다. 그러나 온도를 일정하게 유지하면 농도, 압력, 부피의 변화는 평형상수값을 변화시키지 않는다.

이에 비하여 온도변화는 항상 평형상수값을 변화시킨다.

N_2O_4로부터 NO_2의 생성반응은 흡열 과정이다.

$$N_2O_4(g) \rightarrow 2NO_2(g) \qquad \Delta H^\circ = 58.0\ \text{kJ}$$

그리고 그 역반응은 발열과정이다.

$$2NO_2(g) \rightarrow N_2O_4(g) \qquad \Delta H^\circ = -58.0\ \text{kJ}$$

평형에서는 알짜 반응이 일어나지 않기 때문에 열효과는 0이다. 일정 부피 하에서 다음과 같은 평형계를 가열하면 어떤 일이 일어날까?

$$N_2O_4(g) \rightleftharpoons 2NO_2(g)$$

흡열과정은 주위로부터 열을 흡수하기 때문에, 가열은 N_2O_4가 NO_2 분자로 해리하는 것을 유리하게 한다. 결론적으로 다음과 같이 주어지는 평형상수는 온도에 따라 증가한다.

$$K_c = \frac{[NO_2]^2}{[N_2O_4]}$$

다른 예로 다음 이온들 사이의 평형을 고려해 보자.

$$\underset{\text{청색}}{CoCl_4^{2-}} + 6H_2O \rightleftarrows \underset{\text{분홍색}}{Co(H_2O)_6^{2+}} + 4Cl^-$$

$CoCl_4^{2-}$의 생성은 흡열과정이다. 가열을 하면 평형은 왼쪽으로 이동하고, 용액은 청색으로 변한다. 냉각하면 발열반응[$Co(H_2O)_6^{2+}$의 생성]이 유리하게 되어 용액은 분홍색으로 변한다.

이 결과를 다음과 같이 요약할 수 있다. 온도가 증가하면 흡열반응이 유리하고, 온도가 감소하면 발열반응이 유리하다.

온도는 평형의 위치에 미치는 영향 이외에도, 평형반응의 경우 정반응의 속도와 역반응의 속도에 큰 영향을 미치게 되어 평형에 도달하는 속도에도 영향을 미친다. 이는 온도가 올라가면 물질들 사이의 충돌횟수와 충돌에너지가 증가되기 때문이다. 많은 반응들의 경우 온도가 10℃ 증가하면 보통 반응속도가 2배~3배씩 증가한다.

평형에 대한 촉매의 영향

촉매는 반응물과 생성물을 변환하기 위하여 이용 가능한 새로운 경로를 만들어 화학반응 속도를 증가시킨다. 정반응과 역반응은 동일한 전이상태를 통과하므로 촉매는 정반응과 역반응에 대하여 정확하게 동일한 양의 활성화 에너지를 낮춘다. 그러므로 정반응과 역반응 속도는 동일한 인자에 의하여 증가된다(그림 11.2).

따라서 촉매의 존재가 평형상수를 변화시키지도, 평형계의 위치를 이동시키지도 않는다. 평형에 도달해 있지 않은 반응혼합물에 촉매를 가하면 정반응과 역반응의 속도가 더욱 빨라져 더 빨리 평형혼합물을 얻게 될 것이다. 촉매가 없이도 같은 평형 혼합물을 얻을 수 있지만 같은 결과를 얻기 위해서는 더 많은 시간을 기다려야 한다.

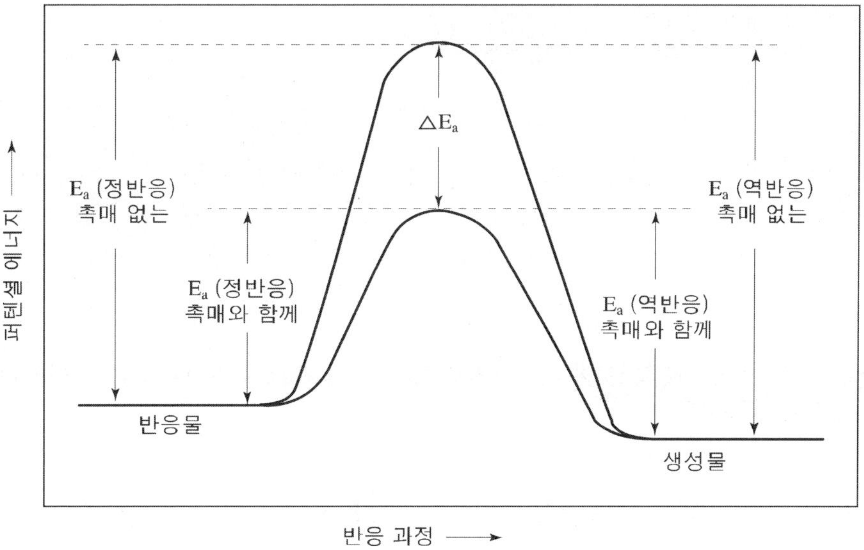

그림 11.2 촉매 존재에 의한 활성화 에너지 감소

르 샤틀리에의 원리는 공업적 과정에 다양하게 응용되고 있다. 암모니아 합성의 하버 과정을 생각해 보자.

$$N_2(g) + 3H_2(g) \rightleftharpoons 2NH_3(g) \qquad \Delta H^\circ = -92.6\ kJ$$

정반응이 일어나면 기체의 몰수가 감소하기 때문에, 최대의 수득율을 얻기 위해서 매우 높은 압력 하(500~1000 atm)에서 반응시킨다. 암모니아 생성반응은 발열반응이므로 낮은 온도에서 반응시키는 것이 바람직하다. 그러나 고온에서 평형상수가 작지만, 실제로는 이 반응을 약 500℃에서 반응속도를 증가시키기 위해 촉매를 넣고 수행한다. 공업적으로, 이 반응은 평형에 도달되도록 허용하지 않는다. 대신에 알짜 반응이 왼쪽에서 오른쪽으로 계속 진행되도록 암모니아를 반응혼합물로부터 계속 제거한다.

핵심 용어(key words)

화학평형	평형상수	반응지수(Q)
르 샤틀리에의 원리	균일평형	불균일평형
평형 농도		

연습문제

1. K_c와 K_p는 각각 무엇을 의미하는지 설명하고, K_c와 K_p 사이의 관계식을 유도하여라.

2. 575K에서 다음 반응의 평형상수 K_p가 5.0×10^{-4}이라면 이 반응의 K_c는 얼마인가?

$$2SO_3(g) \rightleftarrows 2SO_2(g) + O_2(s)$$

3. 순수한 포스겐 기체($COCl_2$) 2.00×10^{-2} mol을 2.00 ℓ 용기에 넣었다. 이를 700K로 가열한 후 평형에서 CO의 압력이 0.421 atm으로 나타났다. 다음 반응의 평형상수 K_p를 계산하여라.

$$CO(g) + Cl_2(g) \rightleftarrows COCl_2(g)$$

4. 아이오딘 분자가 아이오딘 원자로 해리하는 과정을 다음과 같이 나타낼 수 있다.

$$I_2(g) \rightleftarrows 2I(g)$$

727℃에서, 이 반응의 평형상수 K_c는 3.80×10^{-5}이다. 727℃에서 2.50ℓ 플라스크에 0.0653 mol의 I_2를 넣고 반응을 시작했다고 하면 평형에서 기체들의 농도는 얼마인가?

5. 다음 반응의 평형상수 K_c는 1923K에서 4.2이다.

$$H_2(g) + CO_2(g) \rightleftarrows H_2O(g) + CO(g)$$

반응초기에 2.0 ℓ 플라스크에 0.50 mol의 H_2와 0.30 mol의 CO_2를 주입하였다. 평형에서 각 화학종들의 농도를 계산하여라.

6. 다음 반응의 평형상수는 상온에서 2×10^{16}이다.

$$A + B \rightleftarrows C + D$$

반응은 상온에서 1.00 ℓ에 녹은 0.20 mol의 A와 0.50 mol의 B 사이에서 일어난다면, 평형에서의 반응물과 생성물의 농도를 구하여라.

7. 다음 반응의 평형상수 K는 35℃에서 6.5×10^4이다.

$$2NO(g) + Cl_2(g) \rightleftharpoons 2NOCl(g)$$

어떤 실험에서 NO 2.0×10^{-2} mol과 Cl_2 8.3×10^{-3} mol, NOCl 6.8 mol을 0.5 ℓ 플라스크에서 혼합하였다. 이 계가 평형에 도달하려면 어느 방향으로 반응이 진행하겠는지 예측하여라.

8. 다음 평형과정을 고려해 보자.

$$PCl_5(g) \rightleftarrows PCl_3(g) + Cl_2(g)$$
$$\triangle H^\circ = 92.5\ kJ$$

(1) 온도를 올렸을 때
(2) 염소 기체를 반응 혼합물에 좀 더 가할 때
(3) 반응 혼합물로부터 PCl_3를 제거했을 때
(4) 기체의 압력을 증가시켰을 때
(5) 반응혼합물에 촉매를 가했을 때

평형의 이동 방향을 예측하여라.

CHAPTER 12

산과 염기

12.1 산과 염기의 이론

아레니우스 이론

아레니우스(Arrhenius) 산-염기 이론에 따르면 산은 물에서 이온화될 때 수소이온(H^+ : 물과 결합하여 H_3O^+(hydronium ion)이 됨)을 내는 물질이다.

$$HA + H_2O \rightleftarrows H_3O^+ + A^-$$

염기는 수용액에서 이온화되어 수산화이온(OH^-)을 내는 것이다. 일반적으로 약염기는 다음과 같이 이온화된다.

$$B + H_2O \rightleftarrows BH^+ + OH^-$$

반면에 금속의 수산화물과 같은 강염기는 다음과 같이 이온화된다.

$$M(OH)_n \rightleftarrows M^{n+} + nOH^-$$

이 이론에서 용매는 물로만 제한된다.

산	HA	$\rightleftharpoons$	$H^1 + A^-$
염기	BOH	$\rightleftharpoons$	$B^- + OH^-$
산	HCl	$\rightleftharpoons$	$H^+ + Cl^-$
염기	$NaOH$	$\rightleftharpoons$	$Na^+ + OH^-$
산	$CO_2 + H_2O$	$\rightleftharpoons$	$H^+ + CO_3$-
염기	$NH_3 + H_2O$	$\rightleftharpoons$	$NH_4^+ + OH^-$

> 이산화탄소 CO_2와 암모니아 NH_3는 물과 반응하여 H^+와 OH^-를 내놓으므로 각각 산과 염기가 되는 것이다.

그림 12.1 아레니우스 산-염기 이론

브뢴스테드-로우리 이론

브뢴스테드(Brönsted)와 로우리(Lowry)는 각각 현재 브뢴스테드-로우리 이론으로 알려져 있는 이론을 발표하였다. 이 이론에서 산은 양성자를 줄 수 있는 물질(proton donor)이고, 염기는 양성자를 받을 수 있는 물질(proton acceptor)이다.

산과 염기에 대한 브뢴스테드의 기본개념은, 어떤 산과 그 산에 대한 짝염기와 어떤 염기와 그 염기에 대한 짝산에 기본을 둔 짝산-짝염기 쌍(conjugate acid-base pair)이다. 브뢴스테드 산의 짝염기는 산으로부터 양성자가 제거되고 남은 물질종이다. 반대로 짝산은 브뢴스테드 염기에 양성자가 더해져서 생긴 물질종이다.

모든 브뢴스테드 산에는 짝염기가 있으며, 모든 브뢴스테드 염기에는 짝산이 있다.

예를 들면 HCl의 해리는 다음과 같이 표시할 수 있다.

$$HCl(aq) + H_2O(l) \rightleftharpoons Cl^-(aq) + H_3O^+(aq)$$

산1 염기2 염기1 산2

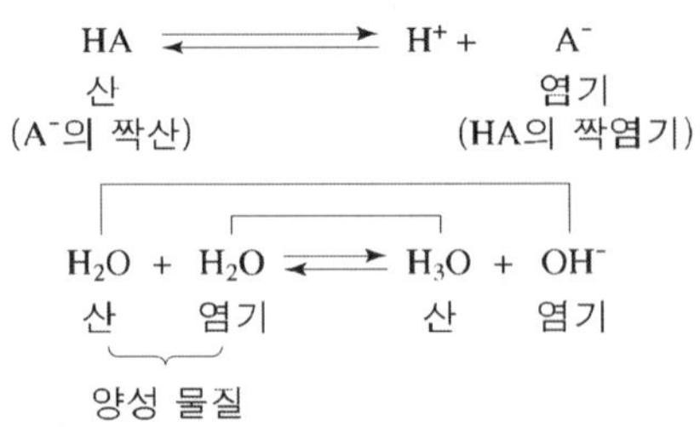

그림 12.2 브뢴스테드-로우리 산-염기 이론

숫자 1, 2는 2개의 짝산–짝염기 쌍을 나타내는 것이다. 염화이온(Cl^-)은 산인 HCl의 짝염기이며, H_2O는 산인 H_3O^+의 짝염기이다.

양성자를 받을 수 있는 암모니아는 브뢴스테드의 개념에 따라 염기로 분류된다. 예를 들어 NH_3, 암모니아가 물에 녹으면 산으로 거동하는 용매로부터 양성자를 받는다. 생성물은 수산화이온, OH^-(물의 짝염기)와 암모늄이온 NH_4^+(NH_3의 짝산)이다. 가역 반응에서 NH_4^+는 양성자 주개로서 거동하고 OH^-는 양성자 받개로서 거동한다.

$$\underset{\text{염기1}}{NH_3(aq)} + \underset{\text{산2}}{H_2O(l)} \rightleftarrows \underset{\text{염기2}}{OH^-(aq)} + \underset{\text{산1}}{NH_4^+(aq)}$$

조금 특이한 경우의 예가 수산화소듐인데, 수산화소듐은 양성자를 받을 수 없기 때문에 브뢴스테드 염기는 아니다. 그러나 수산화소듐은 강전해질이며 용액 중에서 완전히 이온화된다. 이때 이온화에 의해 형성되는 수산화이온(OH^-)은 양성자를 받을 수 있으므로 브뢴스테드 염기이다.

$$H_3O^+(aq) + OH^-(l) \rightleftarrows 2H_2O(l)$$

따라서 수산화소듐이나 금속 수산화물(metal hydroxide)은 수산화물(hydroxide)로부터 OH^-가 형성되기 때문에 염기라고 말할 수 있다.

마지막으로 수용액에서는 양성자를 H^+ 또는 H_3O^+로 표현할 수 있음에 유념하자. H^+는 평형상수나 수소이온농도를 계산할 때 편리하며, H_3O^+는 브뢴스테드 산–염기의 설명에 유리하다.

루이스 이론

이제까지는 산-염기의 성질을 브뢴스테드 이론에 따라 설명하였다. 브뢴스테드 염기는 양성자를 받아들일 수 있는 물질이다. 이러한 정의에 따라 수산화이온과 암모니아는 염기이다.

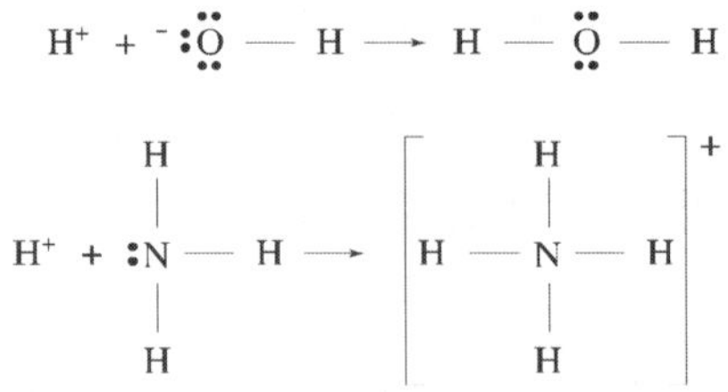

각각의 경우에 최소한 하나의 비공유전자쌍을 가지고 있는 원자에 양성자가 결합한다. OH^- 이온과 NH_3 등의 브뢴스테드 염기 특성으로부터 보다 일반화된 산과 염기 개념이 제안되었다.

미국의 화학자 루이스(G. N. Lewis)는 이러한 새로운 개념을 정의하였다. 루이스의 정의에 따르면, 염기는 전자쌍을 줄 수 있는 물질이며 산은 전자쌍을 받을 수 있는 물질이다. 예를 들어 암모니아의 양성자화 반응에서 NH_3는 H^+에 전자쌍을 주었기 때문에 루이스 염기(Lewis base)로 작용하며, H^+는 전자쌍을 받았기 때문에 루이스 산(Lewis acid)으로 작용한다. 따라서 루이스 산-염기 반응은 서로 전자쌍을 주고 받는 반응이다. 이러한 반응은 염과 물을 생성하지 않는다.

루이스의 개념은 산-염기에 대한 정의를 보다 일반화한 것이다. 산-염기 반응 중 많은 반응이 브뢴스테드 이론으로 설명되지 않는다. 예를 들면 BF_3과 암모니아 사이의 반응은 다음과 같다.

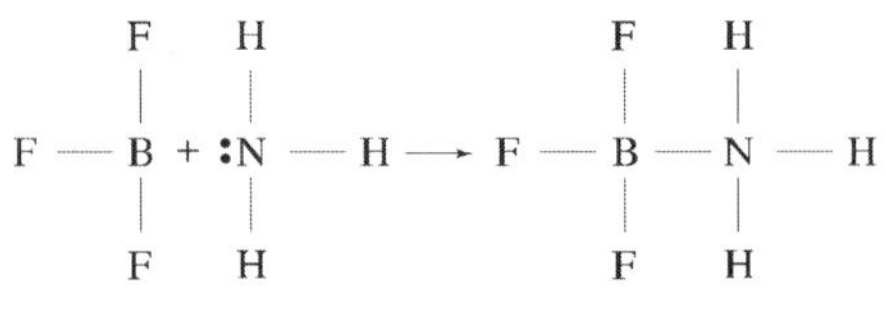

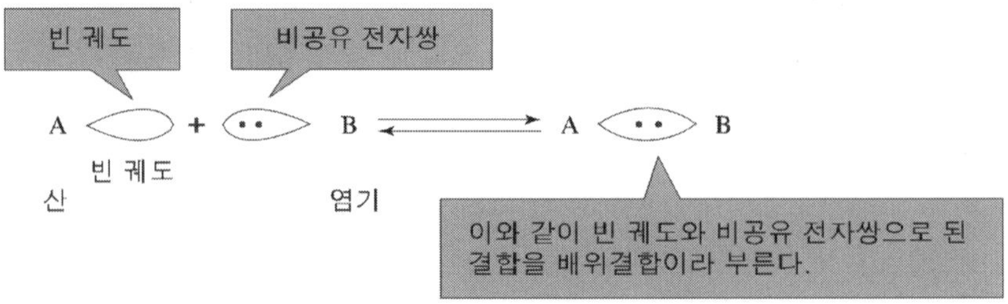

그림 12.3 Lewis 산-염기 이론

이때 BF_3는 이온화가 가능한 양성자가 없지만 NH_3로부터 전자쌍을 받아들이므로 루이스의 정의에 따라 산이다. 이때 B원자와 N원자 사이에 배위공유 결합이 형성된다.

이산화탄소가 수화되어 탄산을 생성하는 경우, 다음과 같은 루이스의 개념으로 설명할 수 있다.

$$CO_2(g) + H_2O(l) \rightleftarrows H_2CO_3(aq)$$

첫 번째 단계에서 H_2O의 산소원자에 있는 고립전자쌍을 CO_2의 탄소원자에 준다. 탄소원자가 고립전자쌍을 받으면 C-O 파이결합의 전자쌍이 다음 그림에서 보는 바와 같이 화살표 방향으로 이동된다.

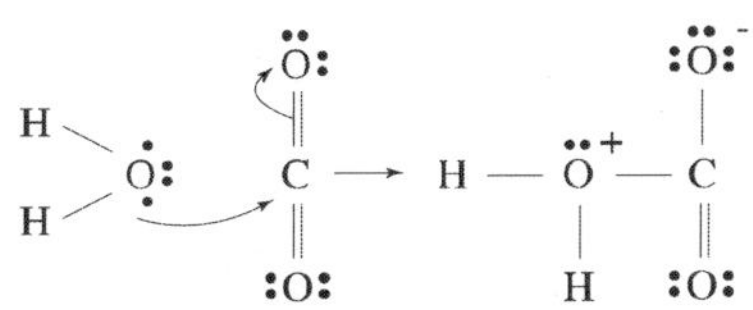

그러므로 H_2O는 루이스 염기이며, CO_2는 루이스 산이다. 두 번째 단계에서 양성자가 음으로 하전된 O원자로 전이되면서 H_2CO_3가 형성된다.

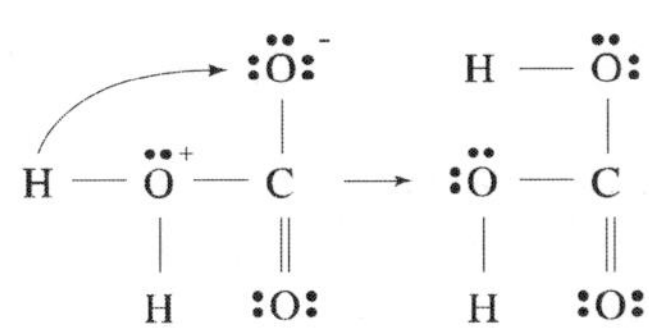

12.2 물의 이온화와 pH

물의 이온 곱 상수

물의 중요한 성질 중 하나는 산과 염기 양쪽으로 작용할 수 있다는 것이다. 물은 염산이나 아세트산과 같은 산과 반응할 때는 염기로, 암모니아와 같은 염기와 반응할 때는 산으로 작용한다.

따라서 순수한 물에서 물 한 분자는 다른 물분자에게 양성자를 줄 수 있으며, 이 반응에서 물은 동시에 산과 염기로 거동하는 것이다.

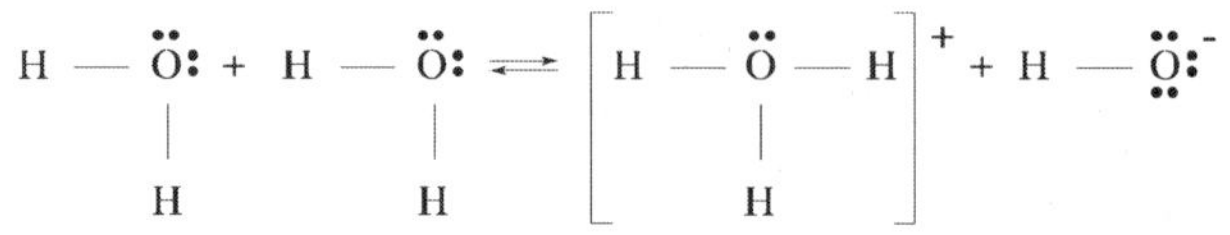

또는

$$H_2O + H_2O \rightleftarrows H_3O^+ + OH^-$$

산1　　염기2　　산2　　염기1

물의 해리라는 이 반응에서의 평형상수는 다음과 같이 나타낼 수 있다.

$$K_w = [H^+] \cdot [OH^-]$$

물의 농도는 평형상수식에서 생략한다. 왜냐하면 순수한 액체로서의 물은 평형상수에서 이미 고려했기 때문이다. 평형상수 K_w를 물의 이온 곱 상수(ion-product constant)라고 부른다.

25℃에서 순수한 물의 H_3O^+농도가 1.0×10^{-7} M이라고 보여주는 실험적 측정으로부터 물 분자의 해리 범위를 계산할 수 있다.

$$[H_3O^+] = 1.0 \times 10^{-7}\ M \qquad (25℃)$$

물의 해리반응에서 H_3O^+와 OH^-농도는 같아야 하므로 순수한 물의 OH^-농도도 역시 25℃에서 1.0×10^{-7} M이다.

$$[H_3O^+] = [OH^-] = 1.0 \times 10^{-7}\ M \qquad (25℃)$$

따라서 25℃에서 다음과 같이 쓸 수 있다.

$$K_w = (1.0\times10^{-7})(1.0\times10^{-7}) = 1.0\times10^{-14}$$

순수한 물이거나 물질종이 용해된 수용액이거나에 관계없이 25℃에서 다음 관계식이 항상 성립한다.

$$K_w = [H^+]\cdot[OH^-] = 1.0\times10^{-14} \tag{12.1}$$

수용액에서 $[H^+] = [OH^-]$ 일 때 중성 용액이라고 한다. 산성 용액에서는 H^+이온이 과량($[H^+] > [OH^-]$) 존재하며, 염기성 용액에서는 OH^-이온이 과량($[H^+] < [OH^-]$)으로 존재한다.

pH

H^+ 농도 표기를 단순화하기 위해 pH를 정의한다. 용액의 pH는 H^+이온의 몰농도에 -log를 취한 것으로 정의한다.

$$pH = \log[H^+] \tag{12.2}$$

pH가 1단위 변할 때 $[H^+]$ 는 10배만큼 변한다. pH가 2에서 5로 바뀔 때 $[H^+]$ 는 10^{-2}서 10^{-5}로 변한다. pH는 수소이온농도를 간단히 나타내는 것이므로, 25℃에서 산과 염기 용액을 다음과 같이 pH 값으로 확인할 수 있다.

산성 용액 : $[H^+] > 1.0 \times 10^{-7}M$, $pH < 7.00$
염기성 용액 : $[H^+] < 1.0 \times 10^{-7}M$, $pH > 7.00$
중성 용액 : $[H^+] = 1.0 \times 10^{-7}M$, $pH = 7.00$

$[H^+]$ 가 감소하면 pH가 증가한다.

대부분의 용액의 pH는 0에서부터 14범위에 있지만, 이것이 한계는 아니다. 예를 들어 $pH = -1.00$은 $[H^+] = 10\ M$을 의미한다. 이 농도는 HCl과 같은 강산의 진한 용액에서 쉽게 얻어진다.

12.3 산과 염기의 세기

산과 염기는 "완전히" 또는 단지 "부분적으로" 반응하여 H^+나 OH^-를 생성하느냐에 따라 세거나 약하다고 분류된다. "부분적" 반응에 대해서는 연속적 범위가 있으므로, 세고 약한 것 사이에 명확한 구분은 없다. 그러나 몇몇 화합물들은 완전히 반응하므로 쉽게 강산 또는 강염기로 간주되고, 그 밖의 것들은 약산 또는 약염기로 정의된다. 표 12.1에 상대적 세기에 따른 몇 가지 중요한 짝산-짝염기 쌍을 나타내었다.

표 12.1 짝산–짝염기 쌍

		산	짝염기	
산의 세기 증가 (↑)	강산	$HClO_4$ (과염소산)	ClO_4^- (과염소산이온)	염기의 세기 증가 (↓)
	강산	HI (요오드화수소산)	I^- (요오드화이온)	
	강산	HBr (브롬화수소산)	Br^- (브롬화이온)	
	강산	HCl (염산)	Cl^- (염화이온)	
	강산	H_2SO_4 (황산)	HSO_4^- (황산수소이온)	
	강산	HNO_3 (질산)	NO_3^- (질산이온)	
	약산	H_3O^+ (하이드로늄 이온)	H_2O (물)	
	약산	HSO_4^- (황산수소 이온)	SO_4^{2-} (황산이온)	
	약산	HF (플로오르화수소산)	F^- (플루오르화이온)	
	약산	HNO_2 (아질산)	NO_2^- (아질산이온)	
	약산	HCOOH (포름산)	$HCOO^-$ (포름산이온)	
	약산	CH_3COOH (아세트산)	CH_3COO^- (아세트산이온)	
	약산	NH_4^+ (암모늄 이온)	NH_3 (암모니아)	
	약산	HCN (시안화수소산)	CN^- (시안화이온)	
	약산	H_2O (물)	OH^- (수산화이온)	
	약산	NH_3 (암모니아)	NH_2^- (아미드화이온)	

강산과 강염기

(1) 강산

강산(strong acid)은 강한 전해질로 물에서 완전히 이온화한다. 대부분의 강산은 무기산이다. 염산(HCl), 질산(HNO_3), 과염소산($HClO_4$) 및 황산(H_2SO_4)이 여기 속한다.

$$HCl(aq) + H_2O(l) \rightarrow H_3O^+(aq) + Cl^-(aq)$$

$$HNO_3(aq) + H_2O(l) \rightarrow H_3O^+(aq) + NO_3^-(aq)$$

$$HClO_4(aq) + H_2O(l) \rightarrow H_3O^+(aq) + ClO_4^-(aq)$$
$$H_2SO_4(aq) + H_2O(l) \rightarrow H_3O^+(aq) + HSO_4^-(aq)$$

여기서 H_2SO_4는 2양성자성 산인데 첫 번째 단계의 이온화를 나타내었다.

(2) 강염기

강염기(strong base)로는 NaOH, KOH, $Ba(OH)_2$와 같은 알칼리 금속이나 알칼리 토금속의 수산화물이 속하는데 모두 물에서 완전히 이온화하는 강전해질이다.

$$NaOH(s) \rightarrow Na^+(aq) + OH^-(aq)$$
$$KOH(s) \rightarrow K^+(aq) + OH^-(aq)$$
$$Ba(OH)_2(s) \rightarrow Ba^{2+}(aq) + 2OH^-(aq)$$

(3) 강산의 pH

1몰의 강산과 강염기는 수용액 속에서 완전히 해리하여 각각 1몰의 수소이온(H^+)과 수산화이온(OH^-)을 만들어낸다. 질산은 강산이므로 반응은 다음과 같이 일어난다.

$$HNO_3(aq) \rightarrow H^+(aq) + NO_3^-(aq)$$

따라서 0.010 M HNO_3 용액에서 수소이온 농도는 0.010 M 이므로 이용액의 pH는

$$pH = -\log[H^+] = -\log(0.010) = 2.00$$

이다.

(4) 강염기의 pH

1.0×10^{-3} M NaOH의 pH는 얼마일까? OH^-의 농도는 1.0×10^{-3} M이므로 식 12.1로부터 $[H^+]$를 계산할 수 있다.

$$[H^+] = K_w/[OH^-] = 1.0 \times 10^{-14}/1.0 \times 10^{-3} = 1.0 \times 10^{-11}$$
$$pH = -\log[H^+] = -\log(1.0 \times 10^{-11}) = 11.00$$

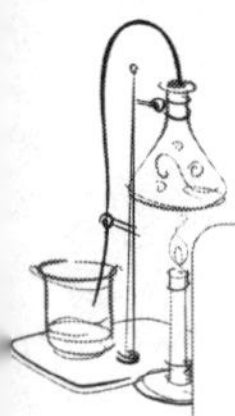

약산과 약염기

(1) 약산과 이온화 상수

대부분의 산은 물에서 극히 일부분이 이온화한다. 이런 산을 약산(weak acid)이라 한다. 평형에서 약산 용액은 이온화하지 않은 산 분자, H_3O^+이온 및 짝염기의 혼합물을 포함한다. 약산의 예로는 플루오르화수소산(HF), 아세트산(CH_3COOH) 및 암모늄 이온(NH_4^+) 등을 들 수 있다.

모든 약산, HA는 H_2O에 양성자를 줌으로써 물과 반응한다.

$$HA + H_2O \rightleftarrows H_3O^+ + A^-$$

이 식은 다음과 같다.

$$\text{약한 산의 해리 : } HA \rightleftarrows H^+ + A^-$$

$$K_a = \frac{[H^+] \cdot [A^-]}{[HA]}$$

평형상수 K_a를 산 이온화 상수라 한다. 약한 산은 물에서 부분적으로만 해리하는 산이다. 이것은 약간의 용해되지 않은 HA가 남아 있음을 뜻한다.

(2) 약산의 평형

약산의 K_a값을 알면 그것을 산 용액의 평형 농도와 pH 계산에 사용할 수 있다. 0.10 M 아세트산(CH_3COOH) 용액 중에 존재하는 모든 화학종(H^+, CH_3COO^-, CH_3COOH 그리고 OH^-)의 농도와 pH를 계산하여 이러한 문제에 접근하는 방법을 설명하겠다. 이 접근방법은 아주 일반적이고 수많은 경우에 유용할 것이다.

- 단계1:

CH_3COOH는 약산이며 1양성자성 산이기 때문에, CH_3COOH 한 분자로부터 H^+ 한 분자와 CH_3COO^- 한 분자가 생성된다. H^+와 CH_3COO^-의 평형 농도를 x (mol/L)라 하면, CH_3COOH의 평형 농도는 $(0.10-x)$ M이 된다. 이제 농도 변화를 다음과 같이 정리할 수 있다.

	$CH_3COOH(aq)$ ⇌	$H^+(aq)$ +	CH_3COO^-
처음 농도 :	0.10	0.00	0.00
변화 :	x	x	x
평형 농도 :	$0.10-x$	x	x

- 단계2 :

CH_3COOH의 K_a값은 1.75×10^{-5}이므로

$$K_a = \frac{[H^+]\cdot[CH_3COO^-]}{[CH_3COOH]} = 1.75\times10^{-5}$$

$$\frac{x^2}{(0.10-x)} = 1.75\times10^{-5}$$

답은 이차방정식의 근이다. 이 풀이 방식은 산의 10 내지 15% 이하로 해리하여 x의 값이 초기 농도값인 C보다 무시할 수 있을 정도로 작을 때(이 경우 10^{-3} M보다 작을 때) $0.10-x \approx 0.10$으로 간단하게 정리할 수 있다. 이 방법을 적용할 수 있는 경우는 K_a가 $0.01x$ 초기 농도보다 작은 경우 등이다. 이 조건에서 계산상의 오차는 5%나 그 이하로 평형상수의 확률 정확성의 범위 내에 들어간다. 간단하게 정리한 계산은 다음과 같다.

$$\frac{x^2}{(0.10-x)} \approx \frac{x^2}{(0.10)} = 1.75\times10^{-5}$$

$$x^2 = 1.75\times10^{-6}$$

$$x = 1.32\times10^{-3} = [H^+]$$

- 단계3:

따라서 평형에서 각 화학종의 농도는 다음과 같다.

$$[H^+] = 1.32\times10^{-3}\text{ M}$$

$$[CH_3COO^-] = 1.32\times10^{-3}\text{ M}$$

$$[CH_3COOH] = (0.10-0.00132)\text{ M}$$

$$= 0.09868\text{ M}$$

그러므로

$$pH = -\log 1.32 \times 10^{-3} = 3 - \log 1.32 = 3 - 0.12 = 2.88$$

위의 x를 무시한 간략한 계산은 특히 우리가 사용하는 평형상수의 값이 가지는 일반적인 오차범위(±10%) 내에 있을 때 그에 의한 오차는 심각하지 않다. 위의 예제에서 이차방정식을 풀어서 얻은 $[H^+] = 1.26 \times 10^{-3}$ M(간단한 방법에 의하여 얻은 값과 비교하면 5% 이내의 범위)이고, pH는 2.9이다. 위의 간략한 방법으로 계산된 pH값과 0.02 차이가 있는데 이것은 pH 측정시 정확성의 한계 안에 있으므로 무시할 수 있다. 이 경우 물로부터 생성되는 $[H^+]$를 무시하였다. 매우 묽은 산을 제외하고는 물로부터의 $[H^+]$를 무시할 수 있는데, 산으로부터 생성되는 수소이온 농도에 비해 매우 작은 양이기 때문이다.

(3) 해리 백분율

앞에서 우리는 산의 세기를 K_a값의 크기로 나타낼 수 있음을 알았다. 산의 세기를 나타내는 또다른 방법은 다음과 같은 이온화 백분율(percent ionization)을 측정하는 것이다.

$$\text{이온화 백분율} = \frac{\text{평형에서 이온화된 산의 농도}}{\text{산의 초기 농도}} \times 100$$

산의 세기가 커질수록 이온화 백분율 값도 커진다. 1양성자성 산 HA에서 이온화되는 산의 농도는 H^+이온과 A^-이온의 평형 농도와 같다. 따라서 이온화 백분율을 다음과 같이 쓸 수 있다.

$$\text{이온화 백분율} = \frac{[H^+]}{[HA_o]} \times 100$$

여기서 $[H^+]$는 평형에서의 농도이며, $[HA]_o$는 산의 초기 농도이다.

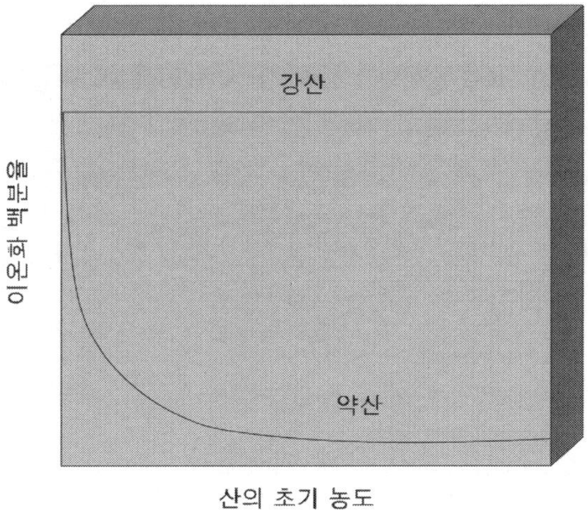

그림 12.4 산의 초기 농도에 따른 이온화 백분율

약산이 이온화하는 정도는 산의 처음 농도에 좌우된다. 용액의 농도가 묽을수록 이온화 백분율은 증가한다(그림 12.4). 이러한 현상을 정성적으로 다음과 같이 설명할 수 있다.

산의 농도가 묽어지면 단위 부피당 입자(이온화되지 않은 산 분자와 이온)의 수가 감소한다. 르 샤틀리에의 원리에 따라 자극(이 경우는 희석)을 감소시키는 방향으로 평형이 이동되는데, 이온화되지 않은 산이 H^+와 그 짝염기로 이온화되어 입자(이온)의 수를 증가시키는 방향으로 평형이 이동된다.

(4) 약염기와 이온화 상수

약염기(weak base)는 약산과 마찬가지로 약한 전해질이다. 아민은 약한 염기다. 약염기(weak base) B는 물로부터 양성자를 빼앗음으로써 물과 반응한다.

염기 가수분해 : $B + H_2O \rightleftarrows BH^+ + OH^-$

$$K_b = \frac{[BH^+]\cdot[OH^-]}{[B]}$$

평형상수 K_b를 보통 염기 이온화 상수라고 한다. 약한 염기는 반응하지 않은 약간의 B가 남아 있는 것이다.

(5) 짝산-짝염기에서 이온화 상수 사이의 관계

산의 이온화 상수와 그 짝염기의 이온화 상수 사이에는 중요한 상관관계가 있다. 아세트산을 예로 하여 살펴보자.

$$CH_3COOH(aq) \rightleftarrows H^+(aq) + CH_3COO^-(aq) \qquad ①$$

$$K_a = \frac{[H^+]\cdot[CH_3COO^-]}{[CH_3COOH]}$$

짝염기(CH_3COO^-)는 다음과 같이 물과 반응한다.

$$CH_3COO^-(aq) + H_2O(l) \rightleftarrows CH_3COOH(aq) + OH^-(aq) \qquad ②$$

따라서 염기 이온화 상수를 다음과 같이 쓸 수 있다.

$$K_b = \frac{[CH_3COOH]\cdot[OH^-]}{[CH_3COO^-]}$$

두 이온화 상수를 곱하면

$$K_a \cdot K_b = \frac{[H^+]\cdot[CH_3COO^-]}{[CH_3COOH]} \times \frac{[CH_3COOH]\cdot[OH^-]}{[CH_3COO^-]}$$
$$= [H^+]\cdot[OH^-]$$
$$= K_w$$

이 반응을 이해하기 위하여 반응식 ①과 ②를 더하면 물의 자동 이온화 반응으로 간단히 정리된다.

① $CH_3COOH(aq) \rightleftarrows H^+(aq) + CH_3COO^-(aq)$ $\quad K_a$

② $CH_3COO^-(aq) + H_2O(l) \rightleftarrows CH_3COOH(aq) + OH^-(aq)$ $\quad K_b$

③ $H_2O(l) \rightleftarrows H^+(aq) + OH^-(aq)$ $\quad K_w$

이것은 화학평형에 대한 규칙 중의 하나를 예로 든 것이다. 두 반응식을 더해서 새로운 반응식이 될 때, 세 번째 반응의 평형상수는 더해지는 두 반응의 평형상수 곱으로 나타난다. 따라서 짝산-짝염기 쌍에서 언제나 다음 규칙이 성립한다.

$$K_aK_b = K_w$$

위 식을 다시 쓰면

$$K_a = \frac{K_w}{K_b}, \qquad K_b = \frac{K_w}{K_a}$$

여기서 중요한 하나의 결론을 얻을 수 있다. $K_a \times K_b$는 1.0×10^{-14} 상수 값을 유지하므로 산의 세기 증가에 따라(더 큰 K_a) 짝염기의 세기는 감소한다(더 작은 K_b). 강산(큰 K_a)의 짝염기는 약염기(작은 K_b)이고, 약산의 짝염기는 강산이다.

12.4 염의 산, 염기 성질

염은 산과 염기의 반응에서 생성되는 이온성 화합물이다. 염은 구성 성분인 양이온과 음이온의 산-염기 성질에 따라 중성, 산성, 또는 염기성으로 될 수 있다. 일반적으로 강산과 강염기의 반응으로 생성된 염은 중성이고, 강산과 약염기의 반응으로 생성된 염은 산성이며, 약산과 강염기의 반응으로 생성된 염은 염기성이다. 이는 더 센 짝의 영향이 우위를 차지하기 때문이다.

강산 + 강염기 → 중성 용액
강산 + 약염기 → 산성 용액
약산 + 강염기 → 염기성 용액

한편 염의 양이온이나 음이온 또는 두 이온 모두가 물과 반응하는 경우가 있는데, 이것을 염의 가수분해(salt hydrolysis)라고 한다. 염의 가수분해는 용액의 pH에 영향을 준다.

중성 용액을 만드는 염류

강산(HCl)과 강염기(NaOH)의 반응으로부터 생성된 NaCl과 같은 염은 그의 양이온이나 음이온이 물과 반응하여 H_3O^+ 또는 OH^-이온을 생성하지 않기 때문에 물에 녹는 중성 용액으로 된다. 강산의 짝염기로서 Cl^-은 물로부터 양성자를 취하여 염기성 용액을 만드는 경향이 없다. 강염기의 양이온으로서 수화 Na^+이온이 용매인 물분자로 수소이온(H^+)을 전이하여 산성 용액을 만드는 경향은 거의 드물다.

표 12.2에 물과 반응하여 H_3O^+ 또는 OH^-이온을 생성하지 않는 양이온과 음이온을 나타내었다. 표 12.2에 나타난 이온을 포함하는 염용액은 순수한 물에서 중성이다(pH = 7). (일반적으로 물은 대기로부터 녹아든 CO_2 때문에 약간 산성이다. 중성 염용액을 만들려면 우선 용해된 CO_2를 제거하여야 한다.)

표 12.2 물과 반응하여 H_3O^+ 또는 OH^- 이온을 생성하지 않는 양이온과 음이온

	이온 종류
강염기로부터의 양이온	•1A족 알칼리 금속 양이온(Li^+, Na^+, K^+) •2A족 알칼리 토금속 양이온(Ca^{2+}, Sr^{2+}, Ba^{2+}) Be^{2+}는 제외
강산으로부터의 음이온	Cl^-, Br^-, I^-, NO_3^-, ClO_4^-

산 용액을 만드는 염류

강산(HCl)과 약염기(NH_3)로부터 생성된 NH_4Cl과 같은 염은 물에 녹아 산성 용액을 만든다. 그러한 경우 음이온은 산도 아니고 염기도 아니지만 양이온은 약산이다.

$$NH_4^+(aq) + H_2O(l) \rightleftarrows H_3O^+(aq) + NH_3(aq)$$

아민에서 얻은 암모늄염은 적어도 하나의 해리 가능한 양성자를 갖는 양이온을 가지므로 산성 용액을 만든다.

산성 양이온의 다른 유형은 Al^{3+}와 같이 크기가 작고 큰 전하를 가진 금속이온의 수화 양이온이다. 수용액에서 Al^{3+}이온은 6개의 물분자와 결합하여 수화 양이온 〔$Al(H_2O)_6^{3+}$〕을 생성한다. 모든 금속이온은 수용액에서 수화 양이온으로 존재하지만 그들의 산성은 수화되지 않은 금속이온의 전하와 크기에 따라 크게 다르다. Al^{3+}이온은 큰(3+) 전하 때문에 결합

한 물분자의 O-H의 결합전자는 비교적 양전하의 중심에 가까워서 인력이 세다. 결과적으로 전자 밀도는 O-H결합으로부터 Al^{3+}이온 쪽으로 옮겨가고 따라서 O-H결합은 약해지고, 그들의 극성은 증가한다. 이때 용매 물분자로의 양성자 전이가 용이하게 된다.

$$Al(H_2O)_6^{3+}(aq) + H_2O(l) \rightleftarrows Al(H_2O)_5(OH)_2^{+}(aq) + H_3O^{+}(aq)$$

$Al(H_2O)_6^{3+}$의 산-해리상수 〔$K_a = 1.4 \times 10^{-5}$〕는 $K_w = 1.0 \times 10^{-14}$보다 훨씬 크다. 이는 수화된 양이온의 물분자가 자유 용매 물분자보다 훨씬 센 양성자 주개라는 것을 의미한다. 실제로 $Al(H_2O)_6^{3+}$의 산 세기는 아세트산의 $K_a = 1.8 \times 10^{-5}$와 견줄만하다.

일반적으로 수화된 주족 양이온의 산성은 주기율표의 왼쪽에서 오른쪽으로 갈수록 금속이온의 전하가 증가하고 금속이온 크기가 감소함에 따라 증가한다.($Li^{+} < Be^{2+} = Na^{+} < Mg^{2+} < Al^{3+}$). Zn^{2+}, Cr^{3+}, Fe^{3+}와 같은 전이금속 양이온도 산성용액을 만든다.

염기성 용액을 형성하는 염류

센 염기(NaOH)와 약한 산(HCN)으로부터 생성된 NaCN과 같은 염은 염기성 용액을 만든다. 이 경우 양이온은 산도 염기도 아니지만 음이온이 약한 염기이다.

$$CN^{-}(aq) + H_2O(l) \rightleftarrows HCN(aq) + OH^{-}(aq)$$

염기 성질을 나타내는 다른 음이온으로는 NO_2^{-}, F^{-}, $CH_3CO_2^{-}$, CO_3^{2-}가 해당된다.

산성 양이온과 염기성 음이온을 포함하는 염류

마지막으로 양이온과 음이온이 모두 양성자 전이반응을 할 수 있는 $(NH_4)_2CO_3$와 같은 염을 살펴보기로 하자. NH_4^{+}는 약한 산이며 CO_3^{2-}는 약한 염기이므로 $(NH_4)_2CO_3$용액의 pH는 상대 양이온의 산의 세기와 음이온의 염기의 세기에 의존한다.

$$NH_4^{+}(aq) + H_2O(l) \rightleftarrows H_3O^{+}(aq) + NH_3(aq) \quad \text{산의 세기}(K_a)$$

$$CO_3^{2-}(aq) + H_2O(l) \rightleftarrows HCO_3^{-}(aq) + OH^{-}(aq) \quad \text{염기의 세기}(K_b)$$

세 가지 가능한 경우로 구별할 수 있다.

- $K_a > K_b$: 양이온의 K_a값이 음이온의 K_b보다 크면 그 용액은 과량의 H_3O^+이온을 포함할 것이다(pH < 7).
- $K_a < K_b$: 양이온의 K_a값이 음이온의 K_b보다 더 작으면, 그 용액은 과량의 OH^-이온을 포함할 것이다(pH > 7).
- $K_a \approx K_b$: 양이온의 K_a와 음이온의 K_b값이 거의 비슷하면, 그 용액은 거의 같은 농도의 H_3O^+이온과 OH^-이온을 포함할 것이다(pH ≈ 7).

핵심 용어(key words)

아레니우스 산/염기	브뢴스테드 산/염기	루이스 산/염기
강산/강염기	약산/약염기	산 이온화 상수(Ka)
염기 이온화 상수(Ka)	이온화 백분율	짝산-짝염기 쌍
이온 곱 상수	pH	중성염
산성염	염기성염	

연습문제

1. 다음 용액의 pH를 구하여라.
   (1) 0.020 M $HClO_4$　(2) 1.2 M HCl　(3) 1.3×10^{-4} M HNO_3
   (4) 0.14 M $Ba(OH)_2$　(5) 0.050 M NaOH　(6) 3.7×10^{-4} M KOH

2. 25℃에 있는 다음 각 용액 속의 $[OH^-]$를 계산하여라.
   (1) 2.6×10^{-5} M HCl　(2) 3.4×10^{-10} M $HClO_4$　(3) 2.5 M HNO_3

3. 다음의 pH를 가지는 용액 속의 [H+]를 구하라.
   (1) 5.54　(2) 0.32
   (3) -2.54　(4) 13.25

4. pH가 2.00인 강산의 용액과 pH가 12.00인 강염기의 용액을 1:1 부피로 섞어 주면 그 용액의 pH는 얼마가 되는가?

5. 25℃에서 0.10 M 포름산(HCOOH) 용액의 pH를 구하여라.

6. 약염기인 아닐린 0.20 M 용액의 상온에서의 pH를 구하여라.

7. 아세트산 용액의 pH가 3.28이면, 아세트산의 이온화 백분율은 얼마인가?

8. 25℃에서 주어진 일차아민 용액의 pH가 9.25라면, 그 아민의 pK_b는 얼마인가?

9. 0.52 M NH_4Cl 용액의 pH를 계산하여라.

CHAPTER 13

수용액 평형

13.1 산, 염기 적정

산, 염기 적정의 원리

적정(titration)에서는 시약 용액인 적정시약을 반응이 완결될 때까지 분석물질에 조금씩 첨가한다. 가장 보편적인 방법은 그림 13.1에서 보여주는 것과 같이 뷰렛을 통하여 적정시약을 가하는 것이다. 조금씩 첨가되는 적정시약은 분석물질이 모두 소모될 때까지 분석물질과 완전하고 빠르게 반응해야 한다.

분석물질이 언제 모두 소모되는지를 결정하는 방법은 ① 지시약의 색깔 변화를 관측하거나 ② 분석 용액에 담긴 한 쌍의 전극 사이에서 나타나는 전류나 전압의 급격한 변화를 측정하거나 ③ 반응에 참여하는 화학종의 흡광도를 측정하는 것이다.

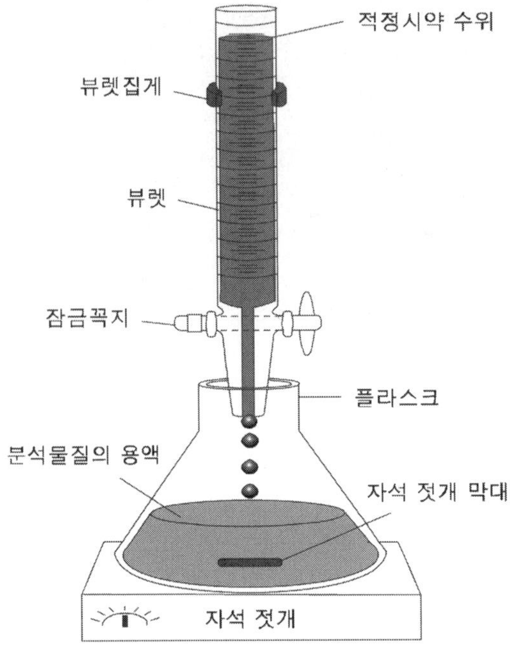

그림 13.1 전형적인 적정 장치

당량점은 적정시 분석물질과 정확하게 화학량론적으로 반응하는데 꼭 필요한 가해준 적정시약의 양이 되는 점이다. 예를 들면 1몰의 염산은 1몰의 수산화소듐으로부터 해리된 수산화이온과 다음과 같이 반응한다.

$$H^+ + Cl^- + Na^+ + OH^- \rightarrow H_2O + Na^+ + Cl^- \qquad (13.1)$$

미지시료가 2몰의 염산을 포함한다고 가정하면, 당량점은 2몰의 수산화이온이 가해질 때이다.

당량점은 적정에서 얻고자 하는 이상적인 결과이다. 실제 측정하는 것은 종말점(end point)이며, 종말점은 용액의 물리적 성질이 갑자기 변화는 점이다. 반응식 (13.1)에서 가장 편리한 종말점은 페놀프탈레인 지시약이 첨가된 미지용액의 색이 무색에서 자주색을 나타내는 점이다.

산-염기 적정의 유형

이제 산-염기 적정을 정량적으로 보다 자세히 분석해 보자. 산-염기 적정에는 다음과 같은 세 가지 형태의 반응이 있다. (1) 강산과 강염기의 적정 (2) 약산과 강염기의 적정

(3) 강산과 약염기의 적정이다. 약산과 약염기의 적정은 생성되는 염의 양이온과 음이온이 모두 가수분해하기 때문에 복잡해지므로 여기서는 다루지 않기로 한다.

(1) 강산-강염기 적정

강산-강염기 적정의 예로 0.100 M HCl이 25 mℓ 들어 있는 삼각플라스크에 0.100 M NaOH를 뷰렛으로 가하는 경우를 생각해 보자. 편의상 부피와 농도의 유효숫자는 세 자리, pH의 유효숫자는 두 자리로 한다.

강산(HCl)과 강염기(NaOH) 사이의 반응을 다음과 같이 나타낼 수 있다.

$$NaOH(aq) + HCl(aq) \quad \rightarrow \quad NaCl(aq) + H_2O(l)$$

그림 13.2에 적정에 따른 pH 변동곡선(적정곡선)을 나타내었다. NaOH가 첨가되기 전 산의 pH는 $-\log(0.100) = 1.00$이다. NaOH를 가하기 시작하면, 처음에는 pH가 서서히 증가하다가 당량점 부근에서는 pH가 급변한다.

한편 당량점(당량의 산과 염기가 반응하는 점)에서는 곡선이 거의 수직으로 상승한다. 강산-강염기 적정의 경우 당량점에서의 수소이온 농도와 수산화이온 농도는 매우 작다(거의 1×10^{-7} M). 따라서 한 방울의 염기 첨가가 용액의 $[OH^-]$와 pH를 크게 증가시킨다. 당량점을 지나면, NaOH의 첨가에 따라 pH는 다시 서서히 증가한다.

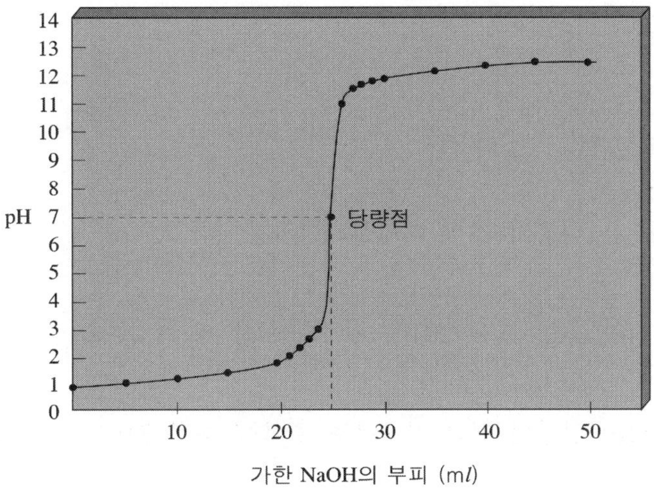

그림 13.2 강산-강염기 적정의 적정 곡선

(2) 약산-강염기 적정

아세트산(약산)과 수산화소듐(강염기) 사이의 중화반응을 생각해 보자.

$$CH_3COOH(aq) + NaOH(aq) \rightarrow CH_3COONa(aq) + H_2O(l)$$

이 반응은 다음과 같이 단순화할 수 있다.

$$CH_3COOH(aq) + OH^-(aq) \rightarrow CH_3COO^-(aq) + H_2O(l)$$

한편 아세트산 이온은 다음과 같이 가수분해된다.

$$CH_3COO^-(aq) + H_2O(l) \rightarrow CH_3COOH(aq) + OH^-(aq)$$

그러므로 당량점에서의 pH는 생성된 OH^- 이온이 과량 존재하므로 7보다 커진다.

(3) 강산-약염기 적정

염산(강산)과 암모니아(약염기)의 적정을 생각해 보자.

$$HCl(aq) + NH_3(aq) \rightarrow NH_4Cl(aq)$$

간단히 표시하면

$$H^+(aq) + NH_3(aq) \rightarrow NH_4^+(aq)$$

한편 암모늄 이온은 다음과 같이 가수분해 된다.

$$NH_4^+(aq) + H_2O(l) \rightarrow NH_3(aq) + H_3O^+(aq)$$

당량점에서의 pH는 생성된 염의 가수분해 결과에 따라 7보다 작아진다.

산–염기 지시약

앞에서 보듯이 당량점은 처음 용액 중의 H^+이온의 몰수에 대응하는 OH^-의 몰수가 첨가된 점이다. 그런데 적정에서의 당량점을 결정하려면 플라스크 내의 산에 뷰렛을 통하여 가해지는 염기의 부피를 정확히 알아야한다.

이러한 목표에 도달하는 방법 중의 하나가 적정을 시작할 때 산-염기 지시약을 몇 방울 가하는 것이다. 지시약은 이온화형과 비이온화형의 색깔이 분명히 다른 약한 유기산이거나 염기이다. 이러한 두 형태는 지시약이 녹아 있는 용액의 pH와 관련이 있다. 적정의 종말점(end point)에서 지시약의 변색이 일어난다.

지시약으로 작용하는 약한 1양성자 산, HIn을 생각해 보자. 용액 중에서 지시약 HIn은 다음과 같은 상태에 있다.

$$HIn(aq) \rightleftarrows H^+(aq) + In^-(aq)$$

이때 지시약이 산성매질 속에 있으면, 르 샤틀리에의 원리에 따라 평형은 왼쪽으로 이동하여 비이온화형(HIn)의 색깔이 나타나게 된다. 반대로 염기성 매질에서는 평형이 오른쪽으로 이동하여 짝염기(In^-)의 색깔이 나타난다. 정성적으로 말하면 농도비에 따라 지시약의 색깔을 예측할 수 있다.

$$\frac{[HIn]}{[In^-]} \gtrsim 10 \quad \text{산(HIn)의 색깔 발현}$$

$$\frac{[In^-]}{[HIn]} \gtrsim 10 \quad \text{짝염기}(In^-)\text{의 색깔 발현}$$

[HIn] ≈ [In^-] 이면, 지시약은 HIn과 In^-의 혼합색으로 된다.

페놀프탈레인은 산성이나 중성에서 무색이지만, pH 8.3 이상에서는 적자색으로 변한다. 당량점 부근에서 pH 급변이 일어나기 때문에, 극소량(뷰렛에서 한 방울, 부피로는 약 0.05 mℓ)의 NaOH 첨가에 의해 용액의 pH는 크게 증가하게 된다. 물론 이때 중요한 것은 적정곡선의 pH 급변 부분이 무색에서 적자색으로 바뀌는 페놀프탈레인의 변색범위 내에 있어야 한다는 것이다. 이러한 조건이 만족되면, 지시약을 사용하여 당량점의 위치를 결정할 수 있다.

표 13.1 산-염기 적정에서 사용하는 대표적인 지시약

지시약	색		pH 범위*
	산에서	염기에서	
티몰블루	빨강	노랑	1.2~2.8
브로모페놀블루	노랑	청자색	3.0~4.6
메틸오렌지	주황	노랑	3.1~4.4
메틸레드	빨강	노랑	4.2~6.3
클로로페놀블루	노랑	빨강	4.8~6.4
브로모티몰블루	노랑	파랑	6.0~7.6
크레졸레드	노랑	빨강	7.2~8.8
페놀프탈레인	무색	적자색	8.3~10.0

표 13.1에 산-염기 적정에서 사용하는 대표적인 지시약들을 나타내었다. 지시약의 선택 기준은 pH 급변 구간에 대응하는 변색범위를 가진 지시약을 선택하는 것이다. 그렇게 하지 않으면 지시약으로 정확한 당량점을 확인할 수 없게 된다.

13.2 완충용액

완충용액의 정의

완충용액은 적은 양의 산이나 염기를 첨가하거나, 묽힐 때 pH변화가 잘 일어나지 않는 용액이다. 완충용액은 ① 약산 또는 약염기와 ② 그의 염이 반드시 함께 존재하는 용액으로 이루어진다.

생물학적 기능은 pH에 따라 크게 의존하므로 생화학자들은 특히 완충용액에 대한 관심이 높다. 인체 내의 pH는 체액에 따라 크게 다른데, 예를 들면 혈액의 pH는 7.4 정도인 반면 위산의 pH는 1.5 정도이다. 이러한 pH값은 효소의 적절한 기능이나 삼투압의 균형을 유지하는데 결정적이며, 대부분 완충용액에 의하여 pH가 유지된다.

완충용액은 가해지는 OH^- 이온과 반응할 수 있도록 상대적으로 많은 양의 산을 포함하고 있어야 하며, 가해지는 H^+이온과 반응할 수 있도록 산과 비슷한 농도의 염기를 포함해야 한다. 또한 완충용액 내의 산과 염기 성분은 중화반응을 통해 서로 소모되어서는 안 된다. 짝산-짝염기 쌍(약산과 그 짝염기 또는 약염기와 그 짝산)이 이러한 조건들을 만족한다.

아세트산(CH_3COOH)에 대응량의 아세트산소듐(CH_3COONa)을 가하면 간단한 완충용액을 만들 수 있다. 산과 그 짝염기의 평형 농도는 처음 농도와 같다고 가정한다. 왜냐하면 ① CH_3COOH는 약산이며 CH_3COO^- 이온의 가수분해는 매우 조금 일어난다. ② CH_3COO^- 이온의 존재는 CH_3COOH의 이온화를 억제하며, CH_3COOH의 존재는 CH_3COO^-이온의 가수분해를 억제하기 때문이다.

두 성분을 포함하는 이런 용액은 가해지는 산이나 염기를 중화할 수 있는 능력이 있다. 아세트산소듐은 센 전해질로 물에 완전히 해리한다.

$$CH_3COONa(s) \xrightarrow{H_2O} CH_3COO^-(aq) + Na^+(aq)$$

산을 가하면 완충용액 내의 짝염기인 CH_3COO^-에 의해 다음 반응에 따라 H^+ 이온이 소모된다.

$$CH_3COO^-(aq) + H^+(aq) \rightarrow CH_3COOH(aq)$$

완충계에 염기를 가하면, OH^- 이온은 완충용액 내의 산에 의해 다음과 같이 중화된다.

$$CH_3COOH(aq) + OH^-(aq) \rightarrow CH_3COO^-(aq) + H_2O(l)$$

일반적으로 완충계는 염/산 또는 짝염기/산으로 나타낸다. 따라서 아세트산소듐-아세트산완충계는 CH_3COONa/CH_3COOH 또는 CH_3COO^-/CH_3COOH로 나타낼 수 있다.

완충용액의 pH

이제 특정 pH 완충용액의 제조에 대하여 생각해 보자. 아세트산-아세트산소듐 완충계에서의 평형상수는 다음과 같이 쓸 수 있다.

$$K_a = \frac{[CH_3COO^-][H^+]}{[CH_3COOH]}$$

이 표현은 아세트산 용액 또는 아세트산-아세트산소듐 혼합용액 모두에 적용된다. 위 식을 정리하면 다음과 같다.

$$[H^+] = \frac{K_a\ [CH_3COOH]}{[CH_3COO^-]}$$

양변에 음의 로그를 취하면

$$-\log\ [H^+] = -\log K_a - \log\frac{[CH_3COOH]}{[CH_3COO^-]}$$

즉,

$$-\log\ [H^+] = -\log K_a + \log\frac{[CH_3COO^-]}{[CH_3COOH]}$$

따라서

$$pH = pK_a + \log\frac{[CH_3COO^-]}{[CH_3COOH]} \qquad (13.2)$$

여기서

$$pK_a = -\log K_a$$

식 (13.2)를 헨더슨-하셀발흐 식(Henderson-Hasselbalch equation)이라고 한다. 이 식을 좀 더 일반화하여 다음과 같이 쓸 수 있다.

$$pH = pK_a + \log\frac{[\text{짝염기}]}{[\text{산}]} \qquad (13.3)$$

한편 산의 몰농도와 짝염기의 몰농도가 거의 같으면, 즉 [산] ≈ [짝염기]이면,

$$\log\frac{[\text{짝염기}]}{[\text{산}]} \approx 0$$

즉,

$$\mathrm{pH} \approx pK_a$$

그러므로 원하는 pH에 가까운 pK_a값을 갖는 약산을 선택하여 완충용액을 제조할 수 있다. 이러한 선택으로 완충용액의 정확한 pH 값은 물론, 존재하는 짝염기에 대한 산의 대응량도 알 수 있는데, 이런 것들이 완충계의 효과적인 기능을 위한 필요조건들이다.

13.3 pH 적정곡선

대표적인 산-염기 적정에서는 농도를 알지 못하는 다른 산 용액(또는 염기 용액)에 농도를 아는 염기(또는 산)를 함유하는 용액을 뷰렛을 사용하여 서서히 가한다. pH 미터를 사용하거나 적절한 산-염기 지시약의 색을 관찰하여 적정 진행과정을 추적할 수 있다.

pH 적정곡선의 모양으로 적정에서 당량점(equivalence point)을 판별할 수 있다. 당량점에서 산과 염기는 화학량론적으로 동일한 양이 서로 섞인다. 적정곡선의 모양을 알면 당량점을 나타낼 수 있는 적절한 지시약의 선택에 유용하다.

산-염기 적정의 원리를 이용하여 pH 적정곡선을 계산할 수 있다. 적정곡선이 왜 어떤 특정한 모양을 갖는지를 이해하기 위하여 ① 강산-강염기 ② 약산-강염기 ③ 약염기-강산에 해당하는 세 가지 종류의 적정곡선에 대하여 계산을 해보자. 편의상 용질의 양을 mmol로 나타내고 용액의 부피는 mℓ로 나타낸다. 몰농도는 mmol/mℓ로 나타낼 수 있으며, 이 단위는 mol/ℓ와 동등하다.

$$\text{몰농도} = \frac{\text{용질 mmol}}{\text{용액 m}\ell} = \frac{\text{용질 }10^{-3}\text{ mol}}{\text{용액 }10^{-3}\ell} = \frac{\text{용질 mol}}{\text{용액 }\ell}$$

강산-강염기 적정 곡선

강산-강염기 적정의 예로써, 50.0 mℓ 0.100 M HCl을 0.100 M NaOH로 적정하는 경우를 생각해 보자. 전체 적정곡선을 계산하는 과정을 보여주기 위하여 적정과정에서 선택한 몇 점에서 pH를 계산해 보도록 하겠다.

(1) NaOH를 첨가하기 전

HCl은 강산이므로 초기 H^+ 농도는 0.100 M이고, pH는 1.00이다(pH 값은 유효숫자 두 자리까지 반올림하였다).

(2) 당량점 이전

0.100 M NaOH 10.0 mℓ를 첨가한 다음 pH를 계산해 보자. 가한 OH^-는 다음과 같은 중화반응에 의하여 H^+의 농도를 감소시킬 것이다.

$$H^+(aq) + OH^-(aq) \rightarrow H_2O(l)$$

초기에 존재하던 H^+ mmol수는 가한 NaOH 부피와 몰농도를 곱한 값이다.

$$\text{초기 mmol } H^+ = (50.0\ \text{m}\ell)(0.100\ \text{mmol/m}\ell) = 5.00\ \text{mmol}$$

마찬가지로 OH^- mmol수는 가한 NaOH 부피와 몰농도를 곱한 값이다.

$$\text{첨가한 mmol } OH^- = (10.0\ \text{m}\ell)(0.100\ \text{mmol/m}\ell) = 1.00\ \text{mmol}$$

첨가한 OH^- mmol수에 따라 중화반응에 의하여 같은 양의 H^+가 없어진다. 따라서 중화 후 남은 H^+ mmol수는 다음과 같다.

$$\begin{aligned}\text{중화 후 } H^+ \text{ mmol} &= H^+ \text{ mmol(초기)} - OH^- \text{ mmol} \\ &= 5.00\ \text{mmol} - 1.00\ \text{mmol} \\ &= 4.00\ \text{mmol}\end{aligned}$$

이 때 H^+의 mmol수를 전체 부피, 즉 50.0 + 10.0 = 60.0 mℓ로 나누면 H^+농도를 얻을 수 있다.

$$중화한\ 다음\ [H^+] = \frac{3.00\ \text{mmol}}{60.0\ \text{m}\ell} = 5.00 \times 10^{-2}\ \text{M}$$

$$\text{pH} = -\log(5.00 \times 10^{-2}) = 1.30$$

(3) 당량점

0.100 M NaOH 50.0 mℓ를 가하면 이는 (50.0 mℓ)(0.100 mmol/mℓ)=5.00 mmol NaOH로 된다. 이것은 초기에 존재하는 5.00 mmol HCl 중화에 꼭 필요한 양이다. 바로 여기가 적정 당량점이고 용액은 물과 센 산 그리고 센 염기로부터 생긴 NaCl만 함유할 것이므로 pH는 7.00이다.

(4) 당량점 이후

0.100 M NaOH 60.0 mℓ를 가하면 (60.0 mℓ)(0.100 mmol/mℓ)=6.00 mmol NaOH를 가한 것이고, 이것은 초기에 존재한 5.00 mmol HCl을 중화하고도 남는 양이다. 결론적으로, 과량 OH^-(6.00−5.00=1.00 mmol)이 존재한다. 전체 부피는 이제 50.0+60.0=100.0 mℓ로 되었고 OH^- 농도는 다음과 같다.

$$중화한\ 다음\ [OH^-] = \frac{2.00\ \text{mmol}}{110.0\ \text{m}\ell} = 1.82 \times 10^{-2}\ \text{M}$$

H^+의 농도와 pH는 다음과 같다.

$$[H^+] = \frac{K_w}{[OH^-]} = \frac{1.0 \times 10^{-14}}{1.82 \times 10^{-2}} = 5.5 \times 10^{-13}\ \text{M}$$

$$\text{pH} = -\log(5.5 \times 10^{-13}) = 12.26$$

pH를 첨가한 NaOH부피에 대한 함수로 나타내면 그림 13.3와 같은 pH 적정곡선이 된다. 이 곡선은 당량점 전과 후에 점진적인 pH값의 증가를 보이지만 당량점 근처에서는 급한 pH값의 증가를 보여준다.

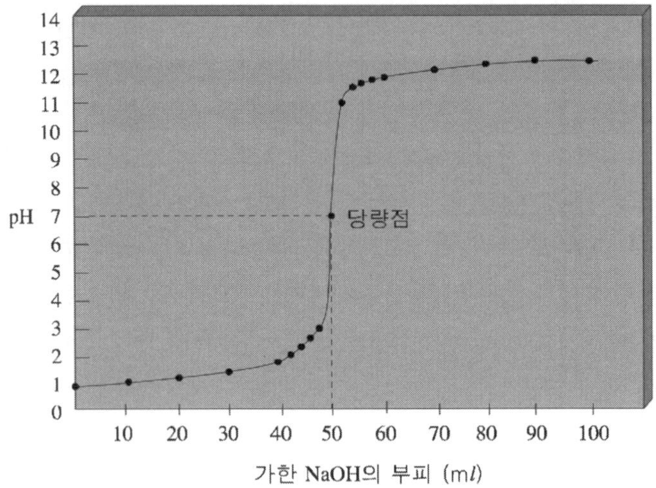

그림 13.3 강산–강염기 적정의 적정 곡선
(0.100 M HCl 50.0 mℓ를 0.100 M NaOH로 적정한 경우)

첨가한 NaOH 부피는 49.9 mℓ에서 50.1 mℓ로 증가할 때(0.2 mℓ는 뷰렛에서 4방울 부피에 해당) pH는 4.00에서 10.00으로 크게 증가한다. 당량점 근처에서 급격한 pH 증가는 강산-강염기 적정곡선의 특징이다. 이러한 점이 우리로 하여금 농도를 모르는 강산의 당량점을 알아내도록 한다.

강산을 이용한 강염기의 적정에 대한 pH 적정곡선도 이와 유사하지만, 초기 pH는 높고 산을 가함에 따라 감소한다.

약산–강염기의 적정곡선

약산-강염기 적정의 예로써 0.100 M 아세트산 50.0 mℓ를 0.100 M NaOH로 적정하는 경우를 생각해 보자.

(1) NaOH를 가하기 전

이 점에서 평형문제는 약산 용액의 pH를 계산하는 것과 유사하다. 계산한 0.100 M 아세트산의 pH는 2.89이다.

(2) 당량점 이전

아세트산은 잘 해리하지 않고 NaOH는 완전히 해리하므로 그 중화반응은 다음과 같다.

$$CH_3COOH(aq) + OH^-(aq) \rightarrow CH_3COO^-(aq) + H_2O(l)$$

0.100 M NaOH 25.0 mℓ를 가하면 이것은 (25.0 mℓ)(0.100 mmol/mℓ)=2.50 mmol NaOH를 가한 것이고 초기에 존재하던 5.00 mmol 아세트산을 정확히 절반 중화하기 위하여 OH^-를 가한 것이다. 중화반응의 결과 용액은 2.50 mmol CH_3COO^-와 5.00−2.50=2.50 mmol CH_3COOH를 포함하는 완충용액이 된다. 따라서 pH는 다음과 같다.

$$\mathrm{pH} = pK_a + \log\frac{[\text{염기}]}{[\text{산}]} = pK_a + \log\frac{[\text{염기}]}{[\text{산}]}$$

100%

$$= 4.76 + \log\frac{2.5\ \mathrm{mmol}}{2.5\ \mathrm{mmol}} = 4.76 + 0 = 4.76$$

(3) 당량점

0.100 M NaOH 50.0 mℓ를 가하면(5.00 mmol) 초기에 존재한 CH_3COOH 5.00 mmol을 전부 중화하기에 충분한 양이다. 중화 후 용액은 다음과 같이 0.0500 M CH_3COO^-를 함유한다.

$$[Na^+] = [CH_3COO^-] = \frac{5.00\ \mathrm{mmol}}{50.0\ \mathrm{m\ell} + 50.0\ \mathrm{m\ell}} = 0.0500\ \mathrm{M}$$

Na^+이온은 산도 염기도 아니고, CH_3COO^-는 약염기이므로 용액은 염기성이고 이 용액의 pH는 8.72이다. 약한 1양성자성 산-강염기 적정에서는 약산의 음이온이 염기이므로 당량점에서 pH는 항상 7보다 크다.

(4) 당량점 이후

0.100 M NaOH 60.0 mℓ를 가하면 (60.0 mℓ)(0.100 mmol/mℓ)=6.00 mmol/mℓ NaOH를 가한 것이고 이것은 초기에 존재한 5.00 mmol CH_3COOH를 중화하고도 남는 양이다. 이제 전체 부피는 50.0+60.0=110.0 mℓ이며, 중화 후 농도는 다음과 같다.

$$[CH_3COO^-] = \frac{5.00\ \mathrm{mmol}}{110.0\ \mathrm{m\ell}} = 0.0455\ \mathrm{M}$$

$$[OH^-] = \frac{6.00\ \mathrm{mmol} - 5.00\ \mathrm{mmol}}{110\ \mathrm{m\ell}} = 0.0091\ \mathrm{M}$$

주반응은 다음에서 볼 수 있듯이 당량점의 경우와 같다.

$$CH_3COO^-(aq) + H_2O(l) \rightleftarrows CH_3COOH(aq) + OH^-(aq)$$

그러나 이 경우 주반응으로부터 생성된 OH^-는 과량의 NaOH로부터 생성된 OH^-에 비하면 무시할 수 있다. 따라서 H^+이온 농도와 pH는 $[OH^-]$로부터 다음과 같이 계산할 수 있다.

$$[H^+] = \frac{K_w}{[OH^-]} = \frac{1.0\times10^{-14}}{0.0091} = 1.1\times10^{-12}\ M$$

$$pH = 11.96$$

일반적으로 당량점 이후 약한 산이 물과 반응하여 나온 $[OH^-]$는 무시하고, pH는 과량의 NaOH로부터 나온 OH^- 농도로부터 계산한다.

0.100 M CH_3COOH를 0.100 M NaOH로 적정한 용액의 pH 결과를 그림 13.4에 도시하였다.

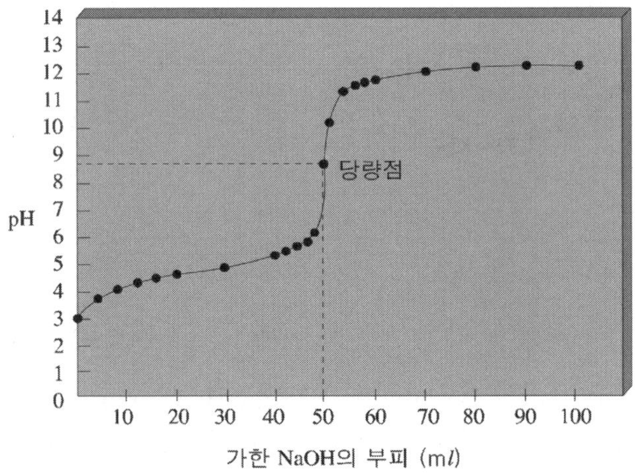

그림 13.4 약산–강염기 적정의 적정 곡선
(0.10 M CH_3COOH 50.0 mℓ를 0.100 M NaOH로 적정한 경우)

약산-강염기 적정의 적정곡선을 강산-강염기 적정의 경우와 비교하면 다음과 같은 몇 가지 특별히 다른 점을 볼 수 있다. 초기 pH 증가는 약산의 적정인 경우에 더 크지만 당량점에 이르는 중간 부분에서는 그다지 크게 변하지 않는다. 이것은 약산-짝염기 혼합물의 완충작용 때문이다.

이 곡선은 완충효과가 최고로 되고, pH = pK_a(약산)으로 되는 정확히 당량점의 중간에 해당하는 점에서 최소의 기울기를 나타낸다. 또한, 당량점 근처에서의 pH 증가는 강산-강염기의 경우에 비하여 작다. 그림 13.5처럼 약산일수록 이 pH증가는 더 작다. 약산의 음이온은 염기이므로 당량점에서 pH는 7보다 크다.

당량점 이후 용액의 pH는 과량으로 가한 NaOH로부터 나온 OH^- 농도에 의하여 결정되기 때문에 약산-강염기와 강산-강염기 적정곡선은 둘 다 같다.

그림 13.5은 pH 적정곡선의 모양을 알면 일정한 적정의 당량점을 잘 알아낼 수 있는 적절한 지시약을 선택할 수 있음을 보여준다. 페놀프탈레인은 CH_3COOH—NaOH 적정에 지시약으로 매우 우수한 지시약이다. 왜냐하면 그 당량점의 pH(8.72)가 페놀프탈레인 지시약의 변색 pH범위(8.2~9.8) 내에 있기 때문이다.

그러나 메틸레드는 그 변색 pH범위(4.2~6.0)가 당량점 이전에 해당하기 때문에 이 적정의 지시약으로 적절하지 않다. 미지 농도의 용액 중에서 아세트산 함량을 알아내려고 할 때 메틸레드를 지시약으로 사용한 용액의 산농도는 실제 농도에 비하여 매우 낮은 결과를 얻게 될 것이다.

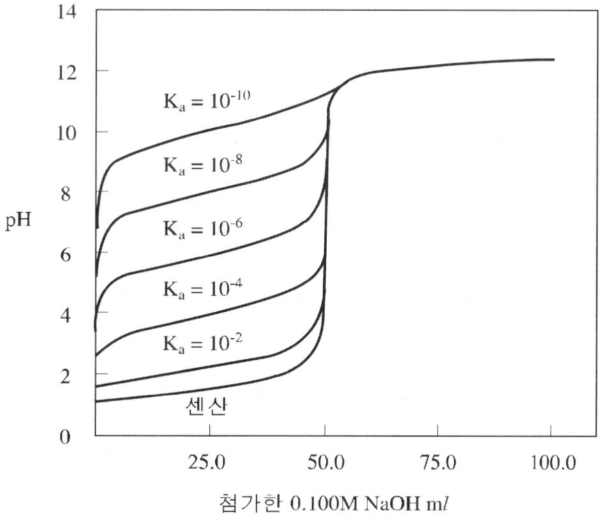

그림 13.5 다양한 약산에 대한 약산–강염기 적정 곡선

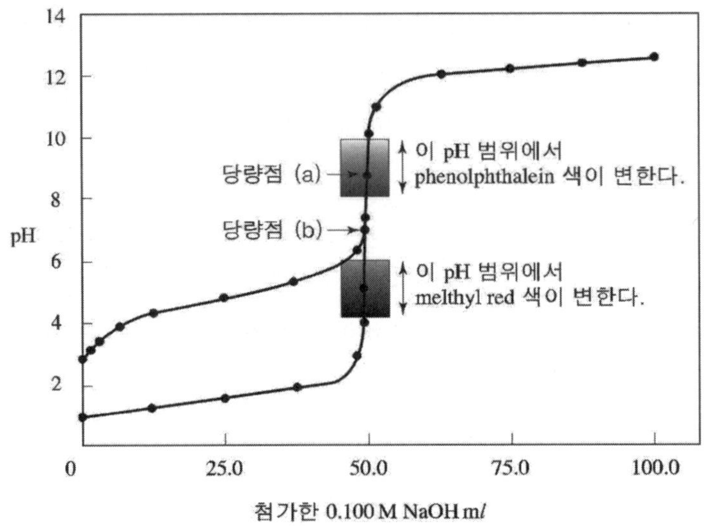

그림 13.6 강산–강염기, 약산–약염기 적정 곡선

강산-강염기 적정의 경우 페놀프탈레인이나 메틸레드 둘 모두를 지시약으로 사용할 수 있다. 당량점 부근의 pH 증가는 매우 급하기 때문에 pH 4～10 범위 내에서 색깔이 변하는 어떤 지시약을 사용하더라도 큰 오차 없이 당량점을 찾을 수 있다.

약염기–강산 적정 곡선

그림 13.7은 대표적 약염기-강산의 적정, 즉 0.100 M NH_3 50.0 mℓ를 0.100 M HCl로 적정에 대한 pH 적정곡선이다. 적정시 pH 계산과정은 다음과 같다.

(1) HCl을 가하기 이전

적정 초기에서 이 평형문제는 약한 염기의 pH를 계산하는 경우와 유사하다. 이 점에서 주반응은 물과 암모니아의 반응이다.

$$NH_3(aq) + H_2O(l) \rightleftarrows NH_4^+(aq) + OH^-(aq),\ K_b = 1.8\times10^{-5}$$

이때 pH는 약염기의 pH를 계산하는 과정으로 구하면 되고 이때의 pH는 11.12이다.

(2) 당량점 이전

NH_3 용액에 HCl의 첨가에 따라 중화반응에 의하여 NH_3는 NH_4^+로 바뀐다.

$$NH_3(aq) + H_3O^+(aq) \overset{100\%}{\rightleftarrows} NH_4^+(aq) + H_2O(l)$$

중화반응은 완결된다. 그러나 당량점 이전에 가한 H_3O^+양은 모든 NH_3로 바꾸기에 충분하지 않다. 그러므로 용액은 $NH_4^+-NH_3$ 완충용액이 되고, 이것은 적정 초기부터 당량점까지의 완충용액 영역에서 나타나는 완만한 증가곡선의 모양을 설명한다. 특정한 점에서 pH는 Henderson-Hasselbalch식에 의하여 계산될 수 있다. 0.100 M HCl 25.0 mℓ를 가한 후, 즉 당량점까지의 중간에서 $[NH_3]=[NH_4^+]$로 되고, pH는 NH_4^+의 $pK_a = 9.25$와 같다.

(3) 당량점에서

당량점은 0.100 M HCl 50.0 mℓ를 가할 때(5.00 mmol) 도달한다. 이 점에서 초기에 존재하던 5.00 mmol NH_3 NH_3는 5.00 mmol NH_4^+로 바뀐다. 따라서 $[NH_4^+]$ = (5.00 mmol)/(100.0 mℓ)=0.0500 M이다. NH_4^+는 약산이고 Cl^-는 산도 염기도 아니므로 용액은 산성이다. 주반응은 다음과 같다.

$$NH_4^+ + H_2O(l) \rightleftarrows H_3O^+(aq) + NH_3(aq)$$
$$K_a = K_w/K_b = 5.6\times10^{-10}$$

당량점에서 pH는 5.28이다.

(4) 당량점 이후

이 영역에서 모든 NH_3는 NH_4^+로 바뀌고 과량의 HCl 때문에 H^+가 과량 존재한다. NH_4^+의 산해리에 의하여 생성되는 H^+는 과량의 HCl로부터 나오는 H^+에 비하여 무시할 수 있을 정도로 적으므로 pH는 과량의 HCl 농도로부터 직접 계산할 수 있다. 예를 들면, 0.100 M HCl 60.0 mℓ를 가할 때

$$[H^+] = \frac{6.00\ \mathrm{mmol} - 5.00\ \mathrm{mmol}}{110.0\ \mathrm{m\ell}} = 0.0091\ \mathrm{M}$$

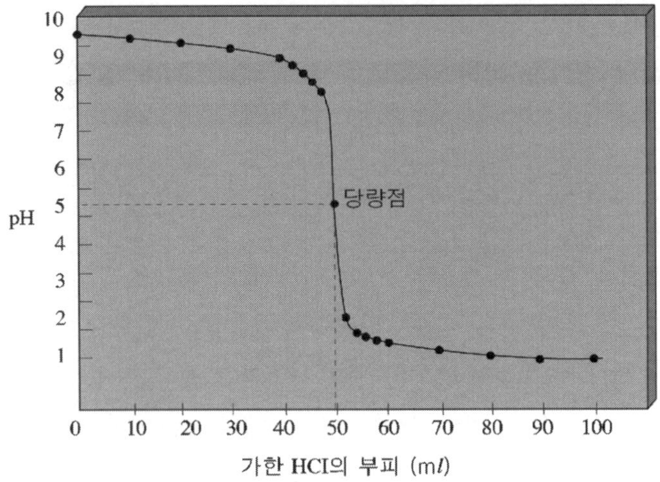

그림 13.7 약염기–강산 적정의 적정 곡선
(0.10 M NH_3 50.0 mℓ를 0.10 M HCl로 적정한 경우)

이고, 따라서

$$pH = 2.04$$

이다.

13.4 용해도 평형과 침전 반응

많은 생물학적, 그리고 환경학적 과정은 녹기 어려운 이온화합물의 용해 및 침전과 관련이 있다. 예를 들면, 치아가 썩는 것은 하이드록시아파타이트 [$Ca_5(PO_4)_3OH$]라는 무기질로 구성된 치아의 에나멜이 당분이 많은 음식의 박테리아에 의하여 분해될 때 생기는 유기산과의 반응에 의하여 녹으면서 시작된다. 신장결석은 옥살산칼슘(CaC_2O_4)과 같은 잘 녹지 않는 칼슘염이 긴 세월에 걸쳐 서서히 침전되어 형성된다. 이러한 용해와 침전 과정을 정량적으로 이해하기 위해서는 용해도 평형의 원리를 살펴야 한다.

용해도 곱 상수

(1) 용해도 곱 상수

고체 염화은이 들어있는 포화 염화은 용액을 생각해 보자. 이 경우 용해도평형을 다음과 같이 쓸 수 있다.

$$AgCl(s) \rightleftarrows Ag^{+}(aq) + Cl^{-}(aq)$$

AgCl과 같은 염은 센 전해질이므로, 물에 용해된 AgCl은 모두 Ag^{+}이온과 Cl^{-}이온으로 완전히 해리된다고 생각할 수 있다. 한편 불균일 반응에서 보듯이 고체의 농도는 상수이므로, AgCl해리에 대한 평형상수를 다음과 같이 쓸 수 있다.

$$K_{sp} = [Ag^{+}][Cl^{-}]$$

이때 평형상수 K_{sp}를 용해도 곱 상수(solubility product constant)라고 부르거나 간단히 용해도 곱(solubility product)이라 한다. 일반적으로 어떤 화합물의 용해도 곱(solubility product)은 구성 이온의 몰농도곱인데, 평형식에서 나타나는 이온들의 화학량론적 계수를 지수배한 몰농도의 곱이다.

AgCl 한 단위는 Ag^{+}이온 하나와 Cl^{-}이온 하나로 이루어지므로, 용해도 곱을 간단하게 쓸 수 있다. 그러나 다음의 경우는 조금 복잡해진다.

- MgF_2

$$MgF_2(s) \rightleftarrows Mg^{2+}(aq) + 2F^{-}(aq), \quad K_{sp} = [Mg^{2+}][F^{-}]^2$$

- Ag_2CO_3

$$Ag_2CO_3 \rightleftarrows 2Ag^{+}(aq) + CO_3^{2-}(aq), \quad K_{sp} = [Ag^{+}]^2[CO_3^{2-}]$$

- $Ca_3(PO_4)_2$

$$Ca_3(PO_4)_2 \rightleftarrows 3Ca^{+}(aq) + 2PO_4^{3-}(aq), \quad K_{sp} = [Ca^{2+}]^3[PO_4^{3-}]^2$$

표 13.2에 용해도가 낮은 몇 가지 염들의 용해도 곱을 나타내었다. NaCl이나 KNO_3와 같은 가용성 염들은 K_{sp}값이 대단히 커서 표에 싣지 않았다.

표 13.2 25℃에서 난용성 이온화합물들의 용해도 곱 상수

화합물	K_{sp}	화합물	K_{sp}
브롬화구리(I)[(CuBr)]	4.2×10^{-8}	탄산스트론튬($SrCO_3$)	1.6×10^{-9}
브롬화은(AgBr)	7.7×10^{-13}	탄산은(Ag_2CO_3)	8.1×10^{-12}
수산화구리(II)[$Cu(OH)_2$]	2.2×10^{-20}	탄산칼슘[$CaCO_3$]	8.7×10^{-9}
수산화마그네슘[$Mg(OH)_2$]	1.2×10^{-11}	플루오르화납(II)(PbF_2)	4.1×10^{-8}
수산화아연[$Zn(OH)_2$]	1.8×10^{-14}	플루오르화바륨(BaF_2)	1.7×10^{-6}
수산화알루미늄[$Al(OH)_3$]	1.8×10^{-33}	플루오르화칼슘(CaF_2)	4.0×10^{-11}
수산화철(II)[$Fe(OH)_2$]	1.6×10^{-14}	황산바륨($BaSO_4$)	1.1×10^{-10}
수산화철(III)[$Fe(OH)_3$]	1.1×10^{-36}	황산스트론튬($SrSO_4$)	3.8×10^{-7}
수산화칼슘[$Ca(OH)_2$]	8.0×10^{-6}	황산은(Ag_2SO_4)	1.4×10^{-5}
수산화크롬(III)[$Cr(OH)_3$]	3.0×10^{-29}	황화구리(II)(CuS)	6.0×10^{-37}
염화납(II)($PbCl_2$)	2.4×10^{-4}	황화납(II)(PbS)	3.4×10^{-28}
염화수은(I)(Hg_2Cl_2)	3.5×10^{-18}	황화니켈(II)(NiS)	1.4×10^{-24}
염화은(AgCl)	1.6×10^{-10}	황화망간(II)(MnS)	3.0×10^{-14}
요오드화구리(I)(CuI)	5.1×10^{-12}	황화비스무트(Bi_2S_3)	1.6×10^{-72}
요오드화납(II)(PbI_2)	1.4×10^{-8}	황화수은(II)(HgS)	4.0×10^{-54}
요오드화은(AgI)	8.3×10^{-17}	황화아연(ZnS)	3.0×10^{-23}
인산칼슘[$Ca_3(PO_4)_2$]	1.2×10^{-26}	황화은(Ag_2S)	6.0×10^{-51}
크롬산납(II)($PbCrO_4$)	2.0×10^{-14}	황화주석(II)(SnS)	1.0×10^{-26}
탄산납(II)($PbCO_3$)	3.3×10^{-14}	황화철(II)(FeS)	6.0×10^{-19}
탄산마그네슘($MgCO_3$)	4.0×10^{-5}	황화카드뮴(CdS)	8.0×10^{-28}
탄산바륨($BaCO_3$)	8.1×10^{-9}	황화코발트(II)(CoS)	4.0×10^{-21}

수용액에 이온성 고체가 포함된 평형반응의 경우, 용액의 존재 상태는 ① 불포화용액 ② 포화용액 ③ 과포화용액 중 하나이다. 여기서 화학량론적 계수를 지수배한 이온들의 몰농도곱으로 표현되는 이온 곱(ionic product) Q를 사용하면, Ag^+이온과 Cl^-이온을 포함하는 수용액의 경우

$$Q = [Ag^+]_o\,[Cl^-]_o$$

아래첨자 o는 이들 이온의 처음 농도이며 평형 농도와 같지 않다는 것을 명심하자. Q와 K_{sp} 사이의 가능한 관계는 다음과 같다.

$Q < K_{sp}$: 불포화용액

$Q = K_{sp}$: 포화용액

$Q > K_{sp}$: 과포화용액, 이온농도곱이 1.6×10^{-10}과 같아질 때까지 AgCl의 침전이 석출된다.

(2) 몰용해도와 용해도

K_{sp}는 이온화합물의 용해도를 나타낸다. K_{sp}값이 작아질수록 물에 대한 화합물의 용해도가 감소한다. 물론 K_{sp}값을 이용하여 화학식이 유사한 화합물, 즉 AgCl과 ZnS 또는 CaF_2와 $Fe(OH)_2$의 용해도를 비교할 수도 있다. 물질의 용해도를 나타내는 두 가지 다른 양이 있는데 포화용액 1ℓ에 들어 있는 용질의 몰수(mol/ℓ)로 나타내는 몰용해도(molar solubility)와 포화용액 1ℓ에 들어 있는 용질의 그램수로 나타내는 용해도(solubility)가 그것이다. 여기서 나타내는 포화용액의 농도는 주어진 온도(보통 25℃)에서의 농도이다.

용해도와 용해도 곱은 상관관계가 있다. 만약 이들 중 하나를 알면, 두 양은 다른 자료로부터 얻어진 값이지만, 다른 하나를 계산할 수 있다. 모든 평형상수와 마찬가지로 K_{sp}는 온도에 의존한다.

침전 반응

화학에서 자주 마주치는 문제는 여러 이온이 혼합물로 용액에 있을 때 어떤 한 이온화합물이 침전을 형성하는가의 결정이다. 예를 들어, $CaCl_2$용액과 NaF용액을 섞으면 CaF_2는 침전되는가? 다시 말하면 해리반응이 오른쪽에서 왼쪽으로 반대로 일어날 것인가 하는 것이다.

$$CaF_2 \rightleftarrows Ca^{2+}(aq) + 2F^{-}(aq)$$

이 문제에 대한 해답은 다음과 같이 표현하는 이온 곱(ion product, IP) 수치의 크기에 있다.

$$IP = [Ca^{2+}]_t\,[F^{-}]_t^2$$

IP는 K_{sp}와 비슷하게 정의한다. 그러나 IP에 사용하는 농도는 초기 농도를 의미한다. 이것은 임의의 시간 t에서의 농도이고, 꼭 평형 농도일 필요는 없다. 그렇기 때문에 IP는

실제로 반응지수(reaction quotient) Q_c이지만 평형 농도식은 어떤 인자가 될 수 없기 때문에 이온 곱이라는 용어가 더 설명적이다.

만일 IP값이 K_{sp}보다 클 경우 용액은 CaF_2에 대하여 비평형의 과포화 상태로 된다. 이러한 경우 CaF_2는 침전되어 IP는 K_{sp}와 같아질 때까지 이온의 농도는 감소한다. 바로 이때 용해도 평형에 도달하고 이 용액은 포화된다.

일반적으로, 단순히 IP값을 계산하고, 이것을 K_{sp}값과 비교하여 어떤 이온화합물이 침전하는가를 결정할 필요가 있다. 다음과 같은 세 가지 경우를 볼 수 있다.

- 만일 $IP > K_{sp}$이면 용액은 과포화되어 침전이 생길 것이다.
- 만일 $IP = K_{sp}$이면 용액은 이미 포화되어 평형 상태에 있다.
- 만일 $IP < K_{sp}$이면 용액은 불포화이고 침전이 생기지 않는다.

공통이온효과

앞에서 설명한 것과 같이 용해도 곱은 평형상수이다. 이온 곱이 K_{sp}보다 클 때 이온화합물이 용액으로부터 침전한다. 예를 들면 AgCl 포화용액의 이온 곱 $[Ag^+][Cl^-]$는 물론 K_{sp}와 같다. 또 화학량론적으로 $[Ag^+] = [Cl^-]$이다. 그러나 항상 이런 등식이 성립하는 것은 아니다.

AgCl과 $AgNO_3$과 같이 공통이온을 가지는 두 물질이 용해되어 있는 용액의 경우를 생각해 보자. 용액 중 공통이온인 은이온의 전체농도는 AgCl의 해리와 다음 과정에 따라 해리된 은이온 농도의 합이다.

$$AgNO_3(s) \xrightarrow{H_2O} Ag^+(aq) + NO_3^-(aq)$$

AgCl 포화용액에 $AgNO_3$를 가하면 $[Ag^+]$가 증가하여 이온 곱이 용해도 곱보다 크게 된다.

$$Q = [Ag^+]_o\ [Cl^-]_o > K_{sp}$$

르 샤틀리에의 원리에 따라 평형이 다시 이루어지면서 이온 곱이 K_{sp}와 같아질 때까지 용액으로부터 AgCl이 침전하게 된다. 그래서 공통이온을 가했을 때의 효과는 용액에 대한 염(AgCl)의 용해도 감소로 나타난다. 이때 평형에서 $[Ag^+]$와 $[Cl^-]$ 사이에는 등식 관계가 성립하지 않으며, $[Ag^+] > [Cl^-]$가 된다.

핵심 용어(key words)

적정	표준용액	지시약
적정곡선	당량점	종말점
완충용액	헨더슨-하셀발흐 식	이온성 화합물
용해도 곱 상수(K_{sp})	공통이온효과	

연습문제

1. 적정의 요건을 열거하여라.

2. 0.10 M CH_3COONa/0.15 M CH_3COONa 완충용액의 pH를 구하여라.

3. 0.20 M NH_3 5.0 mℓ와 0.050 M HCl 10.0 mℓ를 섞어 만든 용액의 pH는 얼마인가?

4. 0.10 M의 HCl 용액 50.0 mℓ를 0.20 mℓ HCl로 적정하는데 적정시약이 0, 20 mℓ, 25 mℓ, 50 mℓ가 소요되었을 때의 pH를 계산하여라.

5. 0.20 M NH_3 50.0 mℓ를 0.10 M HCl로 적정하는데 적정시약이 0, 50, 100, 120 mℓ가 소요되었을 때의 pH를 계산하여라.

6. 25℃에서 AgCl의 $K_{sp}=1.0\times10^{-10}$이다. AgCl의 용해도를 구하여라.

7. 25℃에서 용해도가 0.55 g/ℓ인 PbI_2의 용해도 곱 상수를 구하여라.

8. $PbBr_2$의 용해도 곱 상수는 8.9×10^{-6}이다. 다음 용액에서 몰용해도를 구하여라.
   (1) 순수한 물
   (2) 0.1 M KBr 용액
   (3) 0.5 M $Pb(NO_3)_2$ 용액

9. 공통이온효과에 대해 설명하여라.

부록 1

1기압, 25℃에서 물질의 열역학적 자료*

물질	ΔH_f° (kJ/mol)	ΔG_f° (kJ/mol)	S° (J/K · mol)
$Ag(s)$	0	0	42.7
$Ag^+(aq)$	105.9	77.1	73.9
$AgCl(s)$	−127.0	−109.7	96.1
$AgBr(s)$	−99.5	−95.9	107.1
$AgI(s)$	−62.4	−66.3	114.2
$AgNO_3(s)$	−123.1	−32.2	140.9
$Al(s)$	0	0	28.3
$Al^{3+}(aq)$	−524.7	−481.2	−313.38
$Al_2O_3(s)$	−1669.8	−1576.4	50.99
$As(s)$	0	0	35.15
$AsO_4^{3-}(aq)$	−870.3	−635.97	−144.77
$AsH_3(g)$	171.5		
$H_3AsO_4(s)$	−900.4		
$Au(s)$	0	0	47.7
$Au_2O_3(s)$	80.8	163.2	125.5
$AuCl(s)$	−35.2		
$AuCl_3(s)$	−118.4		
$B(s)$	0	0	6.5
$B_2O_3(s)$	−1263.6	−1184.1	54.0
$H_3BO_3(s)$	−1087.9	−963.16	89.58
$H_3BO_3(aq)$	−1067.8	−963.3	159.8
$Ba(s)$	0	0	66.9
$Ba^{2+}(aq)$	−538.4	−560.66	12.55
$BaO(s)$	−558.2	−528.4	70.3
$BaCl_2(s)$	−860.1	−810.86	125.5
$BaSO_4(s)$	−1464.4	−1353.1	132.2
$BaCO_3(s)$	−1218.8	−1138.9	112.1

*이온에 대한 ΔH_f°, ΔG_f°, S° 값은 $\Delta H_f^\circ(H^+)=0$, $\Delta G_f^\circ(H^+)=0$, $S^\circ(H^+)=0$을 기준 상태로 하였다.

물질	ΔH_f° (kJ/mol)	ΔG_f° (kJ/mol)	S° (J/K · mol)
$Be(s)$	0	0	9.5
$BeO(s)$	-610.9	-581.58	14.1
$Br_2(\ell)$	0	0	152.3
$Br^-(aq)$	-120.9	-102.8	80.7
HBr(g)	-36.2	-53.2	198.48
C(흑연)	0	0	5.69
C(다이아몬드)	1.90	2.87	2.4
$CO(g)$	-110.5	-137.3	197.9
$CO_2(g)$	-393.5	-394.4	213.6
$CO_2(aq)$	-412.9	-386.2	121.3
$CO_3^{2-}(aq)$	-676.3	-528.1	-53.1
$HCO_3^-(aq)$	-691.1	-587.1	94.98
$H_2CO_3(aq)$	-699.7	-623.2	187.4
$CS_2(g)$	115.3	65.1	237.8
$CS_2(\ell)$	87.9	63.6	151.0
$HCN(aq)$	105.4	112.1	128.9
$CN^-(aq)$	151.0	165.69	117.99
$(NH_2)_2CO(s)$	-333.19	-197.15	104.6
$(NH_2)_2CO(aq)$	-319.2	-203.84	173.85
$Ca(s)$	0	0	41.6
$Ca^{2+}(aq)$	-542.96	-553.0	-55.2
$CaO(s)$	-635.6	-604.2	39.8
$Ca(OH)_2(s)$	-986.6	-896.8	76.2
$CaF_2(s)$	-1214.6	-1161.9	68.87
$CaCl_2(s)$	-794.96	-750.19	113.8
$CaSO_4(s)$	-1432.69	-1320.3	106.69
$CaCO_3(s)$	-1206.9	-1128.8	92.9
$Cd(s)$	0	0	51.46
$Cd^{2+}(aq)$	-72.38	-77.7	-61.09
$CdO(s)$	-254.6	-225.06	54.8
$CdCl_2(s)$	-389.1	-342.59	118.4
$CdSO_4(s)$	-926.17	-820.2	137.2
$Cl_2(s)$	0	0	223.0
$Cl^-(aq)$	-167.2	-131.2	56.5
$HCl(g)$	-92.3	-95.27	187.0
$Co(s)$	0	0	28.45
$Co^{2+}(aq)$	-67.36	-51.46	155.2
$CoO(s)$	-239.3	-213.38	43.9
$Cr(s)$	0	0	23.77
$Cr^{2+}(aq)$	-138.9		
$Cr_2O_3(s)$	-1128.4	-1046.8	81.17
$CrO_4^{2-}(aq)$	-863.16	-706.26	38.40
$CrO_7^{2-}(aq)$	-1460.6	-1257.29	213.8

물질	ΔH_f° (kJ/mol)	ΔG_f° (kJ/mol)	S° (J/K · mol)
$Cs(s)$	0	0	82.8
$Cs^+(aq)$	−247.69	−282.0	133.05
$Cu(s)$	0	0	33.3
$Cu^+(aq)$	51.88	50.2	40.6
$Cu^{2+}(aq)$	64.39	64.98	−99.6
$CuO(s)$	−155.2	−127.2	43.5
$Cu_2O(s)$	−166.69	−146.36	100.8
$CuCl(s)$	−134.7	−118.8	91.6
$CuCl_2(s)$	−205.85		
$CuS(s)$	−48.5	−49.0	66.5
$CuSO_4(s)$	−769.86	−661.9	113.39
$F_2(g)$	0	0	203.34
$F^-(aq)$	−329.1	−276.48	−9.6
$HF(g)$	−271.6	−270.7	173.5
$Fe(s)$	0	0	27.2
$Fe^{2+}(aq)$	−87.86	−84.9	−113.39
$Fe^{3+}(aq)$	−47.7	−10.5	−293.3
$Fe_2O_3(s)$	−822.2	−741.0	90.0
$Fe(OH)_2(s)$	−568.19	−483.55	79.5
$Fe(OH)_3(s)$	−824.25		
$H(g)$	218.2	203.2	114.6
$H_2(g)$	0	0	131.0
$H^+(aq)$	0	0	0
$OH^-(aq)$	−229.94	−157.30	−10.5
$H_2O(g)$	−241.8	−228.6	188.7
$H_2O(\ell)$	−285.8	−237.2	69.9
$H_2O_2(\ell)$	−187.6	−118.1	?
Hg(l)	0	0	77.4
$Hg^{2+}(aq)$		−164.38	
$HgO(s)$	−90.7	−58.5	72.0
$HgCl_2(s)$	−230.1		
$Hg_2Cl_2(s)$	−264.9	−210.66	196.2
$HgS(s)$	−58.16	−48.8	77.8
$HgSO_4(s)$	−704.17		
$Hg_2SO_4(s)$	−741.99	−623.92	200.75
$I_2(s)$	0	0	116.7
$I^-(aq)$	55.9	51.67	109.37
$HI(g)$	25.9	1.30	206.3
$K(s)$	0	0	63.6
$K^+(aq)$	−251.2	−282.28	102.5
$KOH(s)$	−425.85		
$KCl(s)$	−435.87	−408.3	82.68

물질	ΔH_f° (kJ/mol)	ΔG_f° (kJ/mol)	S° (J/K · mol)
$KClO_3(s)$	−391.20	−289.9	142.97
$KClO_4(s)$	−433.46	−304.18	151.0
$KBr(s)$	−392.17	−379.2	96.4
$KI(s)$	−327.65	−322.29	104.35
$KNO_3(s)$	−492.7	−393.1	132.9
$Li(s)$	0	0	28.0
$Li^+(aq)$	−278.46	−293.8	14.2
$Li_2O(s)$	−595.8	?	?
$LiOH(s)$	−487.2	−443.9	50.2
$Mg(s)$	0	0	32.5
$Mg^{2+}(aq)$	−461.96	−456.0	−117.99
$MgO(s)$	−601.8	−569.6	26.78
$Mg(OH)_2(s)$	−924.66	−833.75	63.1
$MgCl_2(s)$	−641.8	−592.3	89.5
$MgSO_4(s)$	−1278.2	−1173.6	91.6
$MgCO_3(s)$	−1112.9	−1029.3	65.69
$Mn(s)$	0	0	31.76
$Mn^{2+}(aq)$	−218.8	−223.4	−83.68
$MnO_2(s)$	−520.9	−466.1	53.1
$N_2(g)$	0	0	191.5
$N_3^-(aq)$	245.18	?	?
$NH_3(g)$	−46.3	−16.6	193.0
$NH_4^+(aq)$	−132.80	−79.5	112.8
$NH_4Cl(s)$	−315.39	−203.89	94.56
$NH_3(aq)$	−80.3	−263.76	111.3
$N_2H_4(\ell)$	50.4		
$NO(g)$	90.4	86.7	210.6
$NO_2(g)$	33.85	51.8	240.46
$N_2O_4(g)$	9.66	98.29	304.3
$N_2O(g)$	81.56	103.6	219.99
$HNO_2(aq)$	−118.8	−53.6	
$HNO_3(\ell)$	−173.2	−79.9	155.6
$NO_3^-(aq)$	−206.57	−110.5	146.4
$Na(s)$	0	0	51.05
$Na^+(aq)$	−239.66	−261.87	60.25
$Na_2O(s)$	−415.89	−376.56	72.8
$NaCl(s)$	−411.0	−384.0	72.38
$NaI(s)$	−288.0		
$Na_2SO_4(s)$	−1384.49	−1266.8	149.49
$NaNO_3(s)$	−466.68	−365.89	116.3
$Na_2CO_3(s)$	−1130.9	−1047.67	135.98
$NaHCO_3(s)$	−947.68	−851.86	102.09
$Ni(s)$	0	0	30.1

물질	ΔH_f° (kJ/mol)	ΔG_f° (kJ/mol)	S° (J/K · mol)
$Ni^{2+}(aq)$	−64.0	−46.4	159.4
$NiO(s)$	−244.35	−216.3	38.58
$Ni(OH)_2(s)$	−538.06	−453.1	79.5
$O(g)$	249.4	230.1	160.95
$O_2(g)$	0	0	205.0
$O_2(aq)$	−12.09	16.3	110.88
$O_3(g)$	142.2	163.4	237.6
P(백인)	0	0	44.0
P(적인)	−18.4	13.8	29.3
$PO_4^{3-}(aq)$	−1284.07	−1025.59	−217.57
$P_4O_{10}(s)$	−3012.48		
$PH_3(g)$	9.25	18.2	210.0
$HPO_4^{2-}(aq)$	−1298.7	−1094.1	−35.98
$H_2PO_4^-(aq)$	−1302.48	−1135.1	89.1
$Pb(s)$	0	0	64.89
$Pb^{2+}(aq)$	1.6	24.3	10.5
$PbO(s)$	−217.86	−188.49	69.45
$PbO_2(s)$	−276.65	−218.99	76.57
$PbCl_2(s)$	−359.2	−313.97	136.4
$PbS(s)$	−94.3	−92.68	91.2
$PbSO_4(s)$	−918.4	−811.2	147.28
$Pt(s)$	0	0	41.84
$PtCl_4^{2-}(aq)$	−516.3	−384.5	175.7
$Rb(s)$	0	0	69.45
$Rb^+(aq)$	−246.4	−282.2	124.27
S(사방황)	0	0	31.88
S(단사황)	0.30	0.10	32.55
$SO_2(g)$	−296.1	−300.4	248.5
$SO_3(g)$	−395.2	−370.4	256.2
$SO_3^{2-}(aq)$	−624.25	−497.06	43.5
$SO_4^{2-}(aq)$	−907.5	−741.99	17.15
$H_2S(g)$	−20.15	−33.0	205.64
$HSO_3^-(aq)$	−627.98	−527.3	132.38
$HSO_4^-(aq)$	−885.75	−752.87	126.86
$H_2SO_4(\ell)$	−811.3	?	?
$SF_6(g)$	−1096.2	?	?
$Se(s)$	0	0	42.44
$SeO_2(s)$	−225.35		
$H_2Se(g)$	29.7	15.90	218.9
$Si(s)$	0	0	18.70
$SiO_2(s)$	−859.3	−805.0	41.84

부록 2

25℃에서의 평형상수

표 2.1 25℃에서 산 해리상수

산	식	H_{a1}	H_{a2}	H_{a3}
Acetic	CH_3CO_2H	1.8×10^{-5}		
Acetylsalicylic	$C_9H_8O_4$	3.0×10^{-4}		
Arsenic	H_3AsO_4	5.6×10^{-3}	1.7×10^{-7}	4.0×10^{-12}
Arsenious	H_3AsO_3	6×10^{-10}		
Ascorbic	$C_6H_8O_6$	8.0×10^{-5}		
Benzoic	$C_6H_5CO_2H$	6.5×10^{-5}		
Boric	H_3BO_3	5.8×10^{-10}		
Carbonic	H_2CO_3	4.3×10^{-7}	5.6×10^{-11}	
Chloroacetic	CH_2ClCO_2H	1.4×10^{-3}		
Citric	$C_6H_8O_7$	7.1×10^{-4}	1.7×10^{-5}	4.1×10^{-7}
Formic	HCO_2H	1.8×10^{-4}		
Hydrazoic	HN_3	1.9×10^{-5}		
Hydr ocyanic	HCN	4.9×10^{-10}		
Hydr ofluoric	HF	3.5×10^{-4}		
Hydrogen peroxide	H_2O_2	2.4×10^{-12}		
Hydr osulfuric	H_2S	1.0×10^{-7}	$\sim10^{-19}$	
Hypobromous	$HOBr$	2.0×10^{-9}		
Hypochlorous	$HOCl$	3.5×10^{-8}		
Hypoiodous	HOI	2.3×10^{-11}		
Iodic	HIO_3	1.7×10^{-1}		
Lactic	$HC_3H_5O_3$	1.4×10^{-4}		
Nitrous	HNO_2	4.5×10^{-4}		
Oxalic	$H_2C_2O_4$	5.9×10^{-2}	6.4×10^{-5}	
Phenol	C_6H_5OH	1.3×10^{-10}		
Phosphoric	H_3PO_4	7.5×10^{-3}	6.2×10^{-8}	4.8×10^{-13}
Phosphorous	H_3PO_3	1.0×10^{-2}	2.6×10^{-7}	
Saccharin	$C_7H_5NO_3S$	2.1×10^{-12}		
Selenic	H_2SeO_4	Very large	1.2×10^{-2}	
Selenious	H_2SeO_3	3.5×10^{-2}	5×10^{-8}	
Sulfuric	H_2SO_4	Very large	1.2×10^{-2}	
Sulfurous	H_2SO_3	1.5×10^{-2}	6.3×10^{-8}	
Tartaric	$C_4H_6O_6$	1.0×10^{-3}	4.6×10^{-5}	
Water	H_2O	1.8×10^{-16}		

표 2.2 수화된 금속 양이온에 대한 25℃에서 산 해리상수

양이온	K_a	양이온	K_a
$Fe^{2+}(aq)$	3.2×10^{-10}	$Be^{2+}(aq)$	3×10^{-7}
$Co^{2+}(aq)$	1.3×10^{-9}	$Al^{3+}(aq)$	1.4×10^{-5}
$Ni^{2+}(aq)$	2.5×10^{-11}	$Cr^{3+}(aq)$	1.6×10^{-4}
$Zn^{2+}(aq)$	2.5×10^{-10}	$Fe^{3+}(aq)$	6.3×10^{-3}

예를 들어 $Fe^{2+}(aq)$의 K_a는 다음 식의 평형상수이다.

$$Fe(H_2O)_6^{2+}(aq) + H_2O(\ell) \rightleftharpoons H_3O^+(aq) + Fe(H_2O)_5(OH)^+(aq)$$

표 2.3 25℃에서 염기 해리상수

염기	식	K_b
Ammonia	NH_3	1.8×10^{-5}
Aniline	$C_6H_5NH_2$	4.3×10^{-10}
Codeine	$C_{18}H_{21}NO_3$	1.6×10^{-6}
Dimethylamine	$(CH_3)_2NH$	5.4×10^{-4}
Ethylamine	$C_2H_5NH_2$	6.4×10^{-4}
Hydrazine	N_2H_4	8.9×10^{-7}
Hydr oxylamine	NH_2OH	9.1×10^{-9}
Methylamine	CH_3NH_2	3.7×10^{-4}
Morphine	$C_{17}H_{19}NO_3$	1.6×10^{-6}
Piperidine	$C_5H_{11}N$	1.3×10^{-3}
Propylamine	$C_3H_7NH_2$	5.1×10^{-4}
Pyridine	C_5H_5N	1.8×10^{-9}
Strychnine	$C_{21}H_{22}N_2O_2$	1.8×10^{-6}
Trimethylamine	$(CH_3)_3N$	6.5×10^{-5}

표 2.4 25℃에서 용해도곱 상수

화합물	식	K_{sp}
Aluminum hydroxide	$Al(OH)_3$	1.9×10^{-33}
Barium carbonate	$BaCO_3$	2.6×10^{-9}
Barium chromate	$BaCrO_4$	1.2×10^{-10}
Barium fluoride	BaF_2	1.8×10^{-7}
Barium hydroxide	$Ba(OH)_2$	5.0×10^{-3}
Barium sulfate	$BaSO_4$	1.1×10^{-10}
Cadmium carbonate	$CdCO_3$	6.2×10^{-12}
Cadmium hydroxide	$Cd(OH)_2$	5.3×10^{-15}
Calcium carbonate	$CaCO_3$	5.0×10^{-9}
Calcium fluoride	CaF_2	1.5×10^{-10}
Calcium hydroxide	$Ca(OH)_2$	4.7×10^{-6}
Calcium phosphate	$Ca_3(PO_4)_2$	2.1×10^{-33}
Calcium sulfate	$CaSO_4$	7.1×10^{-5}
Chromium(III) hydroxide	$Cr(OH)_3$	6.7×10^{-31}
Cobalt(II) hydroxide	$Co(OH)_2$	1.1×10^{-15}
Copper(I) bromide	$CuBr$	6.3×10^{-9}
Copper(I) chloride	$CuCl$	1.7×10^{-7}
Copper(II) carbonate	$CuCO_3$	2.5×10^{-10}
Copper(II) hydroxide	$Cu(OH)_2$	1.6×10^{-19}
Copper(II) phosphate	$Cu_3(PO_4)_2$	1.4×10^{-37}
Iron(II) hydroxide	$Fe(OH)_2$	4.9×10^{-17}
Iron(III) hydroxide	$Fe(OH)_3$	2.6×10^{-39}
Lead(II) bromide	$PbBr_2$	6.6×10^{-6}
Lead(II) chloride	$PbCl_2$	1.2×10^{-5}
Lead(II) chromate	$PbCrO_4$	2.8×10^{-13}
Lead(II) iodide	PbI_2	8.5×10^{-9}
Lead(II) sulfate	$PbSO_4$	1.8×10^{-8}
Magnesium carbonate	$MgCO_3$	6.8×10^{-6}
Magnesium fluoride	MgF_2	7.4×10^{-11}
Magnesium hydroxide	$Mg(OH)_2$	5.6×10^{-12}
Manganese(II) carbonate	$MnCO_3$	2.2×10^{-11}
Manganese(II) hydroxide	$Mn(OH)_2$	2.1×10^{-13}
Mercury(I) bromide	Hg_2Br_2	6.4×10^{-23}
Mercury(I) chloride	Hg_2Cl_2	1.4×10^{-18}
Mercury(I) iodide	Hg_2I_2	5.3×10^{-29}
Mercury(II) hydroxide	$Hg(OH)_2$	3.1×10^{-26}
Nickel(II) hydroxide	$Ni(OH)_2$	5.5×10^{-16}
Silver bromide	$AgBr$	5.4×10^{-13}
Silver carbonate	Ag_2CO_3	8.4×10^{-12}
Silver chloride	$AgCl$	1.8×10^{-10}
Silver chromate	Ag_2CrO_4	1.1×10^{-12}
Silver cyanide	$AgCN$	6.0×10^{-17}
Silver iodide	AgI	8.5×10^{-17}
Silver sulfate	Ag_2SO_4	1.2×10^{-5}
Silver sulfite	Ag_2SO_3	1.5×10^{-14}
Strontium carbonate	$SrCO_3$	5.6×10^{-10}
Tin(II) hydroxide	$Sn(OH)_2$	5.4×10^{-27}
Zinc carbonate	$ZnCO_3$	1.2×10^{-10}
Zinc hydroxide	$Zn(OH)_2$	4.1×10^{-17}

표 2.5 25℃에서 산의 용해도곱 상수

화합물	식	K_{psa}
Cadmium sulfide	CdS	8×10^{-7}
Cobalt(II) sulfide	CoS	3
Copper(II) sulfide	CuS	6×10^{-16}
Iron(II) sulfide	FeS	6×10^{2}
Lead(II) sulfide	PbS	3×10^{-7}
Manganese(II) sulfide	MnS	3×10^{10}
Mercury(II) sulfide	HgS	2×10^{-32}
Nickel(II) sulfide	NiS	8×10^{-1}
Silver sulfide	Ag_2S	6×10^{-30}
Tin(II) sulfide	SnS	1×10^{-5}
Zinc sulfide	ZnS	3×10^{-2}

주: MS의 K_{spa}는 다음 식의 평형상수이다.

$$MS(s) + 2H_3O^+(aq) \rightleftharpoons M^{2+}(aq) + H_2S(aq) + 2H_2O(\ell)$$

오차가 큰 H_2S의 K_{a2}를 기초로 한 전통적인 K_{sp}값들이 옳지 않은 것으로 알려졌기 때문에 금속 황화물에 대해서는 K_{sp} 대신에 K_{spa}를 사용한다(R.J.Myers, J.Chem.Educ., 1986, 63, 687-690 참조).

표 2.6 25℃에서 착이온 형성 상수

착이온	K_f	착이온	K_f
$Ag(CN)_2^-$	3.0×10^{20}	$Ga(OH)_4^-$	3×10^{39}
$Ag(NH_3)_2^+$	1.7×10^{7}	$Ni(CN)_4^{2-}$	1.7×10^{30}
$Ag(S_2O_3)_2^{3-}$	4.7×10^{13}	$Ni(NH_3)_6^{2+}$	2.0×10^{8}
$Al(OH)_4^-$	3×10^{33}	$Ni(en)_3^{2+}$	4×10^{17}
$Be(OH)_4^{2-}$	4×10^{18}	$Pb(OH)_3^-$	8×10^{13}
$Cr(OH)_4^-$	8×10^{29}	$Sn(OH)_3^-$	3×10^{25}
$Cu(NH_3)_4^{2+}$	5.6×10^{11}	$Zn(CN)_4^{2-}$	4.7×10^{19}
$Fe(CN)_6^{4-}$	3×10^{35}	$Zn(NH3)_4^{2+}$	7.8×10^{8}
$Fe(CN)_6^{3-}$	4×10^{43}	$Zn(OH)_4^{2-}$	3×10^{15}

부록 3

원소의 이름과 원자량

원자번호	원소기호	원소이름	영어이름	원자량	원자번호	원소기호	원소이름	영어이름	원자량
1	H	수소	Hydrogen	1.00797	54	Xe	크세논	Xenon	131.30
2	He	헬륨	Helium	4.002	55	Cs	세슘	Cesium	132.905
3	Li	리튬	Lithium	6.939	56	Ba	바륨	Barium	137.34
4	Be	베릴륨	Beryllium	9.022	57	La	란탄	Lanthanum	138.91
5	B	붕소	Boron	10.811	58	Ce	세륨	Cerium	140.12
6	C	탄소	Carbon	12.01115	59	Pr	프라세오디뮴	Praseodymium	140.907
7	N	질소	Nitrogen	14.0067	60	Nd	네오디뮴	Neodymium	144.24
8	O	산소	Oxygen	15.9994	61	Pm	프로메튬	Promethium	147
9	F	플르오르(불소)	Fluorine	18.9984	62	Sm	사마륨	Samarium	150.35
10	Ne	네온	Neon	20.183	63	Em	유로피움	Europium	151.96
11	Na	소듐	Sodium	22.9898	64	Gd	가돌리늄	Gadolinium	157.25
12	Mg	마그네슘	Magnesium	24.312	65	Tb	테르븀	Terbium	158.924
13	Al	알루미늄	Aluminum	26.9815	66	Dy	디스프로슘	Dysprosium	162.50
14	Si	규소	Silicon	28.086	67	Ho	홀뮴	Holmium	164.930
15	P	인	Phosphorous	30.9738	68	Er	에르븀	Erbium	167.26
16	S	황	Sulfur	32.064	69	Tm	툴륨	Thulium	168.934
17	Cl	염소	Chlorine	35.453	70	Yb	이테르븀	Ytterbium	173.04
18	Ar	아르곤	Argon	39.948	71	Lu	루테튬	Lutetium	174.97
19	K	포타슘	Potassium	39.102	72	Hf	하프늄	Hafnium	178.49
20	Ca	칼슘	Calcium	40.08	73	Ta	탄탈륨	Tantalum	180.948
21	Sc	스칸듐	Scandium	44.956	74	W	텅스텐	Tungsten	183.85
22	Ti	티타늄	Titanium	47.90	75	Re	레늄	Rhenium	186.2
23	V	바나듐	Vanadium	50.942	76	Os	오스뮴	Osmium	190.2
24	Cr	크롬	Chromium	51.996	77	Ir	이리듐	Iridium	192.2
25	Mn	망간	Manganese	54.9381	78	Pt	백금	Platinum	195.09
26	Fe	철	Iron	55.847	79	Au	금	Gold	196.967
27	Co	코발트	Cobalt	58.9332	80	Hg	수은	Mercury	200.59
28	Ni	니켈	Nickel	58.71	81	Tl	탈륨	Thallium	204.37
29	Cu	구리	Copper	63.54	82	Pb	납	Lead	204.37
30	Zn	아연	Zinc	65.37	83	Bi	비스무트	Bismuth	208.980
31	Ga	갈륨	Gallium	69.72	84	Po	폴로늄	Polonium	210
32	Ge	게르마늄	Germanium	72.59	85	At	아스타틴	Astatine	210
33	As	비소	Arsenic	74.9216	86	Rn	라돈	Radon	222
34	Se	셀렌	Selenium	78.96	87	Fr	프란슘	Francium	223
35	Br	브롬	Bromine	79.909	88	Ra	라듐	Radium	226
36	Kr	크립톤	Krypton	83.80	89	Ac	악티늄	Actinium	227
37	Rb	루비듐	Rubidium	85.47	90	Th	토륨	Thorium	232.0
38	Sr	스트론튬	Strontium	87.62	91	Pa	프로트악티늄	Protactinium	231
39	Y	이트륨	Yttrium	88.905	92	U	우라늄	Uranium	238.0
40	Zr	지르코늄	Zirconium	91.22	93	Np	넵투늄	Neptunium	237
41	Nb	니오븀	Niobium	92.906	94	Pu	플루토늄	Plutonium	242
42	Mo	몰리브덴	Molybdenum	95.94	95	Am	아메리슘	Americium	243
43	Tc	테크네튬	Technetium	99	96	Cm	퀴륨	Curium	247
44	Ru	루테늄	Ruthenium	101.07	97	Bk	버클륨	Berkelium	247
45	Rh	로듐	Rhodium	102.905	98	Cf	칼리포늄	Californium	249
46	Pd	팔라듐	Palladium	106.4	99	Es	아인시타늄	Einsteinium	254
47	Ag	은	Silver	107.870	100	Fm	페르뮴	Fermium	253
48	Cd	카드뮴	Cadmium	112.4	101	Md	멘델레븀	Mendelevium	256
49	In	인듐	Indium	114.82	102	No	노벨륨	Nobelium	253
50	Sn	주석	Tin	118.69	103	Lr	로렌슘	Lawrencium	257
51	Sb	안티몬	Antimony	121.75					
52	Te	텔루륨	Tellurium	127.60					
53	I	요오드	Iodine	126.9044					

부록 4

단위환산표

(1) 질량(M)

g	돈	oz	lb	근	kg	관	t
1	0.26667	0.035274	0.0022046	0.0016667	0.001		
3.75	1	0.13228	0.0082673	0.00625	0.00375	0.001	
28.3495	7.5597	1	0.0625	0.04725	0.028349	0.0075597	
453.592	120.958	16	1	0.75597	0.45359	0.120958	0.0004536
600	160	21.1644	1.3228	1	0.6	0.16	0.0006
1000	266.67	35.27395	2.20462	1.6667	1	0.2667	0.001
3750	1000	132.28	8.2673	6.25	3.75	1	0.00375
			2204.62	1666.7	1000	266.67	1

1 t(metric) = 0.9842 long ton(영국) = 1.102 short ton(미국), 1long ton(영국) = 2,240 lb = 1.0165 t, 1 short ton(미국) = 2000 lb = 0.90719 t, 1Lb · sec^2/ft = 1 slug

(2) 길이(L)

cm	in	자	ft	yd	m	간	km
1	0.3937	0.033	0.03281	0.01094	0.01	0.0055	1.0×10^{-5}
2.54	1	0.08382	0.008333	0.02773	0.0254	0.01397	2.54×10^{-5}
30.30303	11.9303	1	0.99419	0.3314	0.30303	0.16667	0.00030303
30.48	12	1.00584	1	0.33333	0.3048	0.16764	0.0003048
91.44	36	3.01752	3	1	0.9144	0.50292	0.0009144
100	39.37	3.3	3.28084	1.09361	1	0.55	0.001
181.8182	71.582	6	5.0562	1.9884	1.81818	1	0.0018182
	39370	3300	3280.84	1093.61	1000	550	1

1 Å = 10^{-8} cm, 1 μ = 10^{-4} cm, 1 mile = 5280 ft = 1609.3 m

(3) 면적(L)

cm^2	in^2	자	ft^2	m^2	평	아르	에이커
1	0.15500	0.001089	0.0010764	0.0001			
6.4516	1	0.0070258	0.006944	0.00064516	0.0001952		
918.27	142.33	1	0.98842	0.091827	0.02778	0.0009183	
929.03	144	1.0117	1	0.092903	0.0281	0.000929	
10000	1550.1	10.89	10.7639	1	0.3025	0.01	0.0002471
33058	5124.0	36	35.583	3.3058	1	0.033058	0.0008169
		1089	1076.39	100	30.25	1	0.02471
		44070	43560	4046.85	1224	40467	1

헥타르 = 100아르, 1에이커 = 4840 yd^2, 1정보 = 300평 = 9917.4 cm^2

(4) 부피(L)

cm^3	in^3	L	U.S.gal	자	ft^3	말	m^3(kL)
1	0.061024	0.001	0.00026418	$0.0_4 35937$	$0.0_4 35315$	$0.0_5 55437$	$0.0_5 1$
16.387	1	0.0016387	0.004329	0.00058890	0.0005787	0.090845	$0.0_4 16387$
1000	61.02374	1	0.26418	0.35937	0.035315	0.0055437	0.001
3785.3	231	3.7853	1	0.13603	0.13368	0.020985	0.0037853
37826	1698.1	27.826	7.3511	1	0.08268	0.15426	0.027826
28316.8	1728	28.3168	7.4805	1.0176	1	0.15698	0.028817
		180.39	47.654	6.4825	6.3703	1	0.18089
		1000	264.18	35.937	35.3147	5.5437	1

1t = 1000.03 cm^3, 석유 barrel(bbl) = 42 U.S. gal = 35 영국 gal = 1.2 U.S. gal

부록 5

그리스 문자

이름	문자	이름	문자	이름	문자
Alpha	$A\ \alpha$	Iota	$I\ \iota$	Rho	$P\ \rho$
Beta	$B\ \beta$	Kappa	$K\ \kappa$	Sigma	$\Sigma\ \sigma$
Gamma	$\Gamma\ \gamma$	Lambda	$\Lambda\ \lambda$	Tau	$T\ \tau$
Delta	$\Delta\ \delta$	Mu	$M\ \mu$	Upsilon	$\Upsilon\ \upsilon$
Epsilon	$E\ \varepsilon$	Nu	$N\ \nu$	Phi	$\Phi\ \varphi$
Zeta	$Z\ \zeta$	Xi	$\Xi\ \xi$	Chi	$X\ \chi$
Eta	$H\ \eta$	Omicron	$O\ o$	Psi	$\Psi\ \psi$
Theta	$\Theta\ \theta$	Pi	$\Pi\ \pi$	Omega	$\Omega\ \omega$

찾아보기

(아)

(자)

편저자 소개

김경숙 서울대학교 공과대학 생물화학공학부(박사)
KIST(한국과학기술연구소)
(현) 동양미래대학교 생명화공과 교수

김기수 Univ. of Southern Mississippi(고분자 화학)(박사)
(주)효성, KISTI(한국과학기술정보연구원)
(현) 동양미래대학교 생명화공과 교수

이경희 한국과학기술원(KAIST) 화학공학부(박사)
삼성 SDI
(현) 동양미래대학교 생명화공과 교수

강병언 서울대학교 공과대학 화학생물공학부(박사)
LS 전선
(현) 인하공업전문대학 화공환경과 교수

최수명 서울대학교 공과대학 재료공학부(박사)
(현) (주)효성연구원 상용화기술연구소(상무)
(현) DYETEC 연구원 전문연구위원

일반화학

초 판 발 행 | 2013년 2월 28일
초판9쇄발행 | 2024년 12월 18일

편 자 | 김경숙 · 김기수 · 이경희 · 강병언 · 최수명
발 행 인 | 이성범
발 행 처 | 문운당
주 소 | 서울시 종로구 혜화로5길 16 (명륜1가 45-3)
전 화 | (02)762-6010
팩 스 | 영업 (02)745-0265 / 편집 (02)762-8758
이 메 일 | 영업 munun2@daum.net
편집 mundundang@naver.com
홈페이지 | http://munundang.co.kr

ISBN 978-89-7393-969-5 93570

정가 24,000원

이 책은 2011년도 동양미래대학교 교재개발 연구비 지원에 의하여 이루어졌음을 알려드립니다.